Adobe Dreamweaver CS6

中文版经典教程

〔美〕Adobe 公司 著 姚军 译

人民邮电出版社

北京

图书在版编目（CIP）数据

Adobe Dreamweaver CS6中文版经典教程 / 美国
Adobe公司著 ；姚军译. -- 北京 ：人民邮电出版社，
2014.2 （2019.1 重印）
ISBN 978-7-115-33846-4

Ⅰ. ①A… Ⅱ. ①美… ②姚… Ⅲ. ①网页制作工具－
教材 Ⅳ. ①TP393.092

中国版本图书馆CIP数据核字(2013)第281921号

版权声明

- ◆ 著　　　　[美] Adobe 公司
   译　　　　姚　军
   责任编辑　俞　彬
   责任印制　程彦红
- ◆ 人民邮电出版社出版发行　　北京市丰台区成寿寺路 11 号
   邮编　100164　　电子邮件　315@ptpress.com.cn
   网址　http://www.ptpress.com.cn
   北京中石油彩色印刷有限责任公司印刷
- ◆ 开本：800×1000　1/16
   印张：24.5
   字数：581 千字　　　　　　　　2014 年 2 月第 1 版
   印数：7 501 – 7 800 册　　　　2019 年 1 月北京第 7 次印刷
   著作权合同登记号　图字：01-2012-7398 号

定价：55.00 元（附光盘）
读者服务热线：(010)81055410　印装质量热线：(010)81055316
反盗版热线：(010)81055315
广告经营许可证：京东工商广登字 20170147 号

内容提要

本书由 Adobe 公司的专家编写是，Adobe Dreamweaver CS6 软件的官方指定培训教材。

全书共分为 15 课，第一课先介绍重要的知识点，然后借助具体的示例进行课解，步骤详细、重点明解，手把手教你如何进行实际操作。全书是一个有机的整体，它涵盖了自定义工作区、HTML 基础、CSS 基础、创建页面布局、使用层叠样式表、使用模板、处理文本、处理列表和表格、处理图像、处理导航、添加交互性、处理 Wed 动画和视频、处理表单、处理在线数据、利用数据构建动态页面、发布到 Wed 上等内容，并在适当的地方穿插介绍了 Dreamweaver CS6 中的最新功能。

本书语言通俗易懂，并配以大量图示，特别适合 Dreamweaver 新手阅读：有一定使用经验的用户也可以从本书中学到大量高级功能和 Dreamweaver CS6 的新增功能。本书也适合作为相关培训班的教材。

前　言

Adobe Dreamweaver CS6 是行业领先的 Web 内容制作程序。无论你是为了生活还是为了自己的事业而创建网站，Dreamweaver 都提供了你所需的所有工具，帮助你达到专业水平。

关于经典教程

本书是在 Adobe 产品专家的支持下开发的图形和出版软件的官方培训系列教材中的一种。

精心合理的课程设计，可使你按自己的进度来学习。如果你是 Dreamweaver 的初学者，那么你将会学到使用这款软件的基础知识。如果你是经验丰富的用户，那么你将会发现经典教程讲解了许多高级特性，包括使用 Dreamweaver 最新版本的提示和技巧。

尽管每个课程都包括创建一个具体项目的逐步指导，但是你仍有余地进行探索和试验。你可以按课程的设计从头至尾通读本书，也可以只阅读你感兴趣或者需要的那些课程。每个课程最后的"复习"一节包含关于在这节课中所学习主题的问题和答案。

TinyURL

在本书的多个位置，我们引用了互联网上的外部信息。这些信息的统一资源定位符（URL）往往很长。为了方便读者，我们用定制的 TinyURL 代替。遗憾的是，TinyURL 有时会过期，不再有效。如果你发现 TinyURL 失效，则可以查看附录中提供的真实 URL。

必须具备的知识

在使用本书之前，你应该具备关于你的计算机及其操作系统的知识，确信你知道如何使用鼠标、标准菜单和命令，以及如何打开、保存和关闭文件。如果你需要复习这些技术，可以参见 Microsoft Windows 或 Apple Macintosh 操作系统提供的印刷文档或在线文档。

安装程序

在执行本书中的任何练习之前，先要验证你的计算机系统是否满足 Dreamweaver CS6 的硬件需求、配置是否正确，并且安装了所有需要的软件。

光盘上没有包括 Adobe Dreamweaver CS6 软件，它必须作为独立的产品或者作为 Creative Suite 的某个版本的一部分单独购买。系统需求参见 www.adobe.com/products/dreamweaver/techspecs.html。

从 Adobe Dreamweaver CS6 应用程序 DVD 或者 Adobe 上下载安装文件，将 Dreamweaver CS6 安装到你的硬盘上（你不能从光盘上运行程序）。完整的安装指南参见应用程序 DVD 上的 Adobe Dreamweaver CS6 自述文件或者 www.adobe.com/suppoert 网页。

在安装之前一定要找到序列号。

复制课程文件

本书附带的光盘包括一些文件夹，其中包含课程所需的所有文件。每个课程都有它自己的文件夹。必须在硬盘上安装这些文件夹，以便执行每个课程中的练习。建议把所有的课程文件夹同时复制到硬盘上，但是为了节省硬盘空间，可以只安装你需要学习的某个课程的文件夹。将所有课程的文件夹都存储在硬盘上的一个文件夹中非常重要。如果你遵循推荐的课程顺序，这个主文件夹将作为本地网站根目录，你可以在第 4 课中看到完整的描述。

要安装经典教程文件，执行以下操作。

1. 在计算机的光盘驱动器中插入本书附带光盘。

2. 导航到计算机上的 CD/DVD 驱动器。

3. 如果你打算按顺序完成本书中的所有课程，可以把 Lessons 文件夹拖到计算机的硬盘驱动器上。否则，就跳到第 5 步。

Lessons 文件夹包含所有课程的文件夹以及培训所需的其他资源。

4. 把 Lessons 文件夹重命名为 "**DW-CS6**"。

该文件夹将是本地站点的根文件夹。

5. 如果你想单独学习一个或多个课程，可以根据需要把每个课程文件夹作为单独的文件夹复制到硬盘驱动器上。然后，继续向下阅读 "跳跃式学习" 一节的内容，以获取更多指导。

不能任意互换每个课程的文件和文件夹。相关的特定说明可以参见各个章节。

建议的课程顺序

这里的培训旨在引领你从初级水平过渡到具有中级网站设计、开发和制作技能的水平。每个新课程都构建在以前的练习之上，并且使用你创建的用于开发整个网站的文件和资源。建议按顺序学习每个课程，以便获得成功的结果，并且最彻底地理解 Web 设计的各个方面。

理想的培训方案将是从第 1 课开始，并按顺序学习整本书，直到第 15 课为止。由于每一课都会为下一课构建必要的文件和内容，因此一旦你开始这个方案，就不应该跳过任何课程，甚至不应该跳过各个练习。虽然这种方法是理想的，但它对于每个用户并不一定都是实用的。因此，如果需要，可以使用下一节中描述的 "跳跃式学习" 方法完成各个课程。

跳跃式学习

对于没有时间或者不想按顺序学习本书中的每个课程的用户，或者对于学习某个课程感觉有难度的用户，我们介绍了一种跳跃式学习方法，便于其在按顺序或不按顺序学习各个课程时均能取得良好的效果。一旦你开始使用跳跃式学习方法，所有后续的课程将不得不都使用这种方法。例如，如果你想跳跃式学习第 6 课，将不得不也跳跃式学习第 7 课。在许多情况下，后续练习所必需的文件都是在前面的课程和练习中建立的，并且可能不会在跳跃式学习环境中提供。

每个课程文件夹都包括完成那个课程内包含的练习所需的所有文件和资源。每个文件夹都包含完成的文件、阶段性的文件以及自定义的模板和库文件。你可能认为这些文件夹包含的是重复的内容。但是在大多数情况下，这些复制的文件和资源不能在其他课程和练习中互换地使用。如果要这样做，则可能导致你无法实现练习的目标。

用于完成各个课程的跳跃式学习方法把每个文件夹都视作独立的网站。要跳跃式学习某个课程，可以把课程文件夹复制到硬盘驱动器上，并使用"站点设置"对话框为该课程创建一个新站点。把跳跃式学习站点和资源保存在它们的原始文件夹中以避免冲突。建议在靠近硬盘驱动器根目录的单个 web 或 sites 主文件夹中组织课程文件夹以及你自己的站点文件夹。但是要避免使用 Dreamweaver 应用程序文件夹或者任何包含 Web 服务器的文件夹，比如 Apache、ColdFusion 或 IIS（Internet Information Services，Internet 信息服务）。第 13 课和第 14 课将对此做完整的描述。

如果你喜欢，可以自由地为所有课程使用跳跃式学习方法。

要建立跳跃式学习站点，可执行以下操作。

1. 选择"站点"＞"新建站点"。

显示"站点设置"对话框。

2. 在"站点名称"框中，输入课程的名称，如"lesson06"。

3. 在"本地站点文件夹"框旁边，单击"浏览"图标（🗀）。导航到你从本书附带光盘中复制的课程文件夹，并单击"选择"按钮。

4. 单击"高级设置"类别旁边的箭头（▶），展示其中列出的选项卡。选择"本地信息"类别。

5. 在"默认图像文件夹"框旁边，单击"浏览"图标。当对话框打开时，导航到课程文件夹内包含的 Images 文件夹，并单击"选择"按钮。

6. 在"站点设置"对话框中，单击"保存"按钮。

7. 当前活动的网站的名称将出现在"文件"面板中的"站点"弹出式菜单中。如果有必要，可以按下 F8/Cmd+Shift+F 组合键显示"文件"面板，并从"显示"菜单中选择想要的网站。

对于你希望跳跃式学习的每个课程，都不得不重复这些步骤。有关在 Dreamweaver 中如何建立站点的更详尽的描述，参见第 4 课。记住，如果你对所有课程使用跳跃式学习方法，在学习结束时，可能无法在任何单独的文件夹中得到一组完整的站点文件。

设置工作区

Dreamweaver 包括许多工作区，以用于适应多种不同的计算机配置和各种工作流程。对于本书，建议使用"设计器"工作区。

1. 在 Dreamweaver CS6 中，找到"应用程序栏"。如果有必要，可选择"窗口" > "应用程序栏"以显示它。

2. 默认的工作区称为"设计器"。如果它未显示，可使用"应用程序栏"中的弹出式菜单选择它。

3. 如果默认工作区被修改，某些工具栏和面板不可见（正如本书中的插图），你可以选择"窗口" > "工作区" > "重置设计器"，恢复默认配置。

本书的大多数图像都会显示"设计器"工作区。当完成本书中的课程之后，可以试试使用多种不同的工作区，看看你最喜欢哪种工作区。

有关 Dreamweaver 工作区的更详尽的描述，参见第 1 课"自定义工作区"。

Windows 与 Macintosh 指导

在大多数情况下，Dreamweaver 在 Windows 与 Mac OS X 中的操作方法完全相同。这两个版本之间存在细微的区别，这主要是因为特定平台不受软件控制的原因。其中大多数问题仅仅只是键盘快捷键、对话框的显示方式以及按钮的命名方式之间的区别。在整本书中交替出现了这两个平台中的截屏图。在具体的命令有区别的地方，在正文内都注明了它们。Windows 命令列在前面，其后接着对应的 Macintosh 命令，比如 Ctrl+C/Cmd+C。只要有可能，就会为所有命令使用常见的简写形式，如下所示。

Windows	Macintosh
Control = Ctrl	Command = Cmd
Alternate = Alt	Option = Opt

查找 Dreamweaver 信息

访问 Adobe 网站，可以查找关于 Dreamweaver 面板、工具及其他应用程序特性的完整、最新的信息。选择"帮助" > "Dreamweaver 帮助"，将打开 Adobe Help 应用程序，并从 Adobe 社区帮助（Adobe Community Help）网站下载最新的"帮助"文件。将在本地缓存这些文件，使得未连接到 Internet 时也可以访问它们。也可以通过 Adobe Help 应用程序下载"Dreamweaver 帮助"文件的 PDF 版本。

有关其他信息资源，比如提示、技巧和最新的产品信息，可以访问 www.adobe.com/support/dreamweaver 上的 Adobe 社区帮助页面。

检查更新

Adobe 会定期提供软件更新。如果具有活动的 Internet 连接，就可以使用 Adobe Updater 获得这些更新。

1. 在 Dreamweaver 中，选择 "帮助" > "更新" 命令。Adobe Updater 会自动检查可用于你的 Adobe 软件的更新。

2. 在 Adobe Updater 对话框中，选择你想安装的更新，然后单击 "下载并安装更新" 按钮安装它们。

访问本书的网页 www.peachpit.com/dwcs6cib，可以找到本书的更新和附加材料。

其他资源

本书不是用来代替程序文档，或者作为每个功能的全面参考的，而是只解释课程中用到的命令和选项。关于程序功能的完整信息和教程，请参考下列资源。

Adobe 社区帮助：聚集活跃的 Adobe 产品用户、产品团队成员、创作者和专家，为你提供最有用、相关、最新的 Adobe 产品信息的社区。

要访问社区帮助：按下 F1 键或者选择 "帮助" > "Dreamweaver 帮助"。

Adobe 的内容根据社区的反馈和投稿进行更新。你可以为内容和论坛添加评论（包括指向 Web 内容的链接）、用 Community Publishing 发布自己的内容，或者贡献 "食谱"。投稿的方法可以参见 www.adobe.com/community/publishing/download.html。

社区帮助的常见问题参见 community.adobe.com/help/profile/faq.html。

Adobe Dreamweaver CS6 帮助和支持：在 www.adobe.com/support/dreamweaver 上可以找到和浏览 adobe.com 的帮助和支持内容。

Adobe 论坛：在 forums.adobe.com 上，你可以进行点对点讨论、提出和回答有关 Adobe 产品的问题。

Adobe TV：tv.adobe.com 是关于 Adobe 产品的专家指南和启发的在线视频资源，包括一个 "指引" 频道，帮助你开始使用产品。

Adobe 设计中心：www.adobe.com/designcenter 提供关于设计及设计问题的启发性文章，展示顶尖设计人员作品的图库、教程等。

Adobe Developer Connection：www.adobe.com/devnet 是覆盖 Adobe 开发人员产品和技术的技术文章、代码示例、指引视频资源。

教师资源：www.adobe.com/education 为教授 Adobe 软件课程的导师们提供了宝贵的信息。在这里可以找到各种水平的教案，包括使用整合方法传授 Adobe 软件、可以用于准备 Adobe 认证考试的免费课程。

也可以访问如下实用链接。

Adobe Marketplace & Exchange：www.adobe.com/cfusion/exchange 是寻找补充和扩展 Adobe 产品的工具、服务、扩展、代码示例等的中心资源。

Adobe Dreamweaver CS6 产品首页：www.adobe.com/products/dreamweaver。

Adobe Labs：labs.adobe.com 可以访问尖端技术的早期版本，也是与 Adobe 开发团队及其他志同道合的社区成员交流的论坛。

Adobe 认证

Adobe 培训和认证计划设计用来帮助 Adobe 客户改进和提升产品熟练水平。认证分为 4 级：

- Adobe 认证助理工程师（Adobe Certified Associate，ACA）；

- Adobe 认证专家（Adobe Certified Expert，ACE）；

- Adobe 认证教员（Adobe Certified Instructor，ACI）；

- Adobe 授权培训中心（Adobe Authorized Training Center，AATC）。

Adobe 认证助理工程师（ACA）认证具有规划、设计、构建和使用不同数码媒体保持有效沟通的入门技能的个人。

Adobe 认证专家计划是专业用户升级其资格证书的一种方法。你可以使用Adobe认证作为升职、寻找工作和提升专业能力的催化剂。

如果你是一位 ACE 级别的教员，Adobe 认证教员计划可以将你的技能提升一个层次，使你接触到更广泛的 Adobe 资源。

Adobe 授权培训中心提供教员引导课程和 Adobe 产品培训，只雇佣 Adobe 认证教员。AATC 的目录可以在 partners.adobe.com 上找到。

关于 Adobe 认证计划的更多信息，可访问 www.adobe.com/support/certification/index.html。

目　录

第 8 课 处理图像

第 9 课 处理导航

第 10 课 添加交互性

第 11 课 处理 Web 动画和视频

第1课 自定义工作区

课程概述

在这一课中，你将熟悉 Dreamweaver CS6（Creative Suit 6）程序界面，并将学习如何执行以下任务：

- 切换视图；
- 处理面板；
- 选择工作区布局；
- 调整工具栏；
- 个性化首选参数；
- 创建自定义的快捷方式；
- 使用"属性"检查器。

完成本课程大约需要 20 分钟的时间。在开始前，请确定你已经如本书"前言"中所描述的那样，把用于第 1 课的文件复制到了你的硬盘中。

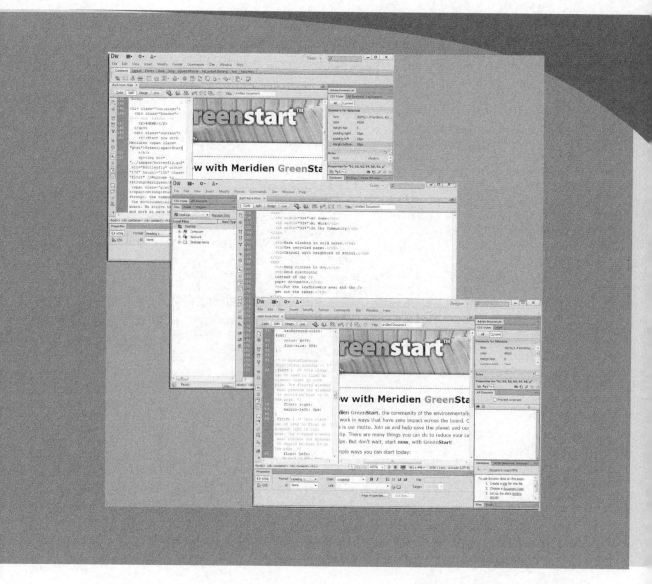

　　Dreamweaver 提供了可自定义的、易于使用的所见即所得（WYSIWYG）HTML 编辑器，同时又不会失去其强大的能力和灵活性。你可能需要十多种程序来执行 Dreamweaver 可以完成的所有任务，但是它们使用起来都不像 Dreamweaver 那样有趣。

1.1 浏览工作区

Dreamweaver 是行业领先的 HTML（Hypertext Markup Language，超文本标记语言）编辑器，它的流行有着合理的原因。该软件提供了一批令人难以置信的设计和代码编辑工具。Dreamweaver 对于每一个人都多多少少是有价值的。

编码员喜欢"代码"视图环境中的多种增强特性，开发人员则非常享受软件对 ASP、PHP、ColdFusion 和 JavaScript 以及其他程序设计语言的支持。设计人员惊异于在工作时看到他们的文本和图形出现在精确的所见即所得（What You See Is What You Get，WYSIWYG）环境中，从而节省在浏览器中预览页面的时间。初学者肯定欣赏该软件的易于使用并且功能强大的界面。不管你是哪种类型的用户，如果你使用 Dreamweaver，都不必做出妥协。

Dreamweaver 界面具有一大批用户可配置的面板和工具箱。花一点时间熟悉一下这些组件的名称，如图 1.1 所示。

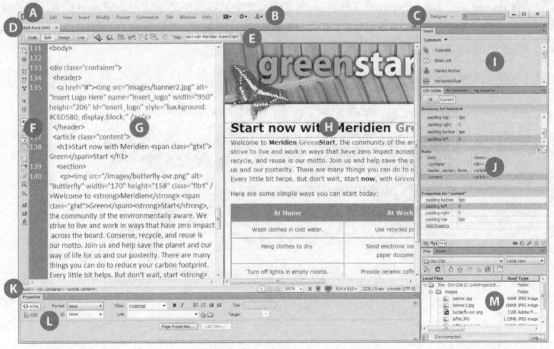

A. "菜单"栏	E. "文档"工具栏	I. "插入"面板	M. "文件"面板
B. "应用程序"栏	F. "编码"工具栏	J. "CSS样式"面板	
C. 工作区菜单	G. "代码"视图	K. "标签"选择器	
D. "文档"选项卡	H. "设计"视图	L. "属性"检查器	

图1.1

你可能认为要提供这么多功能的软件将显得十分拥挤、缓慢和笨重，但是你错了。

Dreamweaver 通过可停靠的面板和工具栏提供它的大部分能力。你可以显示或隐藏它们并以无数种组合排列它们，创建理想的工作区。

本课程介绍了 Dreamweaver 界面，并且论及了一些隐藏的能力。如果你想按顺序学习，可选择"文件">"打开"命令，导航到 lesson01 文件夹，然后选择 start-here.html，并单击"打开"按钮。

1.2 切换和拆分视图

Dreamweaver 分别为编码员和设计人员提供了专用的环境，还提供了一个把这两者混合在一起的复合选项。

1.2.1 "设计"视图

"设计"视图在 Dreamweaver 工作区中着重显示其所见即所得的编辑器，它非常接近（但并非完美）地描绘了 Web 页面在浏览器中的样子。要激活"设计"视图，可以单击"文档"工具栏中的"设计"按钮，如图 1.2 所示。

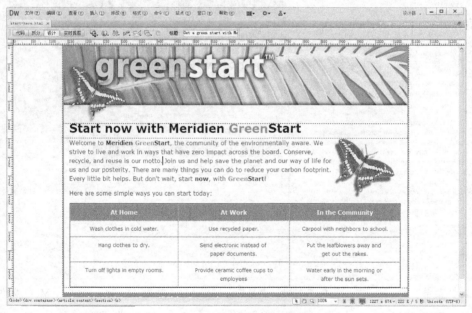

图1.2 "设计"视图

1.2.2 "代码"视图

"代码"视图在 Dreamweaver 工作区中只着重显示 HTML 代码以及各种提高代码编辑效率的工具。要访问"代码"视图，可以单击"文档"工具栏中的"代码"按钮，如图 1.3 所示。

图1.3 "代码"视图

1.2.3 "拆分"视图

"拆分"视图提供了一个复合工作区,它允许同时访问设计和代码。在其中一个窗口中所做的更改都会即时在另一个窗口中进行更新。要访问"拆分"视图,可以单击"文档"工具栏中的"拆分"按钮,如图1.4所示。为了利用新的平板式显示器的扩展宽度,Dreamweaver默认垂直拆分工作区。

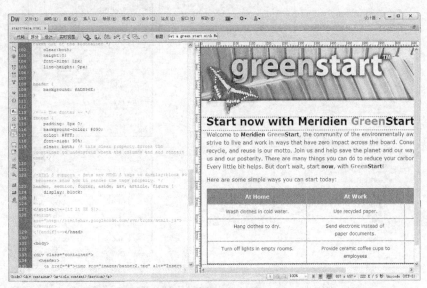

图1.4 "拆分"视图

你也可以禁用垂直拆分,水平拆分屏幕。要禁用这一功能,可以选择"查看">"垂直拆分",如图1.5所示。

图1.5　水平拆分视图

1.3　处理面板

尽管可以从菜单访问大多数命令，但 Dreamweaver 还是把它的大量功能散布在用户可选择的面板和工具栏中。你可以在屏幕四周随意显示、隐藏、排列和停靠面板（见图1.6）。如果你愿意，甚至可以把它们移到第二个或第三个视频显示界面上。

图1.6　标准面板组合

"窗口"菜单列出了所有可用的面板。如果你在屏幕上没有看到特定的面板，可以从"窗口"菜单中选择它。菜单中出现的勾号指示面板是打开的。偶尔，一个面板可能在屏幕上位于另一个面板后面，并且难以定位。在这些情况下，只需在"窗口"菜单中简单地选择想要的面板，它将提升到面板组的顶部。

1.3.1　最小化

要为其他面板创造空间或者访问工作区的隐藏区域，可以双击包含面板名称的标签。要展开面板，可以再次双击该标签，如图1.7所示。

图1.7　通过双击标签最小化浮动的面板

也可以通过双击一个面板的标签，单独最小化或展开面板组内的一个面板，如图1.8所示。

图1.8　使用面板的标签最小化面板组中的一个面板

要恢复更多的屏幕空间，可以通过双击标题栏把面板组最小化成图标，也可以单击面板标题栏的双箭头图标最小化面板。当最小化成图标时，可以通过单击面板的图标或按钮来访问任何一个面板。在空间允许的情况下，所选的面板将出现在布局的左边或右边，如图1.9所示。

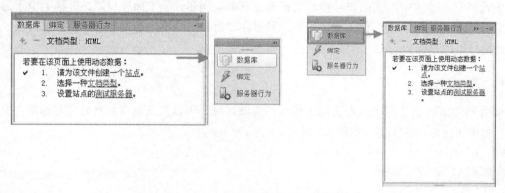

图1.9　把一系列面板最小化成图标

1.3.2　浮动

与其他面板组合在一起的面板可以单独浮动。要浮动一个面板,可以通过其标签从面板组中单击并拖动它,如图1.10所示。

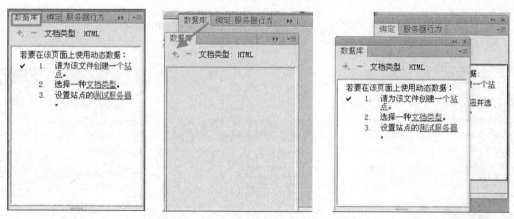

图1.10　通过面板的标签拖出一个面板

1.3.3　拖动

可以通过拖动面板的标签,在面板组内把面板标签重新排列到想要的位置,如图1.11所示。

要在工作区内重新定位面板、面板组以及面板堆,只需简单地通过标题栏拖动它们即可,如图1.12所示。

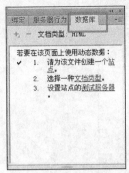
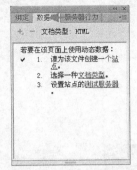
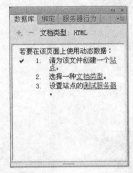

图1.11　通过拖动面板的标签改变它的位置

图1.12　把整个面板组或
面板堆拖到一个新位置

1.3.4　组合、堆叠和停靠

可以通过把一个面板拖到另一个面板中来创建自定义的面板组。在把面板移到正确的位置时，Dreamweaver将以蓝色突出显示一个区域，称为释放区，如图1.13所示。释放鼠标键即可创建新的面板组。

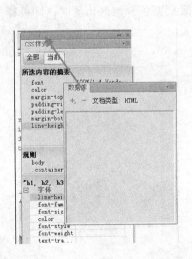
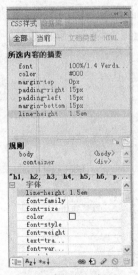

图1.13　创建新的面板组

在一些情况下，你可能希望同时保持两个面板可见。要堆叠面板，可以把想要的标签拖到另一个面板的顶部或者底部。在看到蓝色释放区出现时，即可释放鼠标键，如图 1.14 所示。

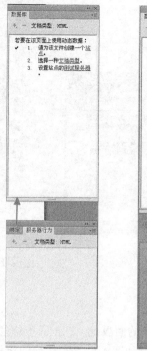

图1.14　创建面板堆

可以把浮动的面板停靠到 Dreamweaver 工作区的右边、左边或底部。要停靠一个面板、面板组或面板堆，可以把它的标题栏拖到你希望停靠的边缘。当看到蓝色释放区出现时，即可释放鼠标键，如图 1.15 所示。

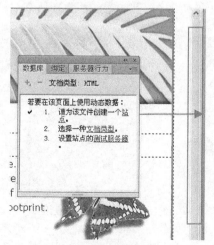

图1.15　停靠面板

1.4 选择工作区布局

自定义软件环境的快捷方式是使用 Dreamweaver 中预建的工作区之一。这些工作区已经被专家进行了优化，以使你所需的工具唾手可得。

Dreamweaver CS6 包括 11 种预建的工作区。要访问这些工作区，可以从位于"应用程序"栏中的"工作区"菜单中选择它们，如图 1.16 所示。

Dreamweaver 的长期用户可能选择"经典"工作区。它以适于在 Dreamweaver 以前的版本中查看和使用的方式显示面板和工具栏，如图 1.17 所示。

图1.16   "工作区"菜单

图1.17   "经典"工作区

"编码器"工作区将产生使 Dreamweaver 集中关注 HTML 代码及其代码编辑工具的工作区，如图 1.18 所示。

"设计器"工作区为视觉设计师提供了最佳的环境，如图 1.19 所示。

图1.18 "编码器"工作区

图1.19 "设计器"工作区

1.5 调整工具栏

　　一些软件特性是如此便利，以至于你想以工具栏的形式随时使用它们。3个工具栏——"样式呈现"、"文档"、"标准"——水平显示在文档窗口顶部。不过，"编码"工具栏是垂直显示的，但是它只出现在"代码视图"窗口中，如图1.20所示。你将在后面的练习中探索这些工具栏的功能。

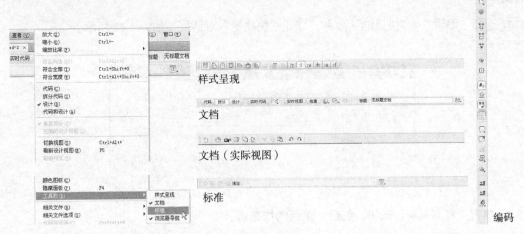

图1.20

　　通过从"查看"菜单中选择想要的工具栏来显示它。

1.6 个性化首选参数

　　在你继续使用Dreamweaver时，你将为每种活动设计你自己最佳的面板和工具栏的工作区。你可以在你自己命名的自定义的工作区中存储这些配置。

　　要保存自定义的工作区，可以从"应用程序"栏上的"工作区"菜单中选择"新建工作区"，如图1.21所示。

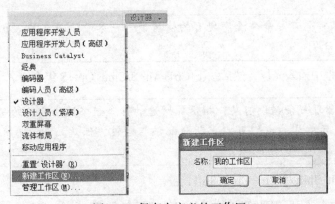

图1.21　保存自定义的工作区

1.7 创建自定义的快捷键

Dreamweaver 的另一个强大特性是创建你自己的快捷键以及更改现有的快捷键的功能。快捷键是独立于自定义的工作区加载和保存的。

如果你必须通过快捷键使用某个命令，而该命令又没有快捷键，就可以自己创建它。试试下面的操作。

1. 选择"编辑">"快捷键"命令，打开"快捷键"对话框，如图 1.22 所示。

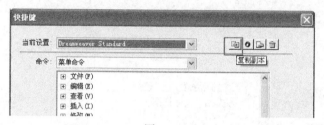

图1.22

2. 单击"复制副本"按钮，创建一组新的快捷键。

3. 在"复制副本名称"框中输入一个名称，然后单击"确定"按钮，如图 1.23 所示。

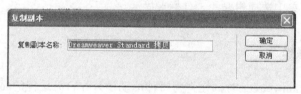

图1.23

4. 从"命令"菜单中选择"菜单"命令。

5. 从"文件"命令列表中选择"保存全部"命令。

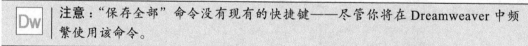

注意："保存全部"命令没有现有的快捷键——尽管你将在 Dreamweaver 中频繁使用该命令。

6. 在"按键"框中插入光标，然后按下 Ctrl+Alt+S/Cmd+Opt+S 组合键。

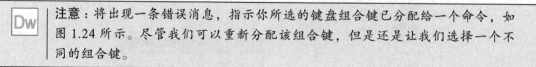

注意：将出现一条错误消息，指示你所选的键盘组合键已分配给一个命令，如图 1.24 所示。尽管我们可以重新分配该组合键，但是还是让我们选择一个不同的组合键。

7. 按下 Ctrl+Alt+Shift+S/Ctrl+Cmd+S 组合键。

这个组合键当前未使用，因此我们把它分配给"保存全部"命令。

图1.24

8. 单击"更改"按钮。

将把新的快捷键分配给"保存全部"命令,如图 1.25 所示。

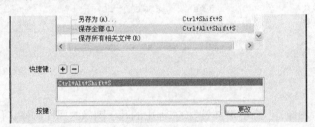

图1.25

9. 单击"确定"按钮,保存所做的更改。

你已经创建了自己的快捷键,并将在后面的课程中使用这个快捷键。

1.8 使用"属性"检查器

一个对你的工作流程至关重要的工具是"属性"检查器。这个面板通常出现在工作区的底部。"属性"检查器是上下文驱动的,并且会适应所选元素的类型。

1.8.1 使用 HTML 选项卡

把光标插入到页面上的任何文本内容中,"属性"检查器将提供快速分配一些基本的 HTML 代码和格式化效果的方式。当选择"HTML"按钮时,可以应用标题和段落标签,以及粗体、斜体、项目列表、编号列表和缩进及其他格式化效果和属性，如图 1.26 所示。

图1.26　HTML "属性" 检查器

1.8.2　使用 CSS 选项卡

单击 "CSS"（层叠样式表）按钮，可以快速访问用于分配或编辑 CSS 格式化效果的命令，如图 1.27 所示。

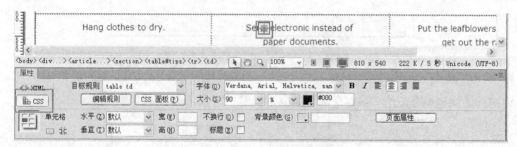

图1.27　CSS "属性" 检查器

1.8.3　图像属性

在网页中选取一幅图像，可以访问 "属性" 检查器中的基于图像的属性和格式化控制，如图 1.28 所示。

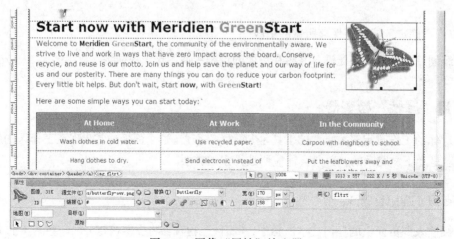

图1.28　图像 "属性" 检查器

1.8.4 表格属性

要访问表格属性，可以把光标插入到表格中，然后单击文档窗口底部的表格标签选择器，如图 1.29 所示。

图1.29　表格"属性"检查器

复习

复习题

1. 在什么地方可以访问用于显示或隐藏任何面板的命令？

2. 在什么地方可以找到"代码"、"设计"和"拆分"视图按钮？

3. 在工作区中可以保存什么内容？

4. 工作区也会加载快捷键吗？

5. 在把光标插入到 Web 页面上的不同元素中时，"属性"检查器中会发生什么事情？

复习题答案

1. 所有的面板都列在"窗口"菜单中。

2. 这些按钮是"文档"工具栏的组成部分。

3. 工作区可以保存文档窗口、所选面板、面板大小以及它们在屏幕上的位置的配置。

4. 不会。快捷键是独立于工作区加载和保存的。

5. "属性"检查器会适应所选的元素，并且显示相关的信息和格式化命令。

第**2**课　HTML基础

课程概述

　　在这一课中，你将熟悉 HTML，并将学习如何执行以下任务：

- 手工编写 HTML 代码；
- 了解 HTML 语法；
- 插入代码元素；
- 格式化文本；
- 添加 HTML 结构；
- 利用 Dreamweaver 创建 HTML。

　　完成本课程大约需要 45 分钟的时间。本课程没有支持文件。

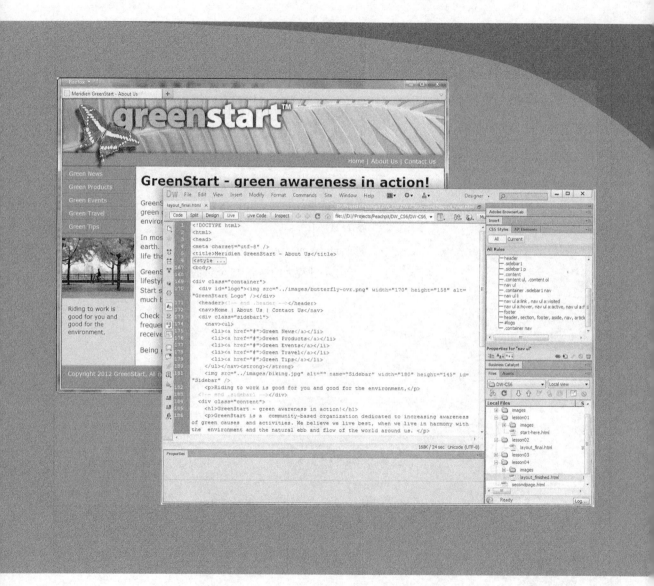

　　HTML 是 Web 的支柱，也是 Web 页面的骨架。像你身体里的骨骼一样，它是 Internet 的结构组织和实质内容。但是除了 Web 设计师之外，其他人通常看不到它。如果没有它，Web 将不会存在。Dreamweaver 具有许多特性，可以帮助你快速、有效地访问、创建和编辑 HTML 代码。

2.1 什么是 HTML

"其他软件可以打开 Dreamweaver 文件吗？"

在 Dreamweaver 课程中，一个学生问到这个问题。尽管这个问题的答案对于经验丰富的开发人员来说可能是显而易见的，但它阐释了讲授和学习 Web 设计时的一个基本问题。大多数人都会把软件与技术混为一谈。他们认为扩展名 .htm 或 .html 属于 Dreamweaver 或 Adobe。例如，印刷设计人员习惯于处理以 .ai、.psd、.indd 等结尾的文件。这些是由具有特定能力和局限性的软件创建的专有文件格式。大多数情况下的目标是创建最终的打印部分。创建文件的软件提供了解释用于产生打印页面的代码的功能。随着时间的推移，设计师认识到在不同的软件中打开这些文件格式可能产生无法接受的结果，甚至破坏文件。

另一方面，Web 设计师的目标是创建用于在浏览器中显示的网页。原始软件的能力和 / 或功能几乎不会对得到的浏览器显示产生任何影响，因为显示完全与 HTML 代码以及浏览器解释它的方式相关。尽管软件可能编写良好或糟糕的代码，但是浏览器会做所有困难的工作。

Web 基于 HTML（Hypertext Markup Language，超文本标记语言）。该语言和文件格式不属于任何单独的软件或公司。事实上，它是非专有的纯文本语言，可以在任何计算机上的任何操作系统的任何文本编辑器中编辑它。Dreamweaver 的核心是一种 HTML 编辑器——尽管它远远超越了这一点。但是为了最大化 Dreamweaver 的潜力，首先需要很好地理解 HTML 是什么，它可以做什么，以及它不可以做什么。本章打算简要介绍 HTML 的基础知识及其功能，以此作为理解 Dreamweaver 的基础。

2.2 HTML 起源于何处

HTML 和第一种浏览器是由在瑞士日内瓦的 CERN（Conseil Européen pour la Recherche Nucléaire，它是 European Council for Nuclear Research（欧洲核物理研究委员会）的法语形式）粒子物理实验室工作的科学家 Tim Berners-Lee 于 20 世纪 90 年代早期发明的。他原本打算使用该技术通过当时刚刚问世的 Internet 共享技术论文和信息。他公开地共享他的 HTML 和浏览器发明，尝试使整个科学界及其他人采用它们，并使他们自身参与开发它们。他没有申请版权保护或者尝试出售他的发明创造的事实开启了 Web 上的开放性和友好关系的趋势，这一趋势今天仍在延续。

Berners-Lee 在 20 多年前创建的语言比我们现在使用的语言的构造要简单得多，但是 HTML 仍然极其容易学习和掌握。在本书编写的时候，HTML 的版本为 4.01，该版本于 1999 年正式采用。HTML 由大约 90 个标签（Tag）组成，比如 html、head、body、h1 和 p 等。这些元素用于封闭或标记文本和图形，以便使浏览器可以用指定的方式显示它们。由一个开始标签（<…>）和一个封闭标签（</…>）组成的 HTML 标记被认为是平衡的。当两个匹配的标签以这种方式出现时，它们被称作"元素"。

一些元素用于创建页面结构，另外一些元素用于格式化文本，还有一些元素用于支持交互性和可编程性。即使 Dreamweaver 消除了为任何特定的网页或项目手动编写大部分代码的需要，对于任何成长中的 Web 设计师，阅读和解释 HTML 代码的能力仍然是一种建议具备的技能。并且有时候，手工编写代码是找到网页中的错误的唯一方法。

从图 2.1 中可以看到网页的基本结构。

图2.1　基本的HTML代码结构

正确结构化或平衡的 HTML 标记由一个开始标签和一个封闭标签组成，标签包含在角括号中。通过重复输入原始标签并在左括号后面输入一个斜杠（/）来创建封闭标签。可以用简写形式书写空标签（如水平标线），如图 2.1 所示。

你可能会对上述代码在浏览器中只是显示"Welcome to my first webpage"感到吃惊。代码的其余部分创建页面结构和文本格式。和冰山一样，实际网页的大部分内容是不可见的。

2.3　编写你自己的 HTML 代码

编写代码的思想听起来可能很困难，但是创建网页实际上要比你所想的容易得多。在下面几个练习中，你将通过创建一个基本的网页以及添加并格式化一些简单的文本内容，来学习 HTML 的工作方式。

 注意：你可以自由地在练习中使用任意文本编辑器，但是一定要将文件保存为纯文本文件。

1. 启动"记事本"（Windows）或 TextEdit（Mac）。

2. 在空白文档窗口中输入以下代码：

```
<html>
<body>
Welcome to my first webpage
</body>
</html>
```

3. 把文件保存到桌面，并把它命名为 firstpage.html。

4. 启动 Chrome、Internet Explorer、Safari、Firefox 或者安装的其他 Web 浏览器。

5. 选择"文件" > "打开"。导航到桌面并选择 firstpage.html，然后单击"确定" / "打开"按钮。

恭喜，你刚才创建了第一个网页，如图 2.2 所示。创建一个有用的网页并不需要太多的代码。

文本编辑器　　　　　　　　　　　　　　　浏览器

图2.2

2.3.1　了解 HTML 语法

通过向新的网页中添加内容，你将学习 HTML 代码语法的一些重要方面。

1. 在不关闭浏览器的情况下切换回文本编辑器。

2. 在文本"Welcome to my first page"的末尾插入光标，并按下 Enter/Return 键插入一个段落回车符。

3. 输入"Making web pages is fun"，然后按下空格键 5 次，插入 5 个空格。最后，在同一行上输入"and easy!"。

4. 保存文件。

5. 切换到浏览器，并刷新窗口，加载更新过的页面，如图 2.3 所示。

图2.3

可以看到，浏览器显示的是新文本，但是它忽略了两行之间的段落回车符以及额外的空格。事实上，你可以在行之间添加数百个段落回车符、在每个单词之间添加数十个空格，但是浏览器的显示将不会有什么不同。这是由于浏览器被编写成忽略额外的空白，并且只注重 HTML 代码元素。通过在各处插入标签，可以轻松地创建所需的文本显示。

2.3.2　插入 HTML 代码

在这个练习中，你将插入 HTML 标签，以生成正确的文本显示。

1. 切换回文本编辑器。

2. 给文本添加如下所示的标签：

`<p>Making web pages is fun and easy!</p>`

为了在一行文本内添加字母间距或其他特殊字符，HTML 提供了称为**实体**（entity）的代码元素。实体以不同于标签的方式输入到代码中。例如，用于插入非间断空格的方法是输入实体 " "。

 注意：实体使用的一个经验法则是看看是否能用标准的 101 键键盘输入一个字符。如果这个字符无法显示，那么你就可能必须使用实体。

---

3. 利用非间断空格替换文本中的 5 个空格，使得文本看上去如下所示：

`<p>Making web pagesis fun     and easy!</p>`

4. 保存文件。切换到浏览器，并重新加载或刷新页面显示。

浏览器现在将显示段落回车符和想要的间距（如图 2.4 所示）。

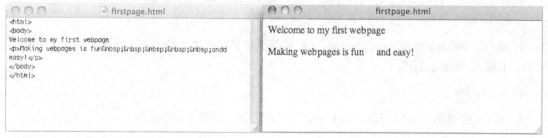

图2.4　因为添加了标签和实体，浏览器可以显示所要的段落结构和间距

2.3.3　利用 HTML 格式化文本

标签通常服务于多个目的。除了如前面所解释的那样创建段落结构和空白之外，它们还可以影响基本的文本格式化效果和标识页面内容的相对重要性。例如，HTML 提供了 6 个标题标签

（<h1> ～ <h6>），可以使用它们设置与正常段落区分开的标题。在这些被标签不仅为文本设置不同于段落文本的格式，还有其他含义。标题标签自动格式化为粗体，相对的尺寸也往往更大。标题的号码也有作用：<h1> 标签把标题标识为具有最高级别的重要性。在这个练习中，你将向第一行添加标题标签。

1. 切换回文本编辑器。

2. 给文本添加加粗的标签，如下所示：

<h1>Welcome to my first web page**</h1>**

3. 保存文件。切换到浏览器，并重新加载或刷新页面显示。

注意文本如何变化。它现在的格式将变得更大并且是加粗的，如图 2.5 所示。

图2.5　Web设计师使用标题标签表示特定内容的重要性，提升网站在Google、
Yahoo和其他搜索引擎中的排名

2.3.4　应用内联格式化

迄今为止，你使用过的所有标签都是作为段落或者独立的元素工作的。这些称为块（block）元素。HTML 还提供了对包含在另一个标签内的内容（或内联（inline））应用格式化和结构的能力。联代码的典型应用是对某个词或段落的一部分应用粗体或斜体样式。在这个练习中，你将应用内联格式化。

1. 切换回文本编辑器。

2. 给文本添加加粗的标签，如下所示：

<p>Making web pages is fun
<strong> <em>and easy!**</em></strong>**</p>

 注意：要特别留意标签的嵌套方式，以便正确地封闭它们。注意 <em> 标签是如何在 <strong> 标签封闭之前封闭的。

---

3. 保存文件。切换到浏览器，并重新加载或刷新页面显示，如图 2.6 所示。

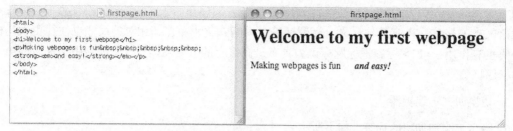

图2.6 `<strong>`和`<em>`标签用于代替`<b>`（加粗）和`<i>`（斜体）标签，因为它们为有残疾
或者视力障碍的访问者提供了增强的语义含义，但是对普通用户的效果相同

大多数格式化（包括内联及其他格式化）都是使用 CSS（Cascading Style Sheet，层叠样式表）
应用的。`<strong>` 和 `<em>` 标签是少数几种仍然可接受的使用严格的 HTML 代码元素应用内联格
式化的方式。从技术上讲，这些元素的意图更多的是为文本内容添加语义含义，但是效果相同：
文本仍然默认显示为粗体或者斜体。行业支持的一种转变——将内容与其表示（或格式化）分隔开。
关于在基于标准的 Web 设计中 CSS 的策略和应用的详尽解释，参见第 3 课 "CSS 基础"。

2.3.5　添加结构

大多数网页都具有至少 3 种基本元素：根（通常是 `<html>`）、主体（`<body>`）和头部（`<head>`）。
这些元素创建了网页的必不可少的底层结构。根元素包含网页的所有代码和内容。它用于声明浏
览器、任何浏览器应用程序以及期望在页面内包含什么类型的代码元素。`<body>` 元素存放所有的
可见内容，比如文本、表格、图像和影片等。`<head>` 元素存放用于执行至关重要的后台任务的代码，
包括样式、链接及其他信息。

你创建的示例页面没有 `<head>` 元素。网页可以没有这个区域，但是如果没有它，将很难向这
个页面中添加任何高级功能。在这个练习中，你将向网页中添加 `<head>` 和 `<title>` 元素。

1. 切换回文本编辑器。

2. 给文本添加加粗的标签和内容，如下所示。

```
<html>
<head>
<title>HTML Basics for Fun and Profit</title>
</head>
<body>
```

3. 保存文件。切换到浏览器，并重新加载或刷新页面显示。

你注意到什么变化了吗？它最初可能不明显。看看浏览器窗口的标题栏。语句 "HTML Basics
for Fun and Profit" 现在魔术般地出现在网页上方，如图 2.7 所示。通过添加 `<title>` 元素，你创建
了这种显示。但是，它并不只是一种很酷的技巧，它对你的业务也是有益的。

Google、Yahoo 及其他搜索引擎编目了每个页面的 `<title>` 元素并使用它以及其他条件，对网
页进行评级。标题的内容是通常会在搜索的结果内显示的项目之一。具有良好标题的页面可以比

具有糟糕标题或者根本没有标题的页面得到更高的评级。 一定要保持标题简短且有意义。例如，
"ABC 首页"这样的标题不能真正传递有用的信息。"欢迎来到 ABC 公司的首页"可能更好。访问
其他网站（特别是同行或者竞争对手），看看它们是如何确定网页标题的。

图2.7　<title>标签的内容在页面刷新时，将出现在浏览器标题栏中

2.3.6　在 Dreamweaver 中编写 HTML 代码

那么，一个必然会被问到的问题是"如果我可以在任何文本编辑器中编写 HTML 代码，为
什么我需要使用 Dreamweaver 呢？"尽管要等到你学完了后面的 13 课内容之后才能得到完整的
答案，但是可以先给该问题一个快速的解释。在这个练习中，你将使用 Dreamweaver 重新创建
相同的网页。

1. 启动 Dreamweaver CS6。

2. 选择"文件">"新建"。

3. 在"新建文档"窗口中，从第一列中选择"空白页"。

4. 从"页面类型"列中选择"HTML"，并从"布局"列中选择"< 无 >"。然后单击"创建"按钮。

在 Dreamweaver 中打开新文档窗口。该窗口可能默认为以下 3 种显示之一："代码"视图、"设
计"视图或"拆分"视图。

5. 如果还没有选择"代码"视图，可以在文档窗口的左上角单击"代码"视图按钮，如图 2.8
所示。

在"代码"视图窗口中，应该注意的第一件事是：与使用文本编辑器相比，Dreamweaver 的
领先优势巨大。页面的基本结构已经编写好了，包括根、头部和主体，甚至还包括标题标签等。
Dreamweaver 需要你做的唯一事情是添加内容本身。

6. 在 <body> 开始标签后面插入光标，并在标签后面输入"Welcome to my second page"。

Dreamweaver 可以简单地把第一行格式化为标题 1。

7. 把光标移到文本"Welcome to my second page"的开始处，输入"<"开始 <h1> 代码元素。

注意 Dreamweaver 是怎样自动打开兼容的代码元素的下拉列表的。这是 Dreamweaver 的代码

提示特性。在激活时，代码提示提供了可用的 HTML、CSS 和 JavaScript 元素的下拉列表。

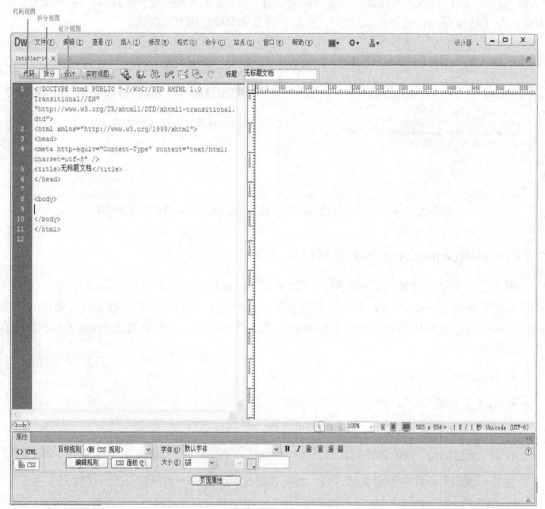

图2.8 使用Dreamwever创建HTML的好处从一开始就很明显：大部分页面结构已经创建

8. 输入 h，观察代码提示窗口，如图 2.9 所示。

Dreamweaver 过滤提示列表，只显示以"h"开头的元素。

9. 从列表中双击"h1"，在代码中插入它。然后输入">"关闭元素。

10. 把光标移到文本的末尾。在句子末尾输入"</"。

注意 Dreamweaver 是怎样自动关闭 <h1> 标签的。但是大多数编码员会在编写代码时添加标签，其方式如下。

11. 按下 Enter/Return 键，插入一个换行符。然后输入"<"。

12. 输入"p"，并按下 Enter/Return 键插入元素。然后输入">"关闭元素。

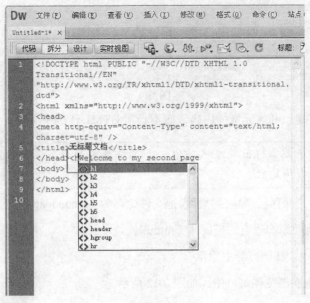

图2.9

13. 输入 "Making webpages in Dreamweaver is even more fun!"，然后输入 "</" 关闭 <p> 元素。

手工编码还是会使人疲劳吧？ Dreamweaver 提供了多种方式，用于格式化你的内容。

14. 选取单词"more"。在"属性"检查器中，单击 B 和 I 按钮，对文本应用 <strong> 和 <em> 标签。这些标签将对所选文本产生粗体和斜体格式化外观。

有什么遗漏吗？

在第14步中单击B和I按钮时，它们遗漏了吗？在"代码"视图中执行更改时，"属性"检查器偶尔需要进行刷新，才可以访问那里具有的格式化命令。简单地单击"刷新"按钮，将重新显示格式化命令，如图2.10所示。

图2.10

在新页面完成之前，只剩下两个任务了。注意，Dreamweaver 创建了 <title> 元素，并在其中插入了文本"无标题文档"。你可以在代码窗口内选取该文本，并输入一个新标题，或者可以使用另一种内置特性更改它。

15. 找到文档窗口顶部的"标题"框，并选取"无标题文档"文本。

16. 在"标题"框中输入"HTML Basics, Page 2"。

17. 按下 Enter/Return 键完成标题，如图 2.11 所示。

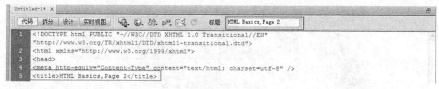

图2.11

"标题"框允许更改 <title> 元素的内容，而不必在 HTML 代码中工作。

 注意：新标题文本将出现在代码中，并且替换原始内容。现在应该保存文件，并在浏览器中预览它。

18. 选择"文件">"保存"。导航到桌面，把文件命名为"secondpage"。然后单击"保存"按钮。Dreamweaver 将自动添加适当的扩展名（.html）。

19. 选择"文件">"在浏览器中预览"。

完成的页面将出现在浏览器窗口中，如图 2.12 所示。

图2.12

你刚才完成了两个网页——一个是用手工完成的，另一个是使用 Dreamweaver 完成的。在这两种情况下，都可以看到 HTML 是怎样在整个过程中起着中心作用的。要学习关于这种技术的更多知识，可以转到 www.w3.org 上的万维网联盟（W3 Consortium）的网站，或阅读下面列出的任何图书。

建议阅读的关于HTML的图书

HTML, XHTML, and CSS3: Visual QuickStart Guide, Seventh Edition, Elizabeth Castro and Bruce Hyslop (Peachpit Press, 2012) ISBN: 0-321-71961-1

HTML and XHTML Pocket Reference, Jennifer Niederst Robbins (O'Reilly, 2009) ISBN: 978-0-596-80586-9

Head First HTML with CSS & XHTML, Elisabeth and Eric Freeman (O'Reilly, 2005) ISBN: 978-0-596-10197-8

2.4 常用的 HTML4 代码

HTML 代码元素服务于特定的目的。标签可以创建结构，应用格式化效果，标识合乎逻辑的内容，或者生成交互性。创建独立结构的标签称为**块**（block）元素；在另一个标签的主体内执行其工作的标签称为**内联**（inline）元素。

2.4.1 HTML 标签

表 2.1 显示了一些最常用的 HTML 标签。为了最大限度地利用 Dreamweaver 和你的网页，了解这些元素的本质以及如何使用它们是有帮助的。记住，一些标签可以服务于多个目的。

表 2.1 常用的 HTML 标签

标签	说明	结构	块	内联
<!--...-->	注释。在 HTML 代码内添加注释，在浏览器中不显示	●		
<a>	锚记。创建超链接			●
<blockquote>	引文。创建独立的缩进段落		●	
<body>	指定文档主体。包含页面内容的整个可见部分	●		
 	插入一个换行符，而不会创建一个新段落	●		
<div>	页面划分。创建包围页面内容的方框，用于模拟分栏式布局	●	●	
<em>	强调。增加语义强调。默认显示为斜体			●
<form>	指定 HTML 表单		●	
<h1>~<h6>	标题。创建加粗的标题。隐含层次结构的语义价值		●	
<head>	指定文档头部。包含执行后台功能的代码，比如元标签、脚本、样式、链接及其他信息	●		
<hr/>	水平标线。生成水平线的空元素	●	●	
<html>	大多数网页的根元素。包含整个网页，只不过在某些情况下必须在 <html> 标签之前加载基于服务器的代码	●		
<iframe>	内联框架。可以包含另一个文档的结构元素	●		●
<img/>	图像	●		●
<input/>	表单的输入元素	●		●
<li>	列表项		●	
<link/>	指定文档与外部资源之间的关系	●		
<meta/>	元数据	●		
<ol>	有序列表。创建编号列表	●	●	

标签	说明	结构	块	内联
\<p\>	段落。创建独立的段落		●	
\<script\>	脚本。包含脚本元素或者指定外部脚本	●		
\<span\>	指定文档区域。提供对文档的一部分应用格式化的方式			●
\<strong\>	强调。增加语义强调。默认显示为粗体			●
\<style\>	调用 CSS 样式规则	●		
\<table\>	指定表格	●	●	
\<td\>	表格单元格	●		
\<textarea\>	用于表格的多行文本输入元素	●	●	
\<th\>	表格标题单元格	●		
\<title\>	标题	●		
\<tr\>	表格行	●		
\<ul\>	无序列表。创建项目列表	●	●	

2.4.2 HTML 字符实体

实体为每个字母和字符而存在。如果不能直接从键盘输入某个符号，可以通过输入表 2.2 中列出的名称或数值来插入它。

表 2.2 HTML 字符实体

字符	说明	名称	数字
©	版权	&copy;	&#169;
®	注册商标	&reg;	&#174;
™	商标		&#153;
•	项目符号		&#149;
–	短划线		&#150;
—	长划线		&#151;
	非间断空格		

2.5 HTML5 简介

　　HTML 的当前版本已经出现 10 多年了，无法跟上技术上的许多进步（例如收集和其他移动设备）。负责维护和更新 HTML 以及其他 Web 标准的标准组织万维网联盟（World Wide Web Consortium，W3C）积极地更新这种语言，并在 2008 年 1 月提出了 HTML5 的工作草案。最新的更新于 2012 年 3 月推出，但最终的版本在几年内可能无法就绪。那么这对于当前和即将出现的 Web 设计师意味着什么呢？一切尚无定论。

Web 站点及其开发人员迅速做出改变并适应当前的技术和市场现实情况，但是底层技术的发展速度极其缓慢。浏览器制造商目前已经支持 HTML5 的许多新特性。早期的采纳者将吸引开发人员和用户对最新、最好的版本产生兴趣，这也意味着随着大部分流行网站实现新功能，旧的、不兼容 HTML5 的浏览器将被抛弃。有些人认为直到 2020 年或之后才会发生完全的转变。无论如何，对 HTML 4.01 的向后兼容性肯定会在将来很好地实现，因此你的旧页面或站点将不会突然破灭或消失。

2.5.1　HTML5 中的新特性

HTML 的每个新版本都对标记语言的元素数量和用途进行修改。HTML4.01 由大约 90 个元素组成。有些元素已经被弃用或者完全删除，采用或者提出新的元素。

对元素列表的更改中许多是围绕支持新技术或者不同类型的内容模型而构思出来的。有些修改简单地反映前一版本 HTML 采用以来，开发人员社区中流行起来的习惯或者技术。其他更改则简化了创建代码的方法，使其更容易编写、更快地传播。

2.5.2　HTML 标签

表 2.3 展示了 HTML5 中的一些重要的新标签。HTML5 目前包含了 100 多个标签。将近 30 个旧标签已经被弃用，这意味着，HTML5 的新元素有将近 50 个。本书中的练习使用了许多新的 HTML5 元素，说明了这些元素在 Web 中的作用。你可以花一些时间来熟悉这些标签及其描述。

表 2.3　重要的 HTML5 新标签

标签	描述	结构	块	内联
<article>	指定独立而完备的内容，这些内容可以独立与其余部分传播	●	●	
<aside>	指定与包围内容相关的边栏内容	●	●	
<audio>	制定多媒体内容、声音、音乐或者其他音频流	●		●
<canvas>	指定用脚本创建的图形内容	●		
<figure>	指定包含图片或者视频的独立内容部分	●		
<figcaption>	指定 <figure> 元素的标题	●		●
<footer>	指定文档或者段的脚注	●		
<header>	指定文档或者段的开头	●		
<hgroup>	在标题有多个级别时指定一组 <h1> ～ <h6> 元素	●		
<nav>	指定一个导航部分	●		
<section>	指定文档的一个段，例如一个章节、一个标题、一个脚注或者文档的其他部分	●		
<source>	指定媒体元素的媒体资源。<video> 或者 <audio> 元素的子元素。可以为不支持默认资源的浏览器定义多个来源	●		●
<track>	指定媒体播放器使用的文本轨道	●		
<video>	指定视频内容，例如短片或者其他视频流	●		

2.5.3　语义 Web 设计

HTML 的许多修改是为了支持"语义 Web 设计"的概念，也就是使用提供或者含有内在含义的元素和结构。例如，这些修改推出了许多新元素，例如 <article>、<section>、<header> 和 <footer>。这种变化对未来 HTML 的可用性和互联网上网站之间的互操作性有重要的作用。现在，每个网页在 Web 上都是独立的。内容可能链接到其他页面和网站，但是实际上没有办法以连贯的方式合并或者收集多个页面或者网站上的信息。搜索引擎竭力索引出现在每个网站上的内容，但是因为旧 HTML 代码的特性和结构，大部分努力都失败了。

HTML 最初是作为一种表现语言而设计的。换句话说，它是用来在浏览器中以易于理解和可预测的方式显示技术文档的。如果你仔细阅读 HTML 的原始规范，它看上去就像学校研究文章中的项目列表：标题、段落、引用材料、表格、编号的项目列表，等等。

HTML 之前的互联网看上去更像是 MS DOS 或者 OS X 的终端应用程序，没有格式，没有图形，也没有颜色。第一版的 HTML 中列出的元素本质上是用来确定内容的显示方式。标签没有任何固有含义或者意义。例如，使用一个标题标签可以将某一行文本加粗显示，但是并没有告诉你标题和后续的文本或者整篇文章之间有何关联。它到底是标题，还是子标题？

HTML5 添加了许多新标签，帮助我们为标记添加含义。<header>、<footer>、<article> 和 <section> 等标签第一次在不采用附加属性（如 <div class="header">...</div>）的情况下标识特定内容。结果是，代码更加简短。但是最重要的是，为代码添加语义含义使你和其他开发人员可以用激动人心的新方法联系不同页面的内容——其中的许多种方法都是前所未见的。

2.5.4　新技巧和新技术

HTML5 还重新回顾了这种语言的基本特性，收回了一些多年来被越来越多的第三方插件和外部程序完成的功能。如果你刚刚接触 Web 设计，这种过渡毫无痛苦，因为你不需要重新学习任何东西，也不用打破坏的习惯。如果你在构建网页和应用程序上已经有了习惯，本书将直到你安全地渡过这条河流，以合乎逻辑和简单的方式介绍新的技巧和技术。但是，最好的一点是，语义 Web 设计并不意味着你必须抛弃所有旧的站点，重新从头开始构建。有效的 HTML4 代码在可预见的未来中仍然是有效的。HTML5 的意图是让你可以花更少的精力完成更多的工作，使你更轻松地完成任务。让我们开始吧！

> ## HTML5参考
>
> 更多的HTML5相关知识，参见www.w3.org/TR/2011/WD-html5-20110525/。
>
> HTML5元素的完整列表，参见www.w3schools.com/html5/html5_reference.asp。
>
> W3C的更多信息，参见www.w3.org。

复习

复习题

1. 什么软件可以打开 HTML 文件？

2. 标记语言可以做什么？

3. HTML5 和 HTML4 没有多大不同，这是真的吗？

4. 大多数 Web 页面的 3 个主要部分是什么？

5. 块元素与内联元素之间的区别是什么？

复习题答案

1. HTML 是一种纯文本语言，可以在任何文本编辑器中打开和编辑它，并且可以在任何 Web 浏览器中查看它。

2. 它把尖括号 <> 内包含的标签放在纯文本内容周围，把关于结构和格式化的信息从一个应用程序传递给另一个应用程序。

3. 错。HTML4 中有 30 多个标签将被弃用，HTML5 中添加了将近 50 个新标签。这意味着，从 1998 年发行以来，HTML 中几乎半数内容被修改。

4. 大多数 Web 页面都由 3 个区域组成：根、头部和主体。

5. 块元素创建独立的元素。内联元素可以存在于另一个元素内。

第3课 CSS基础

课程概述

在这一课中，你将熟悉 CSS，并将学习如何执行以下任务：

- CSS（层叠样式表）的术语和术语学；
- HTML 格式化与 CSS 格式化之间的区别；
- 层叠、继承、后代与特征理论如何影响浏览器应用 CSS 格式化；
- CSS 如何格式化对象；
- CSS3 的新特性和功能。

 完成本课程应该需要 75 分钟的时间。在开始前，请确定你已经如本书开头的"前言"中所描述的那样，把用于第 3 课的文件复制到了你的硬盘驱动器上。如果你是从零开始学习本课程的，可以使用"前言"中的"跳跃式学习"一节中描述的方法。

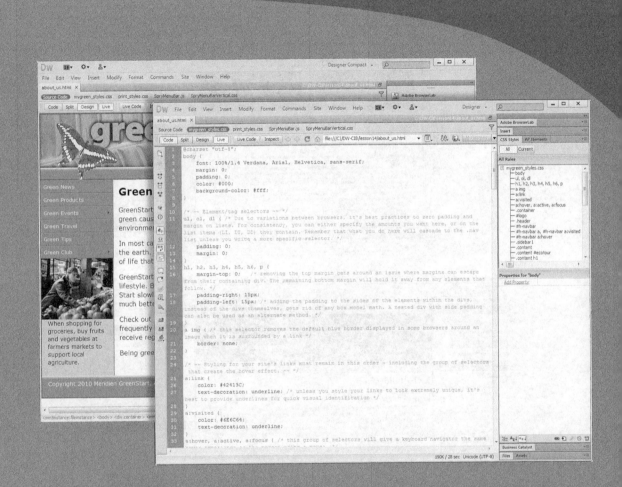

　　层叠样式表（CSS）控制着 Web 页面的外观和感觉。CSS 语言和语法很复杂，但功能强大，并且可以进行无限的修改，要经过几年的专门学习才能深入掌握它。如果没有它，现代的 Web 设计师将无立足之地。

3.1　什么是 CSS

　　HTML 从未打算成为一种设计媒介。除了粗体和斜体之外，版本 1 缺少一种标准化的方式来加载字体或者格式化文本。格式化命令直到版本 3 才逐渐添加进来，用于解决这些局限性，但是这些改变并不足够。设计师求助于各种技巧来产生想要的结果。例如，他们使用 <table> 标签模拟多列布局，以及在他们需要非 Times 或 Helvetica 的字体时使用图像，如图 3.1 所示。

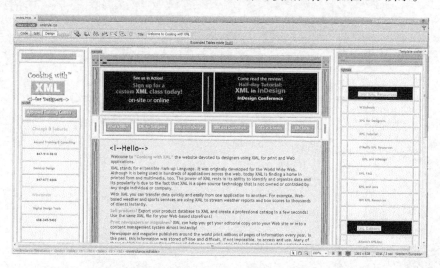

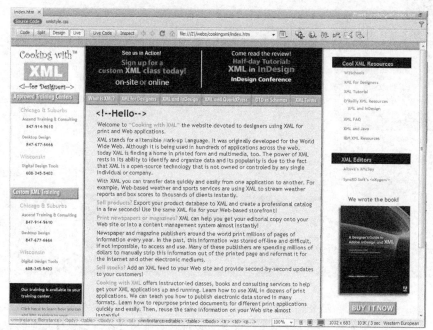

图3.1　在Dreamweaver中使用扩展的表格模式（上图），可以看到这个网页怎样依靠
表格和图像来产生最终的设计（下图）

基于 HTML 的格式化是一个如此有误导性的概念，因此被建议从语言中删除，以便于支持层叠样式表。CSS 避免了 HTML 格式化的所有问题，同时也节省了时间和金钱。使用 CSS，可以把 HTML 代码剥离到其必不可少的内容和结构，然后单独应用格式化，因此可以更轻松地使网页适应特定的应用程序。

3.2　HTML 格式化与 CSS 格式化的比较

在比较基于 HTML 的格式化与基于 CSS 的格式化时，很容易看到 CSS 怎样在时间和工作量方面产生巨大的效率。在下面的练习中，你将通过编辑两个网页来探索 CSS 的能力和功效，其中一个页面通过 HTML 进行格式化，另一个页面通过 CSS 进行格式化。

1. 如果 Dreamweaver CS6 当前没有运行，就启动它。

2. 选择"文件" > "打开"。

3. 导航到 lesson03 文件夹，并打开 html_formatting.html 文件。

4. 单击"拆分"视图按钮。如果有必要，选择"视图" > "垂直拆分"，垂直拆分"代码"视图和"设计"视图。

内容的每个元素都是使用不建议使用的 <font> 标签单独进行格式化的。注意每个 <h1> 和 <p> 元素中的属性 color="blue"（见图 3.2）。

图3.2

5. 用单词"green"替换出现的每个单词"blue"。然后在"设计"视图窗口中单击，以更新显示。

文本现在将显示为绿色。可以看到，使用过时的 <font> 标签进行格式化不仅缓慢，而且容易出错。如果输入"greeen"或"geen"，浏览器将完全忽略格式化。

6. 从 lesson03 文件夹中打开 CSS_formatting.html 文件。

7. 如果当前没有选择"拆分"视图按钮，可单击该按钮。

文件的内容与前一个文档完全相同，只不过它是通过 CSS 格式化的。格式化 HTML 元素的代码称为规则（rule），并且出现在这个文件的 <head> 区域中。注意代码包含两个 color: blue; 属性，如图 3.3 所示。

图3.3

8. 选取 h1{color:blue;} 规则中的单词"blue"，并输入"green"替换它。然后在"设计"视图窗口中单击，以更新显示。

在"设计"视图中，所有的标题元素都将显示为绿色。段落元素将保持为蓝色。

9. 选取 p 规则中的单词"blue"，并输入"green"替换它。然后在"设计"视图窗口中单击，以更新显示。

在"设计"视图中，标题和段落元素都将显示为绿色。

在这个练习中，CSS 利用两处简单的编辑就完成了颜色改变，而 HTML 的 <font> 标签要求编辑每一行。你明白 W3C 为什么不建议使用 <font> 标签开发层叠样式表了吗？这个练习只突出显示了 CSS 提供的格式化能力和效率增强的一个小示例，而单独使用 HTML 是做不到这些的。

3.3　HTML 默认设置

将近 100 个 HTML 标签中的每个标签生来都具有一种或多种默认的格式、特征和 / 或行为。因此，即使你没有做任何事情，也已经以某种方式对文本进行了格式化。要掌握 CSS，必不可少的任务之一是学习和理解这些默认设置。我们来看一看。

1. 打开 lesson03 文件夹中的 HTML_defaults.html。如果有必要，选择"设计"视图预览文件内容，如图 3.4 所示。

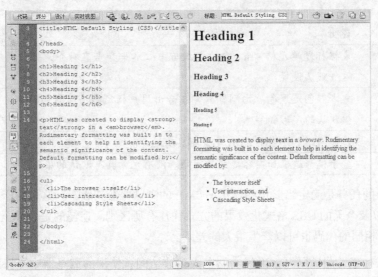

图3.4

该文件包含了全部 HTML 标题和文本元素。每个元素都有特定的基本样式，如大小、字体和间距等。

2. 如果有必要，单击"拆分"视图按钮。在"代码"视图窗口，找到 <head> 段并尝试找到格式化 HTML 的任何代码。

快速查看就可以发现，文件中没有明显的样式信息，但是文本仍然显示出不同的格式。那么，它们从何而来？这些设置是什么呢？

答案是：视情况而定。HTML 元素从多种来源得到元素的特征。首先要看的是 W3C 这家 Web 标准组织，它建立了 Internet 规范和协议。可以在 www.w3.org/TR/CSS21/sample.html 上找到默认的样式表，它描述了所有 HTML4 元素的典型格式化和行为。这是所有浏览器制造商对 HTML 元素默认显示的基本样式表。

为了节省时间并给予你一点优越感，表 3.1 列出了一些最常用的默认设置。

表 3.1　常用的 HTML 默认设置

项目	说明
背景	在大多数浏览器中，页面背景颜色是白色。<div>、<table>、<td>、<th> 及其他大多数标签的背景都是透明的
标题	标题 <h1>~<h6> 都是加粗和左对齐的。6 个标题标签应用不同的字体大小属性，<h1> 最大，<h6> 最小
正文	在表格单元格外面，文本从页面顶部开始，向左对齐
表格单元格文本	表格单元格 <td> 内的文本与左边水平对齐并与中心垂直对齐

项目	说明
表格标题	表格标题单元格 <th> 内的文本与中心水平和垂直对齐，并非所有浏览器都遵守这一默认设置
字体	文本颜色是黑色。由浏览器（或者由用户指定的任何浏览器首选参数）指定和提供默认的字形和字体
边距	外部间距。许多 HTML 元素都具有边距
填充	盒子模形边框和内容之间的间距。没有元素具有默认的填充

另一个重要的任务是确定当前正在显示 HTML 的浏览器及其版本。这是由于浏览器解释或显示 HTML 元素以及今天的 CSS 格式化效果的方式往往有所区别。遗憾的是，甚至相同浏览器的不同版本对于完全相同的代码也可以产生很大的差别。

最佳实践是构建并测试网页，确保它们在大多数访问者使用的浏览器中（特别是在你的访问者最喜欢的浏览器中）正确地工作。在 2012 年 1 月时，W3C 发布了以下统计数据，确定了最流行的浏览器，如图 3.5 所示。

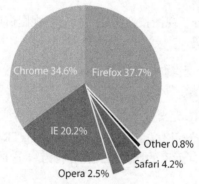

图3.5 尽管知道哪些浏览器在一般大众中最流行是很好的，但是关键的是在你开始构建和测试自己的网页之前，确定你的目标受众使用的浏览器

虽然图 3.5 展示了浏览器世界的基本份额，但是模糊了一个事实：每个浏览器有多个在用版本。这是很重要的一点，因为旧的浏览器版本支持最新的 HTML 和 CSS 功能及特效的可能性更小。使情况更加复杂的是，尽管这些统计数据对互联网总体情况来说是有效的，但是对你自己的站点进行统计后可能发现完全不同的情况。

3.4 CSS 盒子模型

浏览器正常读取 HTML 代码，解释其结构和格式，然后显示网页。CSS 通过在 HTML 与浏览器之间游走来执行其工作，并且重新定义应该怎样呈现每个元素。它在每个元素周围强加了一个假想的盒子（box），然后允许你格式化怎样显示这个盒子及其内容的几乎每个方面，如图 3.6 所示。

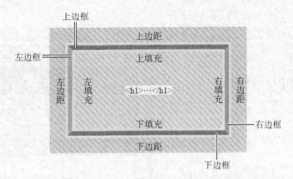

图3.6 盒模型是CSS强加的一种编程构造，允许格式化或重新定义任何HTML元素的默认设置

CSS 允许指定字体、行间距、颜色、边框、背景阴影和图形，以及边距和填充等。在大部分情况下，这些方框是不可见的，CSS 为你提供了格式化它们的能力，但是并没有要求你这样做。

1. 如果有必要，启动 Dreamweaver。打开 lesson03 文件夹中的 boxmodel.html。

2. 单击"拆分"视图按钮分隔"代码"视图和"设计"视图窗口，如图 3.7 所示。

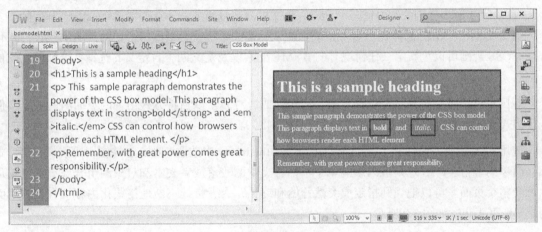

图3.7

这个文件中的 HTML 代码示例包含一个标题和两个段落，段落中的文本进行了格式化，以说明某些 CSS 盒模型的属性。文本显示可见的边框、背景颜色和填充。

内容与表现

当今Web标准的基本原则之一就是内容（文本、图像、列表等）和表现（格式）之间的分离。图3.8显示了两个并排放置的相同HTML内容。我们从左侧的文件中完全删除CSS格式。虽然左图中的文本完全没有进行格式化，但是很容易看出CSS转换HTML代码的能力。

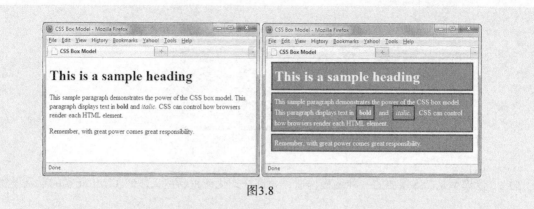

图3.8

www.w3.org/TR/css3-box 的现用规范描述了盒模型在不同媒体中应该如何呈现文档。

3.5 格式化文本

可以用以下 3 种方式应用 CSS 格式化：内联、嵌入（在内部样式表中）或者链接（通过外部样式表）。CSS 格式化指令称为规则（rule）。规则由两部分组成——选择器（selector）和一个或多个声明（declaration）。选择器指定要格式化什么元素或者哪些元素的组合，而声明则包含格式化规范。CSS 规则可以重新定义任何现有的 HTML 元素以及定义两个自定义的选择器修饰符，它们分别名为"class"和"id"。

规则也可以组合选择器，以针对多个元素，或者对元素以独特方式出现的页面内的特定实例进行格式化（比如当一个元素嵌套在另一个元素内时）。

应用 CSS 规则不是像在 Adobe InDesign 或 Illustrator 中选取一些文本并应用段落或字符样式那样简单的事情。CSS 规则可以影响单个单词、文本的段落或者文本和对象的组合。单个规则可以影响整个页面。可以把规则指定成突然开始和终止，或者持续不断地格式化内容，直到被后面的规则改变为止，如图 3.9 所示。

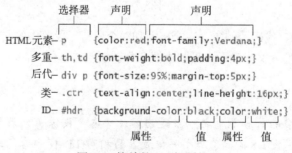

图3.9 简单的CSS规则构选

这些规则示例演示了选择器和声明中使用的一些典型构造。选择器编写方式决定了样式的应用方式以及规则相互之间的作用方式。

在 CSS 规则如何执行其工作方面，有许多因素在起着作用。为了帮助你更好地理解所有这些是如何工作的，下面几节的联系中阐释了 4 种 CSS 概念，我们称之为 4 个理论：层叠、继承、后代和特征。

3.5.1 层叠理论

层叠理论描述了规则在样式表中或者页面上的顺序和位置对样式应用的影响。换句话说，如果两个规则相冲突，哪种格式将胜出？下面我们来看看层叠对 CSS 格式的影响。

1. 打开 lesson03 文件夹中的 cascade.html 文件。

该文件包含格式化为红色的 HTML 标题。

2. 如果有必要，单击"拆分"视图按钮，观察代码中 <head> 段的 CSS 规则，如图 3.10 所示。

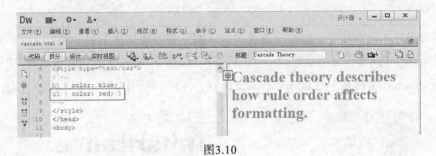

图3.10

注意，代码中包含两条 CSS 规则，它们除了应用不同颜色（红色和蓝色）之外，没有其他的差别。两条规则格式化相同的颜色，但是只有一条规则得以应用。

显然，第二条规则胜出。为什么？因为第二条规则是最后声明的规则，这使其更接近于实际内容。

3. 选择规则 h1 { color: blue; }。

4. 选择"编辑" > "剪切"。

5. 将光标插入规则 h1 { color: red; } 的最后。

6. 选择"编辑" > "粘贴"，如图 3.11 所示。

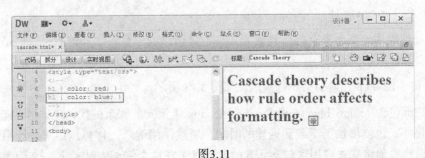

图3.11

这时你已经交换了规则的顺序。

7. 单击"设计"视图窗口，刷新预览显示。

标题现在显示为蓝色。

标记中的**接近度**（proximity）和顺序都是决定如何应用 CSS 的强大因素。当尝试确定将选用哪个 CSS 规则时，记住浏览器通常使用以下层级顺序，其中第 ❸ 层级是最高的层级。

❶ 浏览器默认设置；

❷ 外部样式表或嵌入（在 <head> 段）样式表。如果两者都存在，最后声明的优先于较早的冲突项目。

❸ 内联样式（在 HTML 元素内）。

3.5.2　继承理论

继承理论描述了一条规则怎样被一条或多条以前声明的规则所影响。继承可以影响同名的规则，以及格式化父元素或者彼此嵌套的元素的规则。我们来看看继承对 CSS 格式的影响。

1. 打开 lesson03 文件夹中的 inheritance.html。在"拆分"视图中，观察 CSS 代码，如图 3.12 所示。

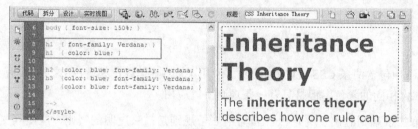

图3.12

首先，注意两条格式化 <h1> 元素的 CSS 规则。看看"设计"视图窗口中，你能说出哪条规则格式化 <h1> 文本吗？如果你说两者都是，那你就赢了。

乍一看，你可能会认为 <h1> 有两条单独的规则，从技术上讲也确实如此。但是如果仔细看，你就会发现第二条规则不会与第一条规则相冲突。它不会重置 color 属性，而是声明一个新属性。换句话说，因为两条规则完成的是不同的工作，因此两条规则都将被应用。所有的 <h1> 元素都将被格式化为蓝色 Verdana 字体。

用多重规则构建丰富而复杂的格式的能力并不是错误或者意料之外的后果，而是层叠样式表最强大而复杂的特征之一。

2. 观察 h2、h3 和 p 元素的格式化规则，如图 3.13 所示。

所有规则都包含 {color: blue; font-family: Verdana; } 语句。冗余的代码应该尽可能避免。它增加了代码的尺寸，也就增加了下载和处理的时间。通过使用继承，你可以用一条规则创建相同的效果。你可以简单地将样式应用到包含元素的父元素（在这个例子中是 <div>），而无须将其应用到单独的元素上。

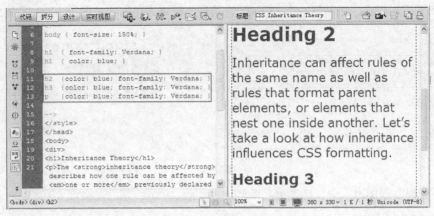

图3.13

3. 选择 h2 选择器，并输入 div 代替它。

这一变化将样式应用到父元素，从而也应用到它的所有内容。

4. 删除元素 h3 和 p 的规则，如图 3.14 所示。

图3.14

5. 单击"设计"视图窗口刷新显示。

所有元素仍然被格式化为蓝色的 Verdana 字体。现在，一条规则格式化 3 个不同元素。让我们更进一步。你可能已经注意到，两条 h1 规则合并起来，创建了新的 div 规则应用的相同样式。

6. 选中并删除两条 h1 规则。单击"设计"视图窗口刷新显示；它的外观应该仍然相同。

所有文本现在都由一条 CSS 规则格式化：div { color: blue; font-family: Verdana; }。

3.5.3 后代理论

后代理论描述了怎样根据特定元素与其他元素的相对位置对其进行格式化。通过构建多个元素的选择器，以及 id 和 class 属性，可以针对网页内的文本的特定实例进行格式化。我们来看看后代选择器如何影响 CSS 格式。

1. 打开 lesson03 文件夹中的 descendant.html。在"拆分"视图中，观察 CSS 代码和 HTML 内容的结构，如图 3.15 所示。

这个页面包含 3 个 h1 元素。这些元素以 3 种方式出现：单独、在一个 div 中、在一个应用了 class 属性的 div 中。除了 HTML 标记外，还有 3 条 CSS 规则，对这些元素应用各种类型的样式。

这些规则的有趣之处在于，它们并不总是直接对 h1 元素应用样式，而是对出现在 HTML 结构中的 h1 元素应用样式。注意第一个 <h1> 元素是如何被格式化为蓝色的 Verdana 字体的。

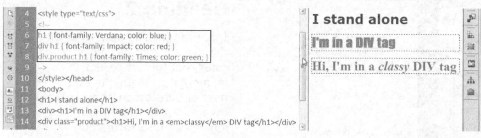

图3.15

2. 在"代码"视图窗口中，选择第一个 <h1> 元素。

3. 选择"编辑">"复制"。

4. 在代码 <h1>I'm in a DIV tag</h1> 的封闭标签之后插入光标。

5. 选择"编辑">"粘贴"。单击"设计"视图窗口刷新显示，如图 3.16 所示。

图3.16

新的 <h1> 元素出现，格式化为红色的 Impact 字体，和同一个 <div> 中的其他 <h1> 元素相同。这些代码对蓝色的 Verdana 字体做了什么？CSS 自动区分独立的 h1 元素和出现在 <div> 中的 CSS。换句话说，你没有必要应用一个特殊格式或者改变现有的格式。只要将元素移入代码中合适的结构或者位置，它就会自动格式化。我们再来试一试。

6. 在"代码"视图窗口中，在 <h1>Hi, I'm in a <em>classy</em> DIV tag</h1> 的封闭标签之后插入光标。

7. 选择"编辑">"粘贴"。单击"设计"视图窗口刷新显示，如图 3.17 所示。

图3.17

<h1> 元素出现，格式化为绿色的 Times 字体。粘贴的文本同样匹配应用到 <div> 中其他 h1 元素的格式，它的原始样式被完全忽略。

3.5.4　特征理论

特征（specificity）描述了当两条（或更多）规则相冲突时浏览器怎样确定应用什么格式化效果的概念。一些人称之为权重（weight）——基于顺序、接近度、继承和后代关系给予某些规则更大的权重。这些冲突会危及大多数 Web 设计师的存在，并且可能浪费数小时的时间来查找 CSS 格式化错误。我们来看看特征理论对某些示例规则权重的影响。

1. 打开 lesson03 文件夹中的 specificity.html。在"拆分"视图中，观察 CSS 代码和 HTML 内容的结构。然后，注意"设计"视图窗口中文本的外观，如图 3.18 所示。

图3.18

在文件的 <head> 段中有 3 条 CSS 规则。所有规则都可能格式化页面上的 <h1> 元素。但是，在这个时候，没有一条规则真正格式化文本。

你看到 CSS 标记开始的斜杠和星号（/*）了吗？这个标记用于在 CSS 代码内部创建注释，实际上禁用了后面的规则。注释的代码以相反顺序的斜杠和星号（*/）结束。在 Dreamweaver 中，注释的代码通常显示为灰色。

还要注意，<h1> 元素的开始标记有一个属性：@style。这个内联 CSS 样式标记被附加在单词开始的 @ 符号禁用。你只要删除 /* 和 */ 以及属性中的 @f 符号，就可以重新启用所有 CSS 样式。

但是在你这么做之前，你能够根据规则的语法和顺序，确定哪些格式会应用于示例文本吗？例如，文本会显示为 Times、Impact 还是 Verdana 字体？它会是蓝色、红色、绿色，还是橙色？我们来看一看。

2. 选择 CSS 代码开始的 /* 标记并删除之。

3. 选择 CSS 代码最后的 */ 标记并删除之。

4. 选择 <h1> 属性中的 @ 符号并删除之。

5. 单击"设计"视图窗口，刷新显示，如图 3.19 所示。

如果你选择 <h1> 标签中插入的内联标记作为胜者，那你就是本课程的优秀学员了。文本按照规则的指定显示为橙色。但是你有没有注意到，内联样式并没有指定字体？那么，为什么文本显示为 Verdana 字体？

图3.19

虽然内联样式优先于任何格式，但是 CSS 规则并不总是单独起作用。如前所述，CSS 规则可能一次设置超过一个 HTML 元素的样式，有些规则可能覆盖或者继承其他规则的样式。在本例中，<h1> 元素从其他元素中选择字体家族。你能够确定是哪一条吗？

6. 选择并删除 <h1> 标记中的整个内联标记样式 : style= "color: orange"。

7. 单击"设计"视图窗口，刷新显示。

最后一行文本现在完全由 div.product h1 规则进行格式化。你能解释原因吗？选择器中的 .product 标记引用 class="product" 属性，这个属性被赋予 <h1> 元素。在其他方法无法获得所需效果，或者需要覆盖特定默认值时，可以使用类向文本应用 CSS 样式。将在本章后面更全面地研究类。

这里描述的每一种理论在 CSS 样式应用于整个网页和整个网站时各有其作用。当样式表加载时，浏览器将使用如下的层级顺序——第 ❹ 层级最强——确定样式如何应用，特别是在规则相互冲突的时候。

❶ 层叠；

❷ 继承；

❸ 后代结构；

❹ 特征。

当然，当你面临页面上有几十条或者数百条相互冲突的 CSS 规则时，知道层级顺序没有多大帮助。在这种情况下，Dreamweaver 将用一种极其出色的功能伸出援手，这种功能就是代码浏览器。

3.5.5 代码浏览器

代码浏览器是 Dreamweaver 中的一个编辑工具，允许你即时检查一个 HTML 元素，并评估其基于 CSS 的格式。代码浏览器被激活时，将显示对元素格式化起作用的所有 CSS 规则，还将列出它们的层叠应用和特征的顺序。代码浏览器可以用于"代码"视图和"设计"视图。

1. 如果有必要，打开前一个练习中修改的 specificity.html。在"拆分"视图中，观察 CSS 代码和 HTML 内容的结构，如图 3.20 所示。

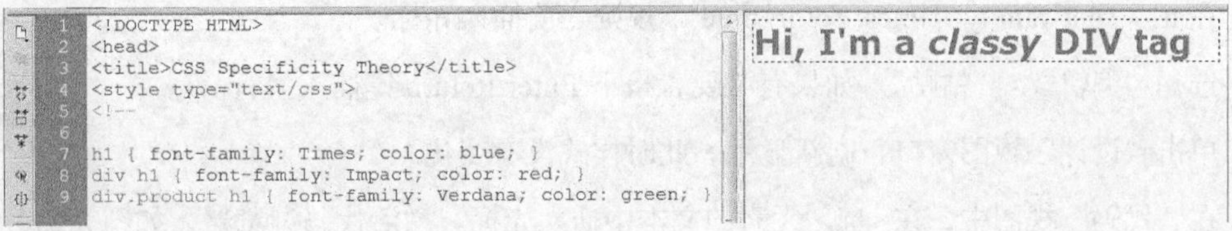

图3.20

虽然这个文件本质上很简单，但是它有三条可能格式化 <h1> 元素的 CSS 规则。在实际的网页中，每增加一条新的规则，样式冲突的可能性都会增大。但是利用代码浏览器，推测出这些问题不费吹灰之力。

2. 在"设计"视图中，在标题文本中插入光标，如图 3.21 所示。

图3.21

片刻之后，出现一个形如舵轮的图标。这个图标提供了对代码浏览器的即时访问。

3. 单击"代码浏览器"图标，如图 3.22 所示。

 注意：你也可以右键单击元素，选择上下文菜单中的"视图" > "代码浏览器"，或者按下 Alt+Ctrl+N/Opt+Cmd+N 键访问代码浏览器。

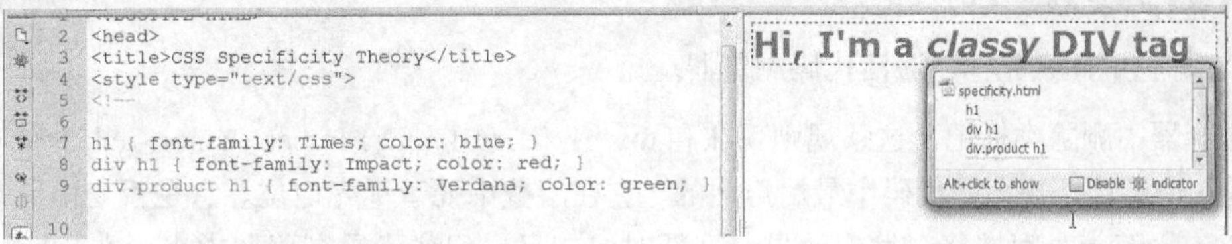

图3.22

出现一个小窗口，显示应用到这个标题的 3 条 CSS 规则的列表。列表中规则的顺序说明了它们的层叠顺序和特征。当规则冲突时，列表中下方的规则覆盖上方的规则。记住，元素可能从一条或者多条规则中继承样式，默认样式可能被更具体的设置覆盖。

div.product h1 规则出现在代码浏览器的底部，说明它的规格可能设置这个元素的样式。但是许多因素可能影响哪条规则胜出。有时候，规则在样式表中声明的顺序决定了实际应用的规则。正如你在前面所看到的，修改规则的顺序往往影响规则的效果。

4. 在"代码"视图窗口中，选择完整的 div.product h1 { font-family: Verdana; color: green; } 规则。

5. 选择"编辑" > "剪切"。

6. 在 h1 { font-family: Times; color: blue; } 规则之前插入光标。

7. 选择"编辑" > "粘贴"。如果有必要，按下 Enter/Return 键插入换行。

8. 单击"设计"视图窗口，刷新显示。此时样式没有变化。

9. 在"代码"视图中，在 <h1> 元素的文本中插入光标。激活代码浏览器，如图 3.23 所示。

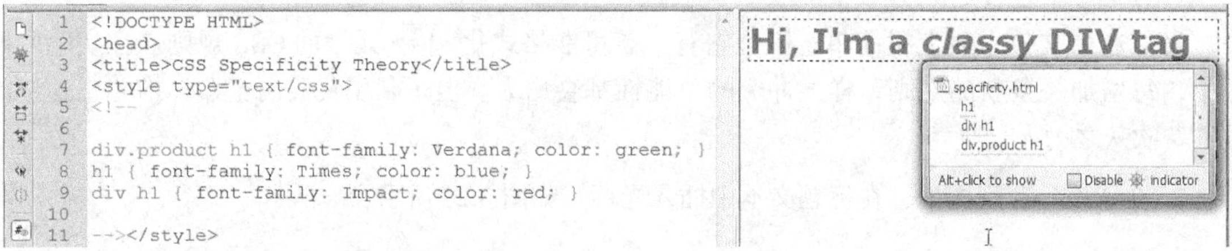

```
1   <!DOCTYPE HTML>
2   <head>
3   <title>CSS Specificity Theory</title>
4   <style type="text/css">
5   <!--
6
7   div.product h1 { font-family: Verdana; color: green; }
8   h1 { font-family: Times; color: blue; }
9   div h1 { font-family: Impact; color: red; }
10
11  --></style>
```

图3.23

虽然规则被移到样式表的顶部，但是规则的显示没有变化，因为 div.product h1 规则的特征性高于其他两条规则。在这个实例中，它在代码中的位置没有关系，但是特征性很容易通过修改选择器来改变。

10. 在选择器中选择并删除类标记 .product。

11. 单击"设计"视图窗口，刷新显示，如图 3.24 所示。

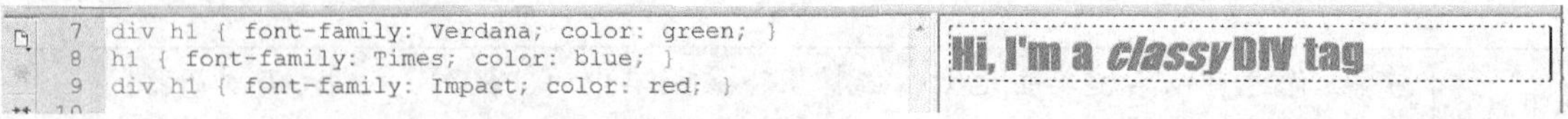

```
7   div h1 { font-family: Verdana; color: green; }
8   h1 { font-family: Times; color: blue; }
9   div h1 { font-family: Impact; color: red; }
10
```

图3.24

你有没有注意到样式的变化？

12. 在标题中插入光标，激活代码浏览器。

从选择器中删除类标记，这条规则现在和 div h1 { font-family: Impact; color: red; } 有相同的价值。但是，由于这条规则是代码中最后声明的，它在层叠中处于优先地位。它是否变得更有意义？不要担心——随着时间推移会发生效果。到那时候，只要记住代码浏览器中出现在最后的规则对任何特定元素的影响最大就行了。

3.6 格式化对象

你将在本课程中探索的最后一个概念（也是最复杂并且最容易出错的概念）是对象格式化。把对象格式化视作用于修改元素的定位、大小、边框和阴影以及边距和填充的规范。自从 CSS 可以重新定义任何 HTML 元素以来，对象格式化实质上可以应用于任何标签——尽管它最常用于 <div> 元素。

默认情况下，所有的元素都开始于浏览器屏幕的顶部，并且从左到右、从上到下一个接一个地连续出现。块元素生成它们自己的行或段落以及分隔符，内联元素则出现在插入的位置。

CSS 打破了所有这些默认的约束，它允许你任意确定元素的大小、格式和位置。

大小是 HTML 元素最基本的规格。CSS 能够不同程度地控制元素的宽度和高度。所有规格都可以用相对（百分比、ems 或者 exs）或者绝对（像素、英尺、磅数、厘米等）计量单位表达。

3.6.1 宽度

设置 HTML 元素的宽度很简单。我们来看一个示例。

1. 打开 lesson03 文件夹的 width.html。

2. 在"拆分"视图中查看页面，观察 CSS 代码和 HTML 结构，如图 3.25 所示。

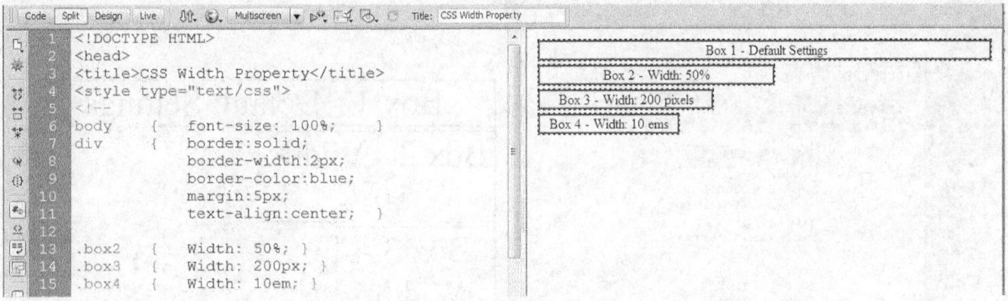

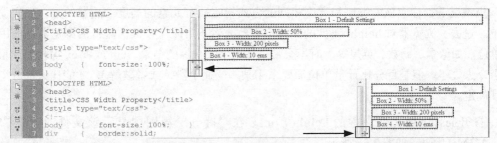

图3.25　默认情况下，块元素占据浏览器窗口的100%宽度。CSS可以用绝对或者相对方式定义元素尺寸

该文件包含 4 个 `<div>` 元素，混合相对和绝对宽度设置进行格式化。

Box1 没有格式化，用于演示块元素默认的显示效果。它将占据浏览器窗口的 100% 宽度。相反，Box2 的 CSS 规格将宽度设置为 50%。这一百分比指定了元素填充的屏幕部分。相对计量单位使元素可以自动适应浏览器宽度的变化。例如，如果你向左或者向右拖动"代码"视图和"设计"视图的分隔线，Box2 显示的宽度将保持为"设计"视图窗口的一半，如图 3.26 所示。

图3.26　宽度设置为百分比的元素将自动适应浏览器窗口的变化，保持在这一空间中的相对尺寸。绝对计量单位不能响应浏览器窗口的变化

Box3 格式化为固定计量单位——200 像素。不管浏览器屏幕发生什么变化，它都将保持这个

宽度。这是许多设计师使用的流行方法，因为它使设计师们能够严格控制页面组件的尺寸和形状。但是这种方法不容易考虑用户与页面的交互。例如，固定宽度的布局无法适应用户增大或者减小字体尺寸的请求。这样的请求通常会破坏基于像素或者其他绝对尺寸的页面布局。

最后一个 <div> 演示了混合相对和绝对计量单位的系统。它的宽度被格式化为 10 em。em 是印刷设计师较为熟悉的计量单位。它基于使用的字形和字体的尺寸。换句话说，使用较大的字体，em 就较大；使用较小的字体，em 就较小。在 Web 设计中，em（或者 ex）从 <body> 标签中定义的基本字体（网页本身的默认字体）得到线索。

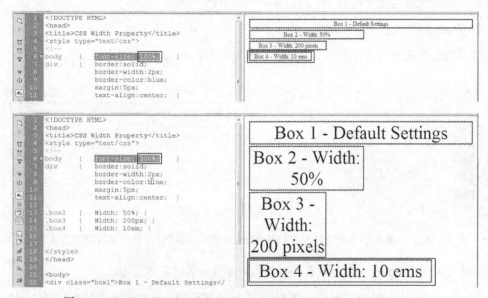

图3.27　用em指定的宽度允许你的页面元素适应用户对字体尺寸的增大和减小

如果你将 body 规则中的 font-size 属性从 100% 增大到 300%，那么第 4 个 <div> 元素将会自动增大 3 倍，保持容器与文本的相对尺寸。用像素或者百分比格式化的元素完全不会改变。

3.6.2　高度

理想情况下，你应该能够以和宽度相同的方式指定所有元素的高度。遗憾的是，现实没有这么简单。过去，浏览器对 height 属性的支持不一致或者不可靠。今天，流行的浏览器在使用绝对计量单位（如像素、磅数、英尺等）时不会带来任何令人吃惊的结果。em 或者 ex 等相对计量单位也不会令人失望。但是百分比计量单位需要采用某些变通手段（或者破解），才能让大部分浏览器遵循其规定。

1. 打开 lesson03 文件夹中的 **height.html**。在"拆分"视图中显示该文件，观察 CSS 和
   HTML 代码，如图 3.28 所示。

该文件包含 4 个 <div> 元素，使用了相对和绝对高度设置。Box 1 演示了块元素的默认表现；它所占据的高度和其中内容所需要的相同。Box 2 设置为 100 像素高度；不管屏幕大小或者方向如何变化，

它都保持不变。Box 3 的高度被设置为 10 em。尽管 em 是相对计量单位，但是高度并没有从屏幕尺寸中获得线索，而是如前所述，依赖于基本字体。修改默认字体大小，<div> 就会相应地做出反应。

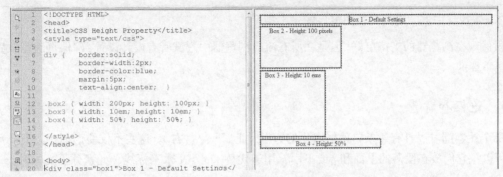

图3.28

看上去一切都不错。height 属性似乎很简单，在前三个元素中的效果和预期的一样。但是 Box4 是麻烦所在。它的高度被设置为 50%，你的预期是它会占据屏幕高度的一半。但是，正如你在"设计"视图中所看到的，它并不比 Box1 更高。这是为什么？

大部分浏览器，甚至 Dreamweaver 的"设计"视图窗口都会忽略以百分比设置的高度。原因与浏览计算页面窗口大小的方法有关。本质上，这归结于浏览器计算宽度而不计算高度。这种行为不会影响固定计量单位或者设置为 em 或者 ex 的计量单位，但是在百分比单位中会造成混乱。这是前述的 HTML 破解起作用的地方。

2. 在 CSS 标记开始的地方插入光标。

3. 输入"**html, body { height: 100% }**"。

为网页的根元素添加 height 属性，为浏览器提供了计算百分比高度所需的信息。但是，你必须使用"实时"视图或者在实际浏览器中预览页面才能看到结果。

4. 单击"实时"视图按钮，启用"实时"视图，如图 3.29 所示。

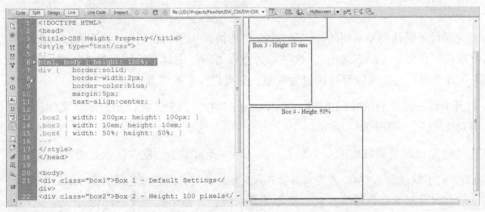

图3.29

注意：在大部分应用程序中，并不是任何元素都严格地遵循高度设置。默认情况下，高度是一个弹性的规格，使元素能够自动适应内容需要的空间。

Box 4 现在占据"设计"视图窗口的一半高度。

虽然现在浏览器的支持更好，但是在所有流行浏览器中测试所有设计设置，确保页面正常显示，仍是很重要的。

3.6.3　边框和背景

每个元素都可以具有 4 条单独格式化的边框（上、下、左、右）。这些不仅便于创建方框式元素，而且可以把它们放在段落的上面和 / 或下面，用于代替 <hr /> （水平标线）元素分隔文本区。

1. 打开 lesson03 文件夹中的 boaders.html。在"拆分"视图中显示该文件，观察 CSS 和 HTML 代码，如图 3.30 所示。

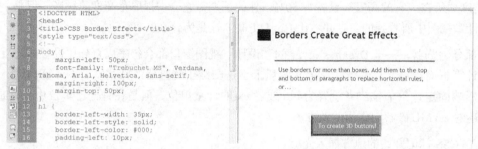

图3.30

该文件包含 3 个带有边框效果的文本元素的例子。正如你所看到的，边框不仅可以用于创建方框。你可以看到，它们被用作段落的图形化效果，甚至用于模拟 3 维的按钮效果。

需要指出的一点是，在实际内容中没有额外的标记；所有效果都由 CSS 代码独立生成。这意味着，你可以快速地调整、开启和关闭特效，也可以轻松地移动内容，而无须担心分散在代码中的图形化元素。

所有元素背景默认都是透明的。但是，CSS 允许给背景添加颜色和 / 或图形。如果两者都添加，图像将出现在颜色之上（或者之前）。这种行为使你可以使用具有透明背景的图像创建分层图形效果。如果图像充满可见空间或者被设置为重复，它可以完全遮盖颜色。

2. 打开 lesson03 文件夹中的 backgrounds.html。在"拆分"视图中显示该文件，观察 CSS 和 HTML 代码，如图 3.31 所示。

该文件包含 CSS 背景效果的多个例子。为 <div> 元素添加边框，使效果更容易看见。

Box1 显示了默认的 HTML 透明背景。Box2 描绘了具有固定颜色的背景。Box3 展示了在 *x* 轴方向和 *y* 轴方向重复的背景图像。它也使用了背景颜色，但是被重复的图像完全遮盖。Box4 也展示了背景图像，但是它的透明和阴影效果使你能够看到图像周围的背景颜色。

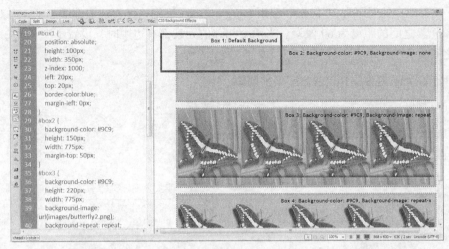

图3.31

一定要全面测试任何背景处理。在某些应用程序中，CSS 背景规格没有得到全面支持，或者支持不一致。

3.6.4 边距和填充

边距在元素外面创建间距——在一个元素与另一个元素之间；填充在元素的内容与其边框之间增加间距，而不管边框是否可见。

1. 打开 lesson03 文件夹中的 margins_padding.html。在"拆分"视图中显示该文件，观察 CSS 和 HTML 代码，如图 3.32 所示。

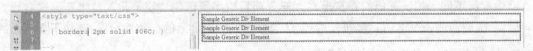

图3.32

该文件包含多个相互堆叠的 <dig> 元素、文本标题示例和段落元素。所有元素都显示默认的 HTML 边距和填充格式。所有元素都应用了边框，更容易看到间距效果。

要增加 <div> 元素之间的间距，你要添加一个边距规格。

2. 在 CSS 代码段中插入光标，输入 div { margin: 30px; }。

3. 单击刷新"设计"视图窗口，如图 3.33 所示。

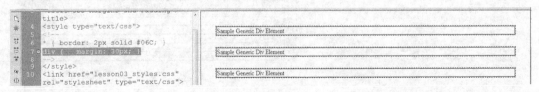

图3.33

<div> 元素现在的间距为 30 像素。使用 margin: 30px 标记，你为四边都增加了 30 像素，但是并不意味着元素之间的距离为 60 像素。当两个相邻的元素都有边距时，设置不会合并；浏览器只是用两者之间较大的一个。

填充用于在元素内容及其边框之间增加间距。

4. 在 div 规则中，在"margin: 30px;"之后插入光标。

5. 按 Enter/Return 键插入新行，输入"padding: 30px;"。

6. 单击刷新"设计"视图窗口，如图 3.34 所示。

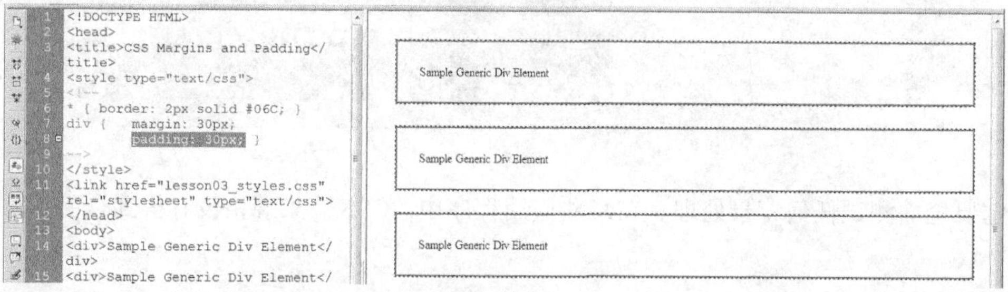

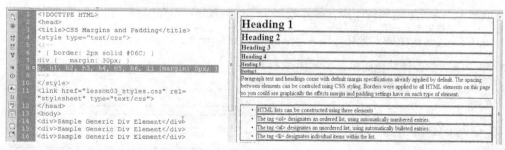

图3.34

可以看到，每个 <div> 元素中有 30 像素的填充。因为填充应用于元素范围之内，所以它将与边距设置组合起来，影响出现在元素之间的总间距。填充还会影响元素的指定宽度，在设计页面组件时必须加以考虑。

和 <div> 元素不同，<p>、<h1> ~ <h6>、<ol> 和 <ul> 等文本元素已经应用了边距设置，你在页面中的文本示例中可以看到。许多设计师厌恶这些默认规格，特别是因为它们可能在不同浏览器中有所不同。相反，他们有意地在大部分项目中用所谓的"规范化"技术删除这些设置。换句话说,他们声明一个常用元素列表,将默认规格重置为更合意的一致性设置,就像下面所做的。

7. 在 CSS 段中，在 div 规则之后创建一个新行。

8. 输入"p, h1, h2, h3, h4, h5, h6, li { margin: 0px; }"。

9. 单击刷新"设计"视图窗口，如图 3.35 所示。

图3.35

文本元素现在没有显示默认间距。使用 0 边距对你来说可能有些极端，但是你掌握了情况。

随着你对 CSS 和网页设计的熟悉，你可以开发自己的默认规格，用这种方法实现它们。

3.6.5　定位

默认情况下，所有元素从浏览器窗口顶部开始，从左到右、从上到下连续显示。块元素自起一行（或者段落分隔）；内联元素出现在插入点上。

CSS 可以打破这些默认限制，让你将元素放置在几乎任何地方。和其他对象格式一样，定位可以用相对（例如左、右、中等）或者绝对坐标（用像素、英寸、厘米或者其他标准计量系统）表示。使用 CSS，你甚至可以将一个元素放在另一个元素的上面或者下面，创建令人惊叹的图形效果。小心地使用定位命令，你就能创建各种页面布局，包括流行的多栏目设计。

1. 打开 lesson03 文件夹中的 positioning.html。在"拆分"视图中显示该文件，观察 CSS 和 HTML 代码，如图 3.36 所示。

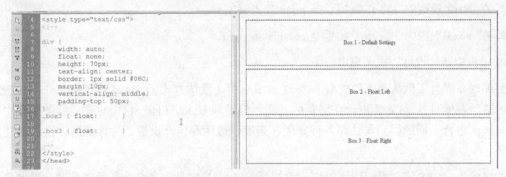

图3.36

该文件包含 3 个 <div> 元素；它们相互堆叠，占据了"设计"视图窗口的整个宽度，这是所有块元素的默认方式。使用 CSS，你可以控制这些元素的位置。但是首先，你必须减少宽度，使得多个元素能够依次显示。

2. 在 div 规则中，将 width 属性从 auto 修改为 30%。

3. 单击刷新"设计"视图窗口，如图 3.37 所示。

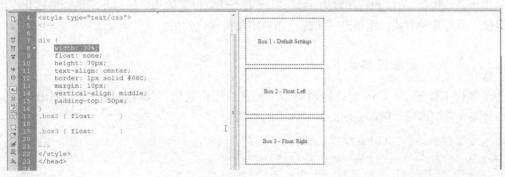

图3.37

<div> 元素大小改变，但是仍然堆叠。定位屏幕上的元素有多种方法，但是浮动方法最为流行。

4. 在 div 规则中，将 float 属性从 none 改为 left。

5. 单击刷新"设计"视图窗口，如图 3.38 所示。

图3.38

所有 3 个 <div> 元素现在在同一行中并排显示。使用类属性，你可以单独控制每个 <div>。

6. 在 div 规则中，将 float 属性从 left 改为 none。

7. 在 .box2 规则中，将 float 属性从 none 改为 left。

8. 在 .box3 规则中，将 float 属性从 none 改为 right。

9. 单击刷新"设计"视图窗口。

页面现在混合了默认和浮动规格。Box1 自成一行（默认方式）。Box2 出现在下一行，按照规定和屏幕的左侧对齐。Box3 出现在屏幕的右侧，但是和 Box2 在同一行中。在后续的课程中，你将学习如何组合不同的浮动属性和各种宽度、高度、边距和填充设置，为你的网站设计创建复杂的布局。

遗憾的是，CSS 定位看似强大，但是它却是 CSS 中最容易被当今的各种浏览器错误解释的一个方面。在某个浏览器中正常的命令和格式可能在另一个浏览器中有不同的解释，或者完全被忽略，从而造成了悲剧性的结果。实际上，在网站的一个页面上正常的格式，可能在包含不同代码元素组合的另一个页面上失败。

3.7 多重、类和 ID

利用层叠、继承、后代和特征理论，可以对网页上任意位置的几乎任何元素进行格式化。但是，CSS 提供了另外几种方式，用于进一步优化和自定义格式化效果。

3.7.1 对多个元素应用格式化

为了加快工作速度，CSS 允许同时对多个元素应用格式化，只需在选择器中列出每个元素，并用逗号隔开它们即可。例如，下面的规则中的格式化：

```
h1 { font-family: Verdana; color: blue; }
h2 { font-family: Verdana; color: blue; }
h3 { font-family: Verdana; color: blue; }
```

也可以表达如下：

```
h1, h2, h3 { font-family: Verdana; color: blue; }
```

3.7.2　创建 CSS 类属性

你往往希望创建独特的格式化效果，以应用于对象、段落、短语和单词，甚至是出现在网页内的字符。为了执行这种任务，CSS 允许创建你自己的名为类和 id 的选择器。

类属性可以应用于页面上任意数量的元素，而 id 属性只可能在每个页面上出现一次。如果你是一位印刷设计师，类与 Adobe InDesign 的段落、字符和对象样式的组合相似。类和 id 名称可以是单词、缩略语、字母和数字的任何组合或者几乎任何内容，但是不能以数字开头，也不能包含空格。虽然没有严格禁止，但是应该避免使用 HTML 标签和属性名称。

 注意：Dreamweaver 将在你输入不合适的名称时警告你。

要声明 CSS 类选择器，可以在样式表内的名称前面插入一个句点，如下所示。

```
.intro
.copyright
```

然后，将 CSS 类作为属性应用于整个 HTML 元素，如下所示。

```
<p class="intro">Type intro text here.</p>
```

或者以内联方式应用于单独的字符或者单词，如下所示。

```
Here is <span class="copyright">some text</span> formatted
differently.
```

3.7.3　创建 ID 属性

HTML 将 ID 当作独一无二的属性。因此，特定的 ID 不应该分配给每个页面上多于一个的元素。过去，许多 Web 设计师使用 ID 指向页面内的特定成分，比如包含标题、脚注或者文章。随着 HTML5 元素（如 header、footer、aside、article）的出现，将 ID 和类属性用于这一目的已经没有必要。但是，ID 仍然可以用来指定特定的文本元素、图像和表格，帮助你在页面和站点内构建强大的超文本导航。在第 9 课中将学习关于这样使用 ID 的更多知识。

要在 CSS 样式表中声明 ID 属性，可以在样式表内的名称前面插入一个数字符号或磅标记（#），如下所示。

```
#contact_info
#disclaimer
```

然后，将 CSS ID 作为属性应用于整个 HTML 元素，如下所示。

```
<div id="contact_info"></div>
<div id="disclaimer"></div>
```

3.8 CSS3 概述和支持

互联网长期以来都不是停滞不前的。技术和标准不断出现和变化。W3C 的成员们辛勤工作，使 Web 适应最新的显示器，包括强大的移动设备、大型平板显示器和 HD 视频——这些技术每天都在变得更好、更便宜。这也是 HTML5 和 CSS3 当前的推动力。

尽管这些标准还没有正式采用，但是浏览器制造商已经实现了它们的许多功能和技术。如果你觉得冒险、想要呆在安全地带，Dreamweaver 不会弃你于不顾。该软件已经提供了对当前 HTML5 元素和 CSS3 格式的丰富支持。随着新特性和功能的开发，你可以预期，Adobe 会尽快将其添加到该软件中。

在后续的课程中，我们将向你介绍许多这类激动人心的新技术，并且真正地在你的示例页面中实现许多较为可靠的 HTML5 和 CSS3 特性。

3.8.1 CSS3 功能和特效

CSS3 中有 20 多个新功能。许多现在已经在所有现代浏览器中得以实现；而其他功能仍然是试验性的，支持也不完整。在这些新功能中，你将会发现：

- 圆角和边框特效；

- 方框和文本阴影；

- 透明和半透明；

- 渐变填充；

- 多列文本元素。

这些功能和其他一些功能都可以通过现在的 Dreamweaver 实现。该软件甚至能够帮助你在必要时构建与制造商相关的标记。为了让你快速地了解一些最酷的 CSS3 功能和特效，我们来看一个示例文件。

1. 打开 lesson03 文件夹中的 positioning.html。在"拆分"视图中显示该文件，观察 CSS 和 HTML 代码。

许多新特效无法在"设计"视图中直接预览，所以你需要使用"实时"视图或者在实际的浏览器中预览。

2. 单击"实时"视图按钮预览所有 CSS3 特效，如图 3.39 所示。

该文件包含了功能和特效的大杂烩，可能令人惊喜——但是不要过于兴奋。尽管这些功能中，许多都得到了 Dreamweaver 的支持，在现代浏览器中可以正常工作，但是仍然有许多旧的硬件和软件，它们可能使你的梦幻站点变成噩梦。而且，还至少需要经历一段曲折。

有些新的 CSS3 功能还没有标准化，某些浏览器可能不识别 Dreamweaver 生成的默认标记。在这些情况下，你可能不得不包含特定的制造商命令，使它们正常工作。这些命令有制造商前缀，

例如 -ie、-moz 和 -webkit。如果你仔细观察演示文件的代码，就会发现 CSS 标记中的这些例子，如图 3.40 所示。

图3.39

图3.40

3.8.2　其他 CSS 支持

CSS 格式化是如此复杂和强大，以至于这篇简短的课程无法涵盖这个主题的所有方面。有关 CSS 的详细解释，可以参阅以下几本图书。

• *Bulletproof Web Design: Improving Flexibility and Protecting Against Worst-Case Scenarios with HTML5 and CSS3 (3rd edition)*, Dan Cederholm (New Riders Press, 2012) ISBN: 978-0-321-80835-6

• *CSS: The Missing Manual*, David Sawyer McFarland (O'Reilly Media, 2009) ISBN: 978-0-596-80244-8

• *Stylin' with CSS: A Designer's Guide (2nd edition)*, Charles Wyke-Smith(New Riders Press, 2007) ISBN: 978-0-321-52556-7

• *The Art & Science of CSS*, Jonathan Snook, Steve Smith, Jina Bolton, Cameron Adams, and David Johnson (SitePoint, 2007) ISBN: 978-0-975-84197-6

复习

复习题

1. 你应该仍然使用基于 HTML 的格式化吗？

2. CSS 把什么强加给每个 HTML 元素？

3.（判断题）如果你什么也不做，HTML 元素将没有格式化效果或者结构。

4. 哪 4 种理论在影响 CSS 格式化的应用？

5. 块元素与内联元素之间的区别是什么？

6.（判断题）CSS3 的功能都是试验性的，你完全不应该使用它们。

复习题答案

1. 不应该。1997 年，在采用 HTML4 时，就不建议使用基于 HTML 的格式化。行业最佳实践建议代之以使用基于 CSS 的格式化。

2. CSS 给每个元素强加了一个假想的方框，然后可以利用字体、边框、阴影以及边距和填充对其进行格式化。

3. 错误。即使你什么也不做，许多元素也具有内置的格式化效果。

4. 影响 CSS 格式化的 4 种理论是层叠、继承、后代和特征。

5. 块元素创建独立的结构；内联元素出现在插入点处。

6. 错误。许多 CSS3 功能已经得到现代浏览器的支持，现在就可以使用。

第4课 创建页面布局

课程概述

在这一课中，你将学习：

- 网页设计理论和策略的基础知识；
- 怎样创建设计缩略图和线框（wireframe）；
- 怎样向预先定义的 CSS 布局中插入新组件并格式化它们；
- 怎样使用"代码浏览器"确定 CSS 格式化效果；
- 怎样检查浏览器兼容性。

完成本课程应该需要 1 小时的时间。在开始前，请确定你已经如本书开头的"前言"中所描述的那样，把用于第 4 课的文件复制到了你的硬盘驱动器上。如果你是从零开始学习本课程，可以使用"前言"中的"跳跃式学习"一节中描述的方法。

　　无论你是使用缩略图和线框，还是只凭借生动的想象，Dreamweaver 都可以快速把设计概念转变成完整的、基于标准的 CSS 布局。

4.1 Web 设计基础

在你为自己或者客户开始任何 Web 设计项目之前，首先需要回答以下 3 个重要的问题：

- 网站的目的是什么？

- 顾客是谁？

- 他们怎样到达这里？

4.1.1 网站的目的是什么

网站销售或者支持产品或服务吗？你的站点是用于娱乐或游戏的吗？你要提供信息和 / 或新闻吗？你需要购物车或数据库吗？你需要接受信用卡付款或电子转账吗？知道网站的目的将指示你要开发和处理什么类型的内容，以及你将需要纳入什么类型的技术。

4.1.2 顾客是谁

顾客是成年人、儿童、年长者、专业人员、业余爱好者、男人、女人，还是所有人？知道你的顾客是谁，对于整体设计和功能是至关重要的。针对儿童的站点可能需要更多的动画、交互性和亮丽迷人的颜色。成年人需要严肃的内容和深入的分析。年长者可能需要较大的字体及其他可访问性增强特性。

检查竞争情况是良好的第一步。现有的站点在执行相同的服务或者销售相同的产品吗？它们是否成功？你不必模仿其他同行的网站。看看 Google 和 Yahoo。它们执行相同的基本服务，但是它们的站点设计有天壤之别，如图 4.1 所示。

图4.1　还有哪两个站点比Google和Yahoo的区别更大吗？然而，它们执行相同的服务

4.1.3 他们怎样到达这里

在谈论 Internet 时，这听起来像是一个奇怪的问题。但是，像实体业务一样，你的在线顾客可

以利用各种不同的方式到达你的站点。例如，他们是在台式机、笔记本电脑、平板电脑还是手机上访问你的站点？他们是使用高速 Internet、无线网络还是拨号服务呢？他们最喜欢使用什么浏览器，显示器的大小和分辨率是多少？这些答案将告诉你，你的顾客期望什么类型的体验。拨号用户和手机用户可能不希望看到许多图形或视频，而具有较大的平板显示器和高速连接的用户可能希望你可以发送给他们大量的内容和信息。

那么，你在哪里获得这些信息呢？为了获得其中一些信息，你将不得不进行辛苦的调查研究和人口统计分析。另外一些信息将基于你自己对市场的品位和理解，通过有根据的猜测而获得。但是，许多信息实际上可以从 Internet 自身上获得。例如，W3C 记录了大量关于访问和使用的统计数据，它们全都是定期更新的。

- www.w3schools.com/browsers/browsers_stats.asp：提供了关于浏览器统计数据的更多信息。

- www.w3schools.com/browsers/browsers_os.asp：提供了关于操作系统的细目分类。2011 年，他们开始跟踪移动设备在互联网上的使用情况。

- www.w3schools.com/browsers/browsers_display.asp：可以让你查找关于互联网上使用的屏幕分辨率或者大小的最新信息。

如果你重新设计现有的站点，你的 Web 托管服务本身可能提供关于历史通信量模式（甚至包括访问者本身）的宝贵统计数据。如果你的站点由自己主办，则可以使用第三方工具，如 Google Analytics 和 Adobe Omniture，将它们纳入到你的代码中，以便为你免费执行跟踪任务，或者只需支付很少的费用即可。

当你归纳所有的统计数据时，在 2012 年年初你将发现以下事实：Windows（80%～90%）在 Internet 上处于支配地位，并且 Firefox 的用户数量（37%）与 Google Chrome 的用户数量（33%）几乎平分秋色，而 Internet Explorer（22%）的各种版本占据第 3 位。绝大部分浏览器的分辨率被设置为高于 1 024 像素 ×768 像素。如果不考虑智能手机和平板电脑在互联网访问量上的增长，这些统计数据对于大多数 Web 设计师和开发人员将是极好的消息。设计在平板显示器和手机上都有出色外观和高效率的网站，是十分苛刻的要求。

每天都有更多的人使用手机和其他移动设备访问 Internet。现在，比起使用计算机，有些用户可能更频繁地使用手机访问 Internet。这就给 Web 设计师提出了一个苛刻的问题。首先，即使与最小的平板显示器相比，手机屏幕的大小也只是它的一小部分（见图 4.2）。怎样把两列或三列式页面设计勉强塞入不足 200～300 像素的空间中去呢？另一个问题是，许多设备制造商已经决定遵循 Apple 的决定，在移动设备上去除对基于 Flash 的内容的支持。在设计站点的过程中要牢记这些统计数字。

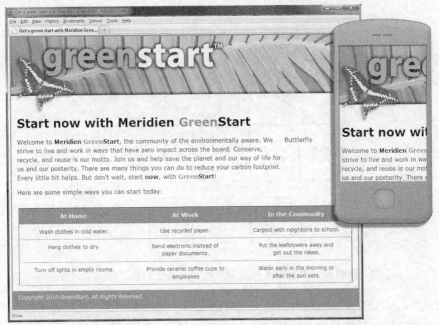

图4.2　印刷设计的许多概念并不适用于Web，因为你不能控制用户的体验。为典型的平板显示器认真设计的页面在手机上基本无用

4.1.4　方案

出于本书的目的，你将为 Meridien GreenStart 开发网站。它是一家虚拟的基于社区的组织，致力于绿色投资和行动。这个网站将提供各种不同的产品和服务，并且需要广泛的网页类型，包括使用基于服务器的技术（比如 PHP）的动态页面。

你的顾客涵盖了广泛的人群，包括各种年龄和教育水平。他们是关注环境状况以及致力于保存、再生和重用自然和人力资源的人。

你的市场营销调查研究指示大多数顾客使用台式机或笔记本电脑，通过高速 Internet 服务连接，但是你可以预期有 10% ～ 20% 的访问者通过手机或其他移动设备访问 Internet。

4.2　使用缩略图和线框

在明确了关于网站的目的、顾客和访问方法这 3 个问题的答案之后，下一步是搞清楚你将需要多少个页面，这些页面将做什么，以及它们最终看起来将是什么样子的。

4.2.1　创建缩略图

许多 Web 设计师通过利用铅笔和纸绘制缩略图来开始。你可以将缩略图看作需要为网站创建的页面的图形化购物清单。缩略图也可以帮助你设计出网站导航。在缩略图之间绘制线条显示了你的导航将如何连接它们，如图 4.3 所示。

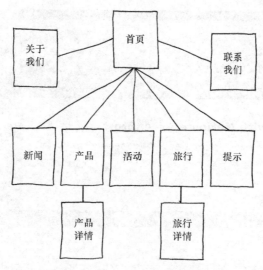

图4.3　缩略图列出了需要构建的页面，以及它们相互之间如何连接

　　大多数站点都会划分层级。第一级包括主导航菜单中的所有页面，访问者可以直接从主页到达这些页面。第二级包括你只能通过特定的动作或者从特定的位置到达的页面，比如购物车或者产品详细信息页面。

4.2.2　创建页面设计

　　一旦你搞清楚了站点在页面、产品和服务方面的需要，就可以转向考虑这些页面将是什么样子的。制作你希望每个页面上所具有的成分列表，比如标题和脚注、导航，以及用于主要内容和侧栏的区域（如果有的话），如图 4.4 所示。撇开每个页面上将不需要的任何项目。你还需要考虑其他什么因素吗？

1. 页眉（包括横幅和标志）
2. 页脚（版权信息）
3. 水平导航（用于内部引用，如首页、关于我们、联系我们）
4. 垂直导航（指向产品和服务的链接）
5. 主要内容（单列，也可能是两栏或者三栏）

图4.4　确定每个页面的必要成分有助于创建可以满足你的需求的有效页面设计及结构

　　你有希望强调的公司标志、商业身份、图形形象或颜色模式吗？你希望模拟出版物、小册子或者广告吗？将所有这些收集在一个位置，使得你可以在办公桌或者会议桌上同时看到所有的一切，对工作是很有帮助的。如果你很幸运，站点的主题就可以从这个大杂烩中自然地浮出水面。

　　一旦你创建了页面上所需组件的检查表，就可以为这些组件开发几种粗略的布局。大多数设计师通常会确定一种在灵活性与华丽性之间求得平衡的基本页面设计。有些网站设计可能自然地倾向于使用超过一种基本布局。但是，要阻止对每个页面都单独进行设计的想法。把页面设计的数量减至最少，可能听起来像是一个重大的局限，但它是制作具有专业外观的网站的关键。这就是一些专业人员（比如医生和飞行员）穿制服的原因。使用一致的页面设计可以给你的访问者一种专业、自信的感觉，如图 4.5 所示。

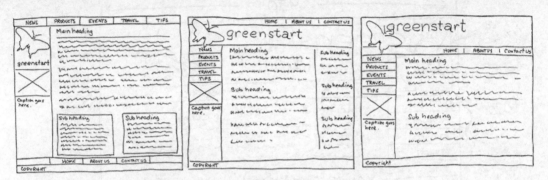

图4.5　线框允许你快速、容易地试验页面设计，而不必在代码上浪费时间

当你搞清楚页面的样子时，将不得不处理基本组件的大小和位置。某个页面组件所在的位置可能显著影响它的效果和实用性。在印刷中，设计师知道布局的左上角是"重要位置"之一，你想将重要的设计特征放在这个位置，比如标志或标题。这是由于在西方文化中，我们是从左到右、从上往下阅读。第二个重要位置是右下角，这是由于在你完成阅读时将在这里看最后一眼。

不幸的是，在 Web 设计中，这种理论的效果没有那么好。这是由于一个简单的原因：你永远无法确定用户将怎样查看你的设计。他们是使用 20 英寸①的平板显示器还是使用 2 英寸的手机？

在大部分情况下，你只能确定一件事：用户可以看到页面的左上角。你希望通过在这里旋转公司标志而浪费这个位置，还是通过在这里放置导航菜单而使站点更有用？这是 Web 设计师的关键难题之一。你是在努力获取华丽的设计，还是可工作的实用设计，或者是在它们二者之间寻找一种平衡？

4.2.3　创建线框

在挑选了迷人的设计之后，线框就是设计出站点中每个页面的结构的快速方式。线框就像是缩略图，但是更大，用于草拟每个页面并填充关于各个组件的更详细信息，比如实际的链接名称和主标题，如图 4.6 所示。在代码中工作时，这个步骤有助于在发现问题之前捕获或预见它们。

一旦设计出了基本的概念，许多设计师就会采取一个额外的步骤，并使用像 Fireworks、Photoshop 或者甚至是 Illustrator 这样的软件创建全尺寸的实体模型或者"概念验证模型"（见图 4.7）。

---

① 1英寸=2.54厘米——译者注

这种模型很方便，因为你将发现一些客户并不仅仅基于铅笔草图就对设计表示认同。这样做的优点是，所有这些软件都允许你把结果导出为可以在浏览器中查看的全尺寸的图像（JPEG、GIF 或 PNG）。这种实体模型与看到的真实情况一样好，但是制作它们只需花很少的时间。

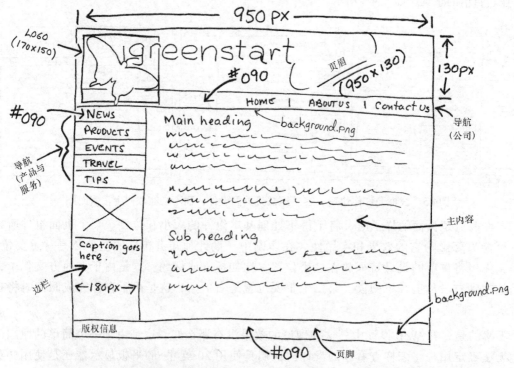

图4.6　用于最终设计的线框应该标识组件以及内容、颜色和尺寸的特征标记

图4.7　在一些情况下，在Photoshop或者Fireworks中创建实体模型可以节省冗长的编码时间，以获得所需的认可

4.3 定义 Dreamweaver 站点

从现在开始，本书的课程在一个 Dreamweaver 站点中运行。你将从头开始创建网页，使用在你的硬盘上存储的现有文件和资源，组成所谓的"本地"站点。当你做好准备将站点上传到互联网时（参见第 15 课），可以将完成的文件上传到一个 Web 主机服务器，这个站点就会变成你的"远程"站点。本地和远程站点的文件夹结构和文件通常互为镜像。

首先，我们建立你的本地站点。

1. 如果有必要，启动 Adobe Dreamweaver CS6。

2. 选择"站点">"新建站点"。出现"站点设置"对话框。

如果你已经使用过旧版本的 Dreamweaver，就会注意到，站点设置对话框略做了一些修改。除了创建标准 Dreamweaver 的选项之外，该对话框还提供了根据 Adobe Business Catalyst 提供的服务创建网站的能力。Business Catalyst 是一个在线托管应用程序，你可以用它构建和管理丰富、动态的基于 Web 业务。Business Catalyst 功能的更多相关内容，可以访问 www.businesscatalyst.com。

要在 Dreamweaver CS6 中创建一个标准的站点，你只需要命名并选择本地站点文件夹。站点名称通常与特定项目或者客户相关，出现在"文件"面板中。这个名称用于你自己的用途，所以选择起来没有任何限制。使用清晰地描述网站用途的名称是个好主意。

3. 在"站点名称"框中输入"DW-CS6"。

4. 单击"本地站点文件夹"框旁边的文件夹（ 📁 ）图标。当"选择根文件夹"对话框打开时，导航到 DW-CS6 文件夹，其中包含从本书附带光盘中复制的文件，然后单击"选择"按钮。

此时，可以单击"保存"按钮，开始在新的网站上工作，但是我们将添加另一份方便的信息。

5. 单击"高级设置"类别旁边的箭头（ ▶ ），呈现出其中列出的选项卡。然后选择"本地信息"类别。

尽管不是必须如此，但是站点管理的良好策略是把不同的文件类型存储在单独的文件夹中。例如，许多网站为图像、PDF 文件和视频等提供了单独的文件夹。Dreamweaver 通过包括一个用于默认图像文件夹的选项为此提供帮助。以后，当你从计算机上的其他位置插入图像时，Dreamweaver 将使用这个设置自动把图像移入站点结构中。

6. 单击"默认图像文件夹"框旁边的文件夹（ 📁 ）图标。当对话框打开时，导航到 DW-CS6/images 文件夹，其中包含从本书附带光盘中复制的文件，然后单击"选择"按钮。

你已经输入了开始新站点所需的所有信息。在后面的课程中，你将添加更多的信息，以允许你把文件上传到远程站点，测试动态 Web 页面。

7. 在"站点设置"对话框中，单击"保存"按钮。

现在，站点名称"DW-CS6"出现在"文件"面板中的网站列表弹出式菜单中。

建立站点是在 Dreamweaver 中开始任何项目的至关重要的第一步。知道站点根文件夹所在的位置有助于确定链接路径，并且使 Dreamweaver 中的许多站点级选项成为可能，比如"查找和替换"。

4.4 使用"欢迎"屏幕

Dreamweaver "欢迎"屏幕允许快速访问最近的页面，轻松创建广泛的页面类型，以及直接连接到多个关键的帮助主题。在第一次启动软件或者没有打开其他的文档时，就会显示"欢迎"屏幕。让我们使用"欢迎"屏幕探讨创建和打开文档的几种方式。

1. 在"欢迎"屏幕的"新建"栏中，单击 HTML，创建一个新的空白 HTML 页面。

2. 选择"文件">"关闭"。

将重新显示"欢迎"屏幕。

3. 在"欢迎"屏幕的"打开最近的项目"区域中，单击"打开"按钮。这允许你浏览要在 Dreamweaver 中打开的文件。然后单击"取消"按钮。

"欢迎"屏幕显示了最近使用的最多 9 个文件的列表。不过，此时你安装的软件可能不会显示任何使用过的文件。当你想编辑你最近打开过或创建的现有页面时，可以不使用"文件">"打开"菜单项，一种快速的替代方法是从这个列表中选择文件。

在本书中将多次使用"欢迎"屏幕。当你完成了本书中的课程时，可能不喜欢使用"欢迎"屏幕。如果是这样，可以通过选择窗口左下角的"不再显示"选项来禁用它。在"首选参数"的"常规"类别中可以重新启用"欢迎"屏幕。

4.5 预览已完成的文件

要了解你将在本课程中使用的布局，可以在浏览器中预览已完成的页面。

1. 在 Adobe Dreamweaver CS6 中，按下 F8/Shift+Cmd+F 键打开"文件"面板，从站点列表中选择 DW-CS6。

2. 在"文件"面板中，展开 lesson04 文件夹。

3. 双击 layout_final.html 文件，打开它，如图 4.8 所示。

图4.8

这个页面代表你将在本课程中创建的布局。它基于本课程前面绘制的线框图，使用了 Dreamweaver 中可用的一个新 HTML5 CSS 布局。花一点时间熟悉该页面的设计和组件。你能够确定是什么使其与现有的基于 HTML4 设计不同吗？你将在这个课程的学习中了解这些差异。

4. 选择 "文件" > "关闭"。

4.6 修改现有的 CSS 布局

由 Dreamweaver 提供的预定义 CSS 布局总是一个良好的起点。它们很容易修改并且可以适应大多数项目。使用 Dreamweaver 的 CSS 布局，你将创建一个概念验证页面，以匹配最终的线框设计。然后这个页面将用于在后续的课程中创建主项目模板。让我们查找匹配线框图的最佳布局。

 注意：如果因为某种原因，你不愿意使用基于 HTML5 的布局，参见本课程后面的"备用 HTML4 工作流程"。

1. 选择 "文件" > "新建"。

2. 在 "新建页面" 对话框中，选择 "空白页" > "HTML"。

Dreamweaver CS6 提供 16 种标准的 HTML4 布局和 2 种 HTML5 CSS 布局。虽然 HTML5 布局使用一些新的语义内容元素，但是它们与 HTML4 设计几乎相同。除非你需要支持旧浏览器（如 IE5 和 6），否则无须担心新布局的使用。我们选择一个最适合于新站点需求的 HTML5 布局，如图 4.9 所示。

"HTML5：2 列固定，右侧栏、标题和脚注" 这种布局与目标设计具有最多的共同之处。唯一的差异是侧栏元素向右（而不是向左）对齐。在本课程后面，你将把这个元素设置为向左对齐。

3. 从布局列表中选择 "HTML5：2 列固定，右侧栏、标题和脚注"。然后单击 "打开 / 创建" 按钮。

4. 如果有必要，切换到 "设计" 视图。

5. 在页面内容的任何位置插入光标。观察文档窗口底部标签选择器的名称和顺序(见图 4.10)。

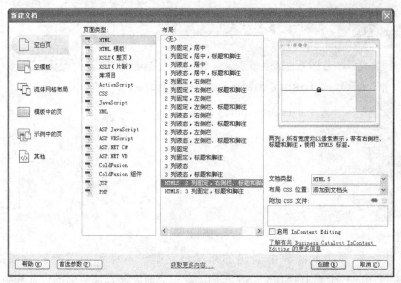

图4.9

图4.10

标签选择器中元素的显示顺序与页面的代码结构直接相关。显示在左侧的元素是右侧元素的父元素（或者容器）。最左边的元素是页面结构中位置最高的元素。如你所见，<body> 元素最高，其次是 <div.container>。

在你单击页面的各个部分时，就可以在完全不查看“代码”视图的情况下确定 HTML 结构。在很多方面，标签选择器界面都大大地简化了识别 HTML 骨架的工作，特别是在复杂的页面设计中。

语义尽在名称之中

你将会看到几个目前尚不熟悉的元素，例如<section>、<article>、<aside>和<nav>。这些新的“语义”元素是在HTML5中推出的。过去，你可能看到用class或者id属性标识和区分的<div>元素，如<div class="header"> 或 <div id="nav">，这是为了应用CSS样式。HTML5将这种结构简化为<header>和<nav>。使用按照具体任务或者内容类型命名的元素，你就可以精简代码结构，同时得到其他的好处。例如，Google和Yahoo等为HTML5做了优化的引擎，能够更快地找到和确定每个页面上的特定内容类型，使你的网站更实用、更便于浏览。

该页面包含了 4 个主要的内容元素、3 个子分段和一个包装其他所有元素的元素。这个布局中除了唯一的 <div> 元素用于容纳侧栏内容以及将所有元素组合在一起之外，都是新的 HTML5 元素，包括 <header>、<footer>、<nav>、<aside>、<article> 和 <section>。使用这些新元素，意味着你可以应用复杂的 CSS 样式，同时降低整体的代码复杂度。你仍然可以使用 class 和 id 属性，但是新的语义元素减少了这种技术的需求。

要理解这一设计对 CSS 的依赖程度，关闭 CSS 样式有时是个好主意。

6. 选择"查看" > "样式呈现" > "显示样式"，禁用"设计"视图中的 CSS 样式。

样式显示通常默认是打开的（在菜单中显示一个勾号）。通过选择它，将临时关闭 CSS 样式，如图 4.11 所示。

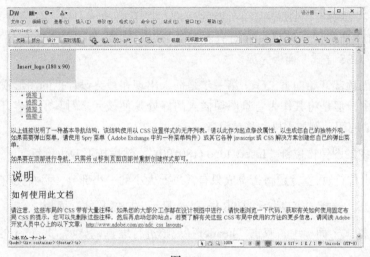

图4.11

7. 注意每个页面组件的标识和顺序。

如果没有 CSS，HTML 骨架将一览无遗。如果以某种方式禁用了层叠样式表，或者特定的浏览器不支持它，那么知道页面的样子是有益的。现在，更容易确定页面组件及其结构。但是，这并不是必需的，在页面中显示在上方的项目（如 <header>）通常在下方的项目（如 <footer>）之前插入。

你应该注意的最后一个重要方面是导航菜单。如果不进行 CSS 样式编排，导航菜单将恢复为具有超链接的简单项目列表（无序列表）。不久以前，这种菜单是利用图像和复杂的悬停效果动画构建的。如果图像加载失败，菜单通常会变得乱七八糟并且没有什么用。尽管超链接会继续工作，但是如果没有图像，没有文字能告诉用户他们单击的是什么。另一方面，导航依靠基于文本的列表构建，即使没有样式也可以使用。

8. 选择"查看" > "样式呈现" > "显示样式"，再次打开 CSS 样式。

养成在修改任何设置或者添加内容之前保存文件的习惯是一个好主意。Dreamweaver 没有提供备份或者恢复文件特性；如果它在保存文件之前崩溃，那么你在任何打开的、未保存的文件中所做的全部工作都将丢失。

9. 选择"文件" > "保存"。在"另存为"对话框中，如果有必要，导航到站点根文件夹。然后把文件命名为"mylayout.html"，并单击"保存"按钮。

Dreamweaver 通常把 HTML 文件保存到在站点定义中指定的默认文件夹中，但是良好的做法是复查保存的位置，以确保你的文件最终位于正确的位置。为最终的站点创建的所有 HTML 页面都将保存在站点根文件夹中。

4.7 给标题添加背景图像

CSS 样式是当前所有 Web 样式和布局的标准。在下面的练习中，你将对页面的一个部分应用背景颜色和背景图像，调整页面对齐和页面宽度，并修改多种文本属性。所有变化都用 Dreamweaver 的"CSS 样式"面板完成。

如果你从页面顶部开始向下工作，第一步是插入出现在最终设计上的图形横幅。你可以直接将横幅插入标题中，但是将其作为背景图像插入的好处是使该元素对其他内容开放。这也使得设计更容易适应其他应用，例如手机和移动设备。

1. 选取标题中的图像占位符"Insert_logo (180x90)"，然后按下 Delete 键。

在删除图像占位符时，空标题将折叠成只有其以前大小的一小部分，因为它没有 CSS 高度规格。

2. 如果有必要，选择"窗口" > "CSS 样式"，显示"CSS 样式"面板。

3. 在"CSS 样式"面板中，双击"header"规则进行编辑，显示"header 的 CSS 规则定义"对话框。

备用的HTML4工作流

HTML5在互联网上给人留下了深刻的印象。对于大部分应用，建议的工作流都很完美。但是HTML5不是现行的Web标准，有些页面或者组件在某些旧的浏览器和设备上可能无法正常显示。如果你想要使用久经考验的代码和结构，可以用Dreamweaver提供的基于HTML4布局代替。我们建议使用"2列固定，右侧栏、标题和脚注"。

但是，如果你使用这种布局，就必须改变后面所有课程和练习的步骤来适应它。例如，HTML4不使用新的语义元素，如

```
<header>...</header>
<footer>...</footer>
<section>...</section>
<article>...<article>
<nav>...</nav>
```

用通用的<div>元素及标识组件的class属性代替：

```
<div class="header">...</div>
<div class="footer">...</div>
<div class="section">...</div>
<div class="article">...</div>
<div class="nav">...</div>
```

你还必须改编HTML4元素的CSS样式。在大部分情况下，Dreamweaver将提供许多布局所需的规则，或者自动地用类名代替HTML5组件（header、footer、nav等），自动为你构建合适的选择器名。

这样，CSS规则**header {color:#090}**将变成**.header { color: #090 }**。

即使按照上面的说明进行，你仍然要面对丑陋的显示：在你使用标准的HTML4代码和组件时，旧的浏览器和某些设备仍然无法正常显示它们。有些Web设计师相信，我们继续使用旧代码越久，旧的软件和设备给我们的生活造成困难的情况也就持续得越久，并将推迟无法避免的HTML5的采用。这些设计师认为，我们应该放弃旧的标准，迫使用户及早更新。

最终的决定在于你或者你的公司。在大部分情况下，你碰到的有关HTML5的问题都只是很小的缺陷——某个字体太大或者太小——而不是完全消失。

更多关于HTML4和HTML5之间差异的信息，请参见如下链接。

http://tinyurl.com/html-differences

http://tinyurl.com/html-differences-1

http://tinyurl.com/html-differences-2

4. 在"header 的 CSS 规则定义"对话框中的"背景"类别中，单击"Background-image"框旁边的"浏览"按钮。

5. 选择 banner.jpg，并且注意预览中图像的尺寸，如图 4.12 所示。

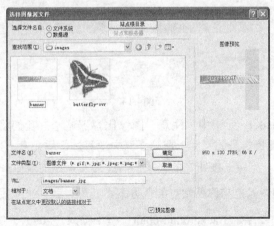

图4.12

这张图片的尺寸为 950 像素 × 130 像素。

6. 单击"确定"/"选择"按钮，选择背景图像。

默认情况下，背景图像在垂直和水平方向重复。这在目前不是问题，但是为了确保这个设置不会在未来导致预期之外的效果，需要修改重复行为。

7. 从"Background-repeat"菜单中选择"no-repeat"，如图 4.13 所示。

图4.13

8. 单击"应用"按钮查看结果。

标题足够宽，但是其高度不足以显示完整的背景图像。由于背景图像并不是真正插入到元素中，因此它们不会对容器的大小产生好或坏的影响。为了确保 <div> 足够大以显示整幅图像，需要给"header"规则添加高度规格。

9. 在"方框"类别中，在"Height"框中输入"130"，并从"Height"框旁边的弹出菜单中选择"px"。然后单击"应用"按钮，如图 4.14 所示。

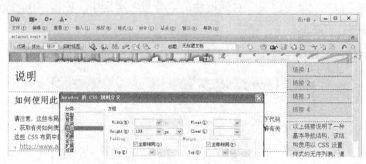

图4.14

背景完全出现在 <header> 元素中。注意，图像比容器略窄。我们将在以后调整布局的宽度。我们不想设置 <header> 元素本身的宽度。在第 3 课中学习过，块元素（如 <header>）的宽度默认为父元素的宽度。在单击"确定"按钮之前，我们需要为元素添加最后一笔。

<header> 元素包含的背景色与你的站点配色方案不匹配，我们来应用一个匹配的颜色。

10. 在"背景"类别中，在"Background-color"框中输入"#090"，然后单击"确定"按钮。

除非背景图像无法加载，否则你无法看到背景颜色。

11. 选择"文件" > "保存"。

4.8　插入新的 <div> 组件

线框设计显示了当前布局中不存在的两个新 <div> 元素。第一个包含蝴蝶图像，第二个包含水平导航栏。你注意到蝴蝶实际上覆盖了标题和水平导航栏吗？可以使用多种方式实现这种效果。在这里，绝对定位的 <div> 将工作得很好。

1. 如果有必要，在标题中插入光标。然后选择 <header> 标签选择器，并按下左箭头键。

 注意：为了更好地理解这一方式是如何工作的，应在 Split 视图中测试一下。

这个过程应该在 <header> 开始标签之前插入光标。如果按下右箭头键，光标将移到 </header> 封闭标签的外面。记住这种技术——在 Dreamweaver 中，当你想在某个代码元素的前面或后面的特定位置插入光标时，将频繁使用它，而不必求助于"代码"视图。

2. 选择"插入" > "布局对象" > "AP Div"，如图 4.15 所示。

 注意：AP div 在过去广泛地用于创建高结构化、固定布局的 Web 设计。这种技术的使用近年来已经显著减少，因为支持手机和其他移动设备的需求不断增加。对于某些应用，AP div 仍然很方便。

图4.15

一个 AP div 将出现在标题的左上方。注意在标签选择器中分配给新 div 的 ID（#apDiv1）。在"CSS样式"面板中已经添加了相应的规则。

在 HTML 以前的版本中，将使用内联 HTML 属性为 AP div 指定大小和位置。在为新的基于CSS 的 Web 标准让步时，CSS 通过在你插入元素的那一刻由 Dreamweaver 创建的唯一 ID 来应用这些规格。

3. 单击 <div#apDiv1> 标签选择器，如图 4.16 所示。

图4.16

"属性"检查器将显示 <div#apDiv1> 的属性。注意该元素的宽度和高度。另一个需要注意的属性是 z-index。这个设置确定元素显示于另一个对象之上还是之下。默认情况下,所有元素的 z-index 都为 0。另一方面,AP div 的 z-index 为 1,这意味着它将出现在页面的所有其他元素之上。"属性"检查器中显示的所有数值实际上保存在 Dreamweaver 自动生成的 #apDiv1 规则中。

4. 在 <div#apDiv1> 中插入光标。

5. 选择"插入" > "图像",从 images 文件夹中选择 butterfly-ovr.png。

观察图像的尺寸为 170 像素 × 158 像素。

6. 单击"确定"/"选择"按钮,显示"图像标签辅助功能属性"对话框。

7. 在"图像标签辅助功能属性"对话框中的"替换文本"框中输入"GreenStart Logo",然后单击"确定"按钮,此时蝴蝶出现在 AP div 中。

测试图像特效

你可能注意到,蝴蝶部分地显示半透明阴影。PNG文件类型支持alpha透明度,使这种3D效果成为可能。遗憾的是,旧的浏览器可能不支持alpha透明度和其他PNG特性。如果你使用具有这类效果的PNG文件,一定要在你的目标浏览器中测试,确保支持想要的效果。如果不支持,删除这些效果,或者用保存为不同文件类型(GIF或者JPEG)的类似图像代替。

你会注意到 AP div 比蝴蝶图像稍宽一些。尽管额外的空间应该不会引起任何麻烦,但是使容器的尺寸与图像匹配仍然是一个好主意。

8. 在"CSS 样式"面板中双击 #apDiv1 规则,显示"#apDiv1 的 CSS 规则定义"对话框。

9. 在"方框"类别中,在"Width"框中输入"170px",并在"Height"框中输入"158px"。

<div> 的尺寸现在将与图像的高度和宽度匹配。

10. 取消选中用于 Margin 的"全部相同"复选框。

11. 在"Top"框中输入"10 px",并在"Left"框中输入"30 px",然后单击"确定"按钮。

当规则定义对话框消失时,<div#apDiv1> 将在标题上浮动,它将偏离上边 10 像素,并且偏离左边 30 像素。

AP div 的举动就像自由的代理那样。它会忽略其他的页面组件,甚至可以定位在其他 <div> 元素和内容的上方或下方。

现在 <div#apDiv1> 已经完成。我们来添加容纳网站设计规范中展示的水平导航的新组件。垂直导航菜单将容纳指向该组织产品和服务的链接。水平导航用于链接回该组织的首页、任务陈述和联络信息。

在 HTML4 中，你可以将这些链接插入到另一个 <div> 元素，并使用一个 class 或者 id 属性将其与文件中的其他 <div> 元素区分开来。而 HTML5 提供了一个新元素，专门针对这类组件：<nav>。

12. 把光标插回标题中。单击 <header> 标签选择器，然后按下右箭头键。

光标现在应该出现在 </header> 封闭标签之后。

13. 按下 Ctrl+T/Cmd+T 键激活"标签编辑器"，如图 4.17 所示。

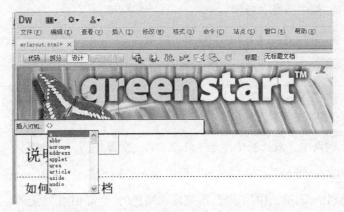

图4.17

显示"标签编辑器"，你可以添加 HTML 组件或者编辑现有标签，而无须切换回"代码"视图。

 注意: <nav> 元素是 HTML5 中新推出的。如果你需要使用 HTML4 代码和结构，请参见本课前面的"备用的 HTML4 工作流"中的补充说明。

14. 输入 nav。在必要时，按下 Return/Enter 键完成标签。

代码中已经插入了一个空白的 <nav> 元素，光标已经插入到这个元素中——你可以输入任何内容。

15. 在"属性"检查器中，从"格式"弹出式菜单中选择"段落"。在新的 <p> 元素中输入 Home | About Us | Contact Us，作为导航链接的占位符，如图 4.18 所示。

图4.18

你将在第 9 课中将这些内容转换为真正的超链接。

16. 选择文档窗口底部的 <p> 标签选择器。

17. 在"CSS 样式"面板上，单击"新建 CSS 规则"按钮，如图 4.19 所示。

18. 如果有必要，从"选择器类型"菜单中选择"复合内容"，选择器名称窗口将显示 .container nav p。

19. 单击"不太具体"按钮，从选择器名称中删除 .container 标记，选择器名称窗口现在应该显示 nav p。

20. 单击"确定"按钮创建规则，显示"nav p 的 CSS 规则定义"对话框。

21. 在"类型"类别中，在"Font-size"框中输入"90"，并从弹出式列表中选择百分号（%）。然后在"Color"框中输入"#FFC"。从 Font-weight 框中选择"粗体"。

22. 在"背景"类别中，在"Background-color"框中输入"#090"。

23. 在"区块"类别中，从"Text-align"框中选择"right"。

图4.19

Dw 提示：为了在"Bottom"框中输入单独的数值，记住要首先取消选中每个部分的"全部相同"复选框。

---

24. 在"方框"类别中，取消选中用于 Padding 的"全部相同"复选框。

在"Top"框中输入"5 px"，在"Right"框中输入"20 px"，在"Bottom"框中输入"5 px"。

25. 在"边框"类别中，取消选中用于样式、宽度和颜色的"全部相同"复选框。只在 3 个"Bottom"框中分别输入以下值："solid"、"2 px"、"#060"。

26. 在"CSS 规则定义"对话框中单击"确定"按钮。按下 Ctrl+S/Cmd+S 键保存文件，如图 4.20 所示。

图4.20

新的 <nav> 元素出现在标题之下，完全格式化，并用向右对齐的占位符文本填充。

4.9 修改元素对齐

提议中的设计要求边栏出现在布局的左侧，但是这个布局将它放在了右边。Dreamweaver 提供了更符合设计准则的 HTML4 布局，但是 HTML5 布局和新的语义元素令人难以抗拒。此外，调整布局比你所想的要容易得多。

1. 在"设计"视图中，将光标插入右边栏的任意位置。

2. 单击代码浏览器图标，或者在右侧边栏中单击右键，从上下文菜单中选择"代码浏览器"。

代码浏览器窗口打开，显示所有影响所选元素的 CSS 规则名称。

3. 找到使边栏向右对齐的规则，如图 4.21 所示。

罪魁祸首明显是 .sidebar1 规则，这包含了 float:right 声明。

4. 在"CSS 样式"面板中，双击 .sidebar1 规则编辑之。

5. 在"方框"类别中，将 float 属性从 right 改为 left。

6. 单击"应用"预览更改，如图 4.22 所示。

图4.21

图4.22

边栏移到布局的左侧。

7. 单击"确定"保存文件。

4.10 修改页面宽度和背景色

在把这个文件转换成项目模板之前，我们缩紧格式和占位符内容。例如，必须修改总宽度以匹配横幅图像。在你调整宽度之前，首先要确认控制页面宽度的 CSS 规则。

1. 如果有必要,选择"查看" > "标尺" > "显示"或者按下 Alt+Ctrl+R/Opt+Cmd+R 键,在"设计"窗口中显示标尺。

你可以使用标尺测量 HTML 元素或者图像的宽度和高度。标尺的方向默认从"设计"窗口的左上角开始。为了得到更好的灵活性，你可以在"设计"窗口的任何地方设置原点。

2. 将光标放在水平和垂直标尺轴的焦点上。拖动十字线到当前布局标题元素的左上角。注意布局的宽度，如图 4.23 所示。

使用标尺，你可以看到布局的宽度在 960 ～ 970 像素。

3. 在布局的任何内容区域中插入光标。

观察标签选择器的显示，定位可能控制整个页面宽度的任何元素；它应该是包含所有其他元素的元素。适合这个条件的元素只有 <body> 和 <div.container>。

4. 单击"代码导航器"图标（ ），或者右键单击侧栏并从上下文菜单中选择"代码导航器"。打开"代码导航器"窗口，显示所有可能影响所选元素的 CSS 规则。

5. 将光标移到 body 和 .container 规则之上，找出可能控制页面宽度的规格，如图 4.24 所示。

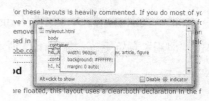

图4.23　　　　　　　　　　　　　图4.24

你能确定控制整个页面宽度的规则吗？ .container 规则包含了声明 width:960px。现在，你应该很擅长用标签选择器界面和"代码导航器"辨认 CSS 规则了。

6. 双击"CSS 样式"面板中的 .container 规则。

7. 在"方框"类别中，将宽度改为 950 px。单击"确定"按钮，如图 4.25 所示。

图4.25

<div.container> 元素现在匹配横幅图像的宽度，但是你在修改总体宽度时可能遇到预料之外的结果。在我们的例子中，主要内容区域向下移到侧栏之下。为了理解所发生的情况，你必须进行简单的调查。

8. 在"CSS 样式"面板中，单击 .content 规则，检查其属性。注意，它的宽度是 780 像素。

9. 单击 .sidebar1 规则，检查其宽度：180 像素。

两个 <div> 元素合计宽度为 960 像素，与原始布局宽度相同。这些元素太宽，无法在主容器中并排显示，因此出现了意料之外的移动。这类错误在 Web 设计中很常见，可以通过调整两个子元素的宽度轻松地修复。

10. 单击"CSS 样式"面板中的 .content 规则。在面板的"属性"部分，将宽度修改为 770 px，如图 4.26 所示。

<div.content> 元素返回所预期的位置。这是一个很好的提醒——页面元素的大小、位置和规格有重要的相互作用，可能影响整个页面中各个元素的最终设计和显示。

页面的当前背景颜色背离了整体设计。让我们将其删除。

11. 双击 body 规则。在"背景"类别中，将 Background-color 修改为 #FFF，单击"确定"按钮。

注意，缺少背景颜色造成一种印象；页面内容区域散开了。你可以为 <div.content> 设置不同的背景颜色，也可以简单地添加一个边框，为内容元素提供一个确定的边界。在这个应用中，一个细边框最有意义。

12. 双击 .container 规则。如果有必要，在"边框"类别中选择"全部相同"复选框，为所有边框输入以下值："solid"，"2px"，"#060"。单击"确定"按钮，如图 4.27 所示。

图4.26

图4.27

页面边界出现一个深绿色的边框。

13. 保存文件。

4.11　修改现有的内容和格式化效果

可以看到，CSS 布局已经具有垂直的导航菜单。普通超链接只是占位符，等待你输入最终内容。让我们更改菜单中的占位符文本以匹配缩略图中简述的页面，修改颜色以匹配站点的颜色模式。

1. 选取第一个菜单按钮中的占位符文本"链接一"。

输入"Green News"，把"链接二"改为"Green Products"，把"链接三"改为"Green Events"，把"链接四"改为"Green Travel"，如图 4.28 所示。

图4.28

使用项目列表作为导航菜单的优点之一是很容易插入新的链接。

2. 仍然把光标定位在单词"Green Travel"的末尾，按下 Enter/Return 键。然后输入"Green Tips"，如图 4.29 所示。

新文本出现在类似于按钮的结构中，但是背景色不匹配，并且文本也没有与其他菜单项对齐。你可能在"设计"视图中查明是什么出错了，但是在这里，可以在"代码"视图中更快地确定问题。

3. 单击新链接项目所用的 <li> 标签选择器，选择"代码"视图。观察菜单项，并且比较前 4 项与最后一项。你可以看出它们之间的区别吗（见图 4.30）？

图4.29   图4.30

"代码"视图中的区别很明显。最后一项像其他项一样，是利用 <li> 元素格式化的——作为项目列表的一部分，但是它没有用作超链接占位符的 <a href="#"> 代码。为了使"Green Tips"看起来像其他菜单项一样，必须添加一个超链接，或者至少要添加类似的占位符。

4. 选取文本"Green Tips"。在 HTML"属性"检查器中的"链接"框中输入"#"，并按下 Enter/Return 键，如图 4.31 所示。

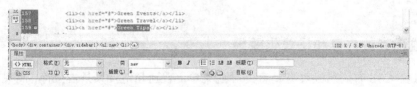

图4.31

所有菜单项中的代码现在将完全相同。

5. 选择"设计"视图。

所有的菜单项现在都具有完全相同的格式。在第 5 课中，你将学习关于如何利用 CSS 格式化文本创建动态 HTML 菜单的更多知识。

当前的菜单颜色与站点的颜色模式不匹配。为了更改颜色，必须使用"代码导航器"找出哪条 CSS 规则控制这种格式化效果。

6. 在任何菜单项中插入光标。

7. 单击"代码导航器"图标（✿），或者右键单击菜单，从上下文菜单中选择"代码导航器"。
如图 4.32 所示。

打开"代码导航器"窗口，显示会影响目标元素的 12 个 CSS 规则的列表。在一些情况下，列出的规则可能只会以迂回的方式影响元素，比如在 body 规则中，它会影响页面上的所有 HTML 元素。

8. 检查每条规则，注意哪些规则格式化菜单项。

记住，每个页面元素可能被多于一条规则格式化。你要查找的是应用到菜单项本身的背景颜色。一定要小心。列出的规则中可能有不止一个背景颜色，所以如果你找到一个颜色，重要的是确定它是否真的影响菜单或者其他元素。

9. 检查每个规则，直至找到相关的规则，如图 4.33 所示。

图4.32

图4.33

.sidebar1 规则指定了一个背景颜色，但是它影响的是 <div> 而不是菜单。你实际上寻找的背景颜色是由以下规则应用的：nav ul a, nav ul a:visited。如果你分析规则选择器的含义，它会告诉你，这条规则为包含在一个 <ul>（无序列表）元素中的 <a>（超链接）元素指定背景颜色，<ul> 元素又包含在 <nav> 元素中。选择器的下半部分还为超链接的"visited"（访问过）状态设置样式。对吗？

10. 在"CSS 样式"面板中定位"nav ul a, nav ul a:visited"规则并选中。在该面板的"属性"区域中，把现有的 background-color 改为 "#090"，如图 4.34 所示。

菜单项的颜色现在与水平方向的 <nav> 元素匹配。但是，黑色文本在绿色背景中难以阅读。正如你在水平菜单中所看到的，更鲜艳一些的颜色较为合适。可以使用"CSS 样式"面板的"属性"区域添加以及编辑元素属性。

11. 在 "CSS 样式"面板中的 "属性"区域中单击 "添加属性"超链接，如图 4.35 所示。

将显示新的属性框。

Dw **注意**：不管如何创建或者修改格式，Dreamweaver 在必要时更新 CSS 标记。

---

12. 从"属性"框的菜单中选择"Color"，并在"值"框中输入"#FFC"，如图 4.36 所示。

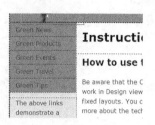

图4.34

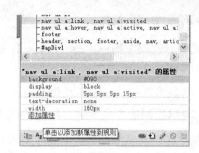

图4.35

链接文本没有按照预期的那样改变颜色。非常遗憾，Dreamweaver 遗漏了样式表中的一个问题。"设计"视图中的文本显示目前遵循 a:link 规则中的格式，这条规则为页面上的超链接应用默认格式。根据"代码导航器"中的显示，"nav ul a, nav ul a:visited"规则更具体，这也是它显示于"代码导航器"下方的原因。选择器 a 和 a:link 应该是等价的。它们都格式化超链接的默认状态，但是在例子中的显示里，a:link 规则获得优先。幸运的是，修复很容易。

图4.36

注意：CSS 标记法 a:link 是用于格式化各种默认超链接行为的 4 个伪选择器之一。你将在第 9 课中学到更多关于伪选择器的知识。

13. 在"CSS 样式"面板中，右键单击"nav ul a, nav ul a:visited"规则，从上下文菜单中选择"编辑选择器"，或者简单地单击名称，在面板列表中编辑，如图 4.37 所示。

14. 将选择器名称的前半部分修改为"nav ul a:link, nav ul a:visited"，按下 Enter/Return 键完成选择器，如图 4.38 所示。

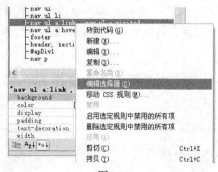

图4.37

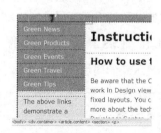

图4.38

垂直菜单中的链接文本现在显示为所要的颜色。

15. 保存文件。

4.12 插入图像占位符

侧栏中显示关于环境主题的照片、文字说明以及简短的介绍。让我们在垂直菜单下面插入占位符图像和文字说明。

1. 在垂直菜单下面的文字中插入光标。然后单击 <p> 标签选择器。

不应该把占位符图像插入在 <p> 元素内。如果这样做的话，它将继承应用于段落的任何边距、填充及其他格式化效果，这可能导致它破坏布局。

2. 按下左箭头键。

正如你在前面的练习中看到的那样，光标将移动到代码中 <p> 开始标签的左边，但是停留在 <aside> 元素之中。

> **Dw** │ 提示：每当你不确信光标插入在哪里时，都可以使用"拆分"视图。

3. 选择"插入" > "图像对象" > "图像占位符"，显示"图像占位符"对话框。

> **Dw** │ 注意：备用的 HTML4 布局不能使用 <aside> 元素。在垂直菜单之后直接插入 <p> 元素。

4. 在"图像占位符"对话框中，在"名称"框中输入"Sidebar"，在"宽度"框中输入"180"，在"高度"框中输入"150"，然后单击"确定"按钮图像占位符将出现在垂直菜单下面的 <div.sidebar1> 中（见图 4.39）。

5. 选取图像占位符下面的所有文本，然后输入"Insert caption here"。文字说明占位符将替换文本。

6. 按下 Ctrl+S/Cmd+S 组合键，保存文件。

图4.39

4.13 插入占位符文本

让我们通过替换主要内容区域中现有的标题和文本来简化布局。

1. 双击以选取标题"说明"，然后输入"Insert main heading here"替换该文本。

2. 选取标题"如何使用这个文档"，输入"Insert subheading here"替换该文本。

3. 选取同一个 <section> 元素中的占位符文本，然后输入"Insert content here"替换该文本，如图 4.40 所示。

4. 选取并删除剩下的 3 个 <section> 元素及其所有内容。

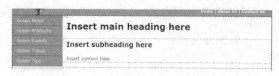

5. 按下 Ctrl+S/Cmd+S 组合键，保存文件。

图4.40

4.14　修改脚注

让我们重新格式化脚注，并插入版权信息。

1. 在"CSS 样式"面板中双击 <footer> 规则。

2. 在"类型"类别中，在"Font-size"框中输入"90%"，并在"Color"框中输入"#FFC"。

3. 在"背景"类别中，在"Background-color"框中输入"#090"，单击"确定"按钮。

4. 选取脚注中的占位符文本，然后输入"Copyright 2012 Meridien GreenStart. All rights reserved."，如图 4.41 所示。

图4.41

5. 按下 Ctrl+S/Cmd+S 组合键，保存文件。

这样就完成了基本的页面布局。

4.15　检查浏览器兼容性

Dreamweaver 包括的布局都经过了彻底的测试，可以在所有主流的浏览器中完美地工作。不过，在这一课中，你对原始布局做出了重大修改。这些修改可能会影响代码在某些浏览器中的兼容性。在把这个页面用作项目的模板之前，你应该检查它的兼容性。

1. 如果有必要，可以在 Dreamweaver 中打开 mylayout.html 文件。

2. 选择"文件">"检查页">"浏览器兼容性"。当"报告"框打开时，应该不会列出任何问题，如图 4.42 所示。

图4.42

3. 要关闭报告，可以双击"报告"面板中的"浏览器兼容性"选项卡，或者右键单击该选项卡，并从上下文菜单中选择"关闭标签组"。

祝贺你！你为项目模板创建了一种可工作的基本页面布局，并且学习了怎样插入额外的组件、图像占位符、文本和标题，怎样调整 CSS 格式化效果，以及怎样检查浏览器兼容性。在后续的课程中，你将进一步加工这个文件，完成网站模板，调整 CSS 格式并建立模板的结构。

复习

复习题

1. 开始任何 Web 设计项目之前，你应该询问哪 3 个问题？

2. 使用缩略图和线框的目的是什么？

3. 插入横幅作为背景图像的优点是什么？

4. 在不使用"代码"视图的情况下，怎样在元素的前面或后面插入光标？

5. "代码导航器"怎样帮助设计网站的布局？

6. 使用基于 HTML5 的标记有什么好处？

复习题答案

1. 网站的目的是什么？顾客是谁？他们怎样到达这里？这些问题以及它们的答案在帮助你开发站点的设计、内容和策略时是必不可少的。

2. 缩略图和线框是用来快速草拟站点的设计和结构的技术，这样就不必浪费许多时间编码示例页面。

3. 通过插入横幅或其他较大的图形作为背景图像，使容器可以自由地存放其他内容。

4. 使用标签选择器选择一个元素，然后按下向左或向右的箭头键，把光标移到所选的元素之前或之后。

5. "代码导航器"可以担任 CSS 侦探的角色。它允许你调查哪些 CSS 规则在格式化所选的元素，以及怎样应用它们。

6. HTML5 推出了新的语义元素，帮助你简化代码的创建和样式的设置。这些元素还能够使 Google 和 Yahoo 等搜索引擎更快、更有效地检索你的页面。

第5课 使用层叠样式表

课程概述

在这一课中，将在 Dreamweaver 中使用层叠样式表（CSS），并执行以下任务：

- 使用"CSS 样式"面板管理 CSS 规则；
- 学习 CSS 规则设计的理论和策略；
- 创建新的 CSS 规则；
- 创建和应用自定义的 CSS 类；
- 创建后代选择器；
- 创建页面布局元素的样式；
- 把 CSS 规则移到外部样式表中；
- 为打印应用程序创建样式表。

完成本课程将需要 2 小时的时间。在开始前，请确定你已经如本书开头的"前言"中所描述的那样，把用于第 5 课的文件复制到了你的硬盘驱动器上。如果你是从零开始学习本课程，可以使用"前言"中的"跳跃式学习"一节中描述的方法。

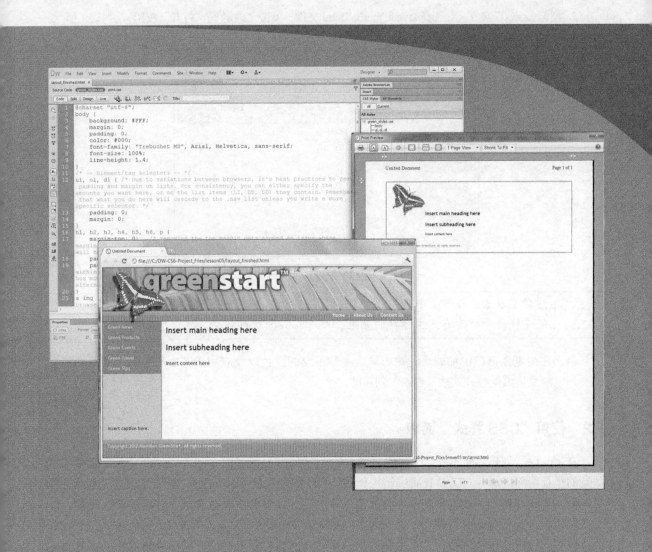

今天，依据 Web 标准设计的页面会把内容与格式化效果分隔开。格式化效果存储在层叠样式表（CSS）中，可以为特定的应用程序和设备快速更改和替换它们。

5.1 预览已完成的文件

要查看你将在本课程中创建完成页面，可以在浏览器中预览它。

1. 启动你喜欢的浏览器。选择"文件">"打开"，或者按下 Ctrl+O/Cmd+O 组合键。

2. 浏览 lesson05 文件夹，选择 layout_finished.html 文件，单击"确定"/"打开"按钮，如图 5.1 所示。

图5.1

> **Dw** 注意：在本地硬盘上打开一个文件的过程在你所选择的浏览器中可能不同，如果建议的命令没有产生预期的效果，参考相关的帮助材料。

页面在浏览器窗口中加载。注意布局、多种不同的颜色以及应用于文本和页面元素的其他格式——它们都是由层叠样式表（CSS）创建的。

5.2 使用"CSS 样式"面板

在第 4 课"创建页面布局"中，你使用了 Dreamweaver 提供的 CSS 布局之一，开始构建项目站点的模板页面。这些布局具有底层结构和一整套预先定义的 CSS 规则，用于建立页面组件与内容的基本设计和格式化效果。在本课程下面的练习中，你将修改这些规则，并添加新的规则，以完成站点设计。但是在你继续学习下面的内容之前，作为设计师，在有效地完成你的任务之前，理解现有的结构和格式化是一个至关重要的方面。此时，花几分钟的时间检查规则并了解它们在当前文档中所扮演的角色是很重要的。

1. 如果有必要，从站点根文件夹中打开 mylayout.html。或者，如果你在这个练习中是从零开始的，可以参见本书开头的"前言"中的"跳跃式学习"一节中的指导。

2. 如果"CSS 样式"面板不可见，选择"窗口">"CSS 样式"显示它。"CSS 样式"面板显示了 <style> 标签，指示样式表嵌入在文档的 <head> 区域中。

提示：如果你没有看到"代码"视图窗口旁边的行号，可以选择"查看">"代码视图选项">"行数"，启用这个特性。

3. 选择"代码"视图，并定位 <head> 区域（大约开始于第3行）。 定位元素 <style type="text/css">，并检查随后的代码条目，如图5.2所示。

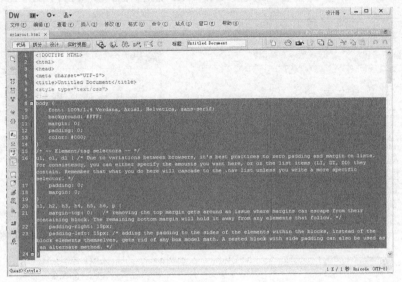

图5.2

列表中显示的所有 CSS 规则都包含在 <style> 元素内。

注意：CSS 标记包含在 HTML 的 <!-- --> 注释项中。这是因为 CSS 不被当作有效的 HTML 标记，在某些应用程序或者设备上可能得不到支持。使用注释结构使得这些应用程序忽略 CSS。

4. 注意 CSS 代码内的选择器的名称和顺序。

5. 在"CSS 样式"面板中，展开并检查规则列表。

该列表以与你在"代码"视图中看到的相同顺序显示相同的选择器名称。这是 CSS 代码与"CSS 样式"面板之间的一对一的关系。在创建新规则或者编辑现有的规则时，Dreamweaver 将为你在代码中执行所有的更改，从而节省你的时间并减少代码输入错误的可能性。"CSS 样式"面板只是你将在本书中使用和掌握的许多提高效率的工具之一。

此时，你应该有 20 条规则——其中 18 条是 CSS 布局自带的，另外 2 条是你在前一课中创建的。规则的顺序可能与图 5.3 所示的有所不同。"CSS 样式"面板很容易对列表重新排序。

注意：面板中的样式的名称和顺序可能与图 5.3 所示的有所不同。

在前一课中，你创建了 <div#apDiv1>，并把它插入在布局中。#apDiv1 规则应用于存放蝴蝶标志的 <div>，并且出现在 <div.container> 与 <header> 之间的代码中。但是在图 5.3 所示的"CSS 样式"面板中可以看到，它出现在所有规则的下面。在样式表内移动这个规则将不会影响它如何格式化元素，但是如果你以后需要编辑它，这样更容易找到它。

6. 选择 #apDiv1 规则，并把它直接拖到 .container 规则下面，如图 5.4 所示。

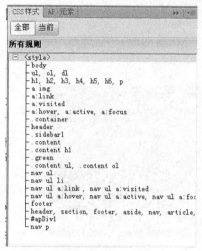

图5.3

图5.4

 注意：在你移动任何其他规则之前，你应该首先理解每条规则的功能，以及规则之间的关系。

Dreamweaver 在列表内移动规则，但是并不仅限于此。它还会重写嵌入式样式表中的代码，把规则移到它的新位置。当你需要格式化特定的元素或组件时，把相关的规则排列在一起可以在以后节省时间。但是要警惕未预料到的后果。在列表中移动规则可能颠覆你已经创建的层叠或继承关系。如果你需要回忆这些理论，可以查阅第 3 课"CSS 基础"。

7. 在"CSS 样式"面板中选择 body 规则。观察出现在面板的"属性"区域中的属性和值。

其中大多数设置都是布局自带的，但是你在前一课中更改了背景色。注意，边距和填充被设置为 0。

8. 选择规则"ul, ol, dl"，并且观察显示的值。

与 body 规则中一样，这条规则把所有的边距和填充值都设置为 0。你知道为什么要这样做吗？经验丰富的 Web 设计师可以依次选择每个规则，并且可能搞清楚每种格式化和设置的原因。但是，当 Dreamweaver 已经提供了你所需的大量信息时，你将不需要求助于一位顾问。

9. 右键单击"ul, ol, dl"规则，并从上下文菜单中选择"转到代码"。

如果你处于"设计"视图，Dreamweaver 将在"拆分"视图中显示文档，并且将焦点放在包含"ul,

ol, dl" 规则的代码区域。观察开始标记 /* 和关闭标记 */ 之间的文本。这种标记是为层叠样式表添加注释的手段。和 HTML 注释一样，这些文本通常提供了一些将不会在浏览器内显示或者不会影响任何元素的幕后信息。注释是在网页的主体内给你自己或其他人保留方便的提醒或说明的良好方式，解释你为什么以特定的方式编写代码。你将注意到，一些注释用于介绍一组规则，另外一些注释则嵌入到规则自身中。

10. 向下滚动样式表，并研究注释，密切注意嵌入式注释。

你对这些预先定义的规则所做的事情了解得越多，就可以为你最终的站点实现越好的结果。你将发现：body、header、.container、.sidebar1、.content 和 footer 这些规则定义了页面的基本结构元素。a:img、a:link、a:visited、a:hover、a:active 和 a:focus 这些规则设置默认的超链接行为的外观和工作方式；nav ul、nav ul li、nav ul a:link、nav ul a:visited、nav ul a:hover、nav ul a:active 和 nav ul a:focus 这些规则定义了垂直菜单的外观和行为。其余的规则打算用于重置默认的格式化效果，或者像嵌入式注释中粗略描述的那样，添加一些想要的样式。

在很大程度上，在规则的当前顺序中没有什么是不可接受的或者是致命的。但是当样式表变量更复杂时，把相关的规则保存在一起可以提高效率。这样能够帮助你更快地找到特定的规则，并且提醒你在页面中已经设置的样式。

11. 使用 "CSS 样式" 面板，根据需要重排列表中的规则顺序，如图 5.5 所示。

图5.5

 注意：在使用 "CSS 样式" 面板移动规则时，可能不会保持未嵌入的注释的位置。

现在你已经更加了解规则和规则顺序。从此刻起，在你创建新样式时，特别注意规则顺序是一个良好的习惯。

12. 保存文件。

5.3 使用字体

任何设计师对网站做出的第一批选择之一是选择默认的字体。字体可能影响访问者的各种感觉，包括安全、雅致、有趣和幽默。有些设计师可能将多种字体用于站点的不同用途。其他人则选择一种匹配常规企业主题或者文化的基本字体。CSS 为你提供了对页面外观的大量控制。

5.3.1 选择字体组

在这个练习中，你将学习如何编辑一条规则，应用全局站点字体。

注意：你在第 3 课中已经学到，body 是所有可见页面元素的父元素。当你对 body 应用样式时，所有子元素将默认继承这些规格。

1. 如果有必要，打开 mylayout.html 并选择"设计"视图。

2. 在"CSS 样式"面板中，双击 body 规则。

3. 当"body 的 CSS 规则定义"对话框出现时，观察"Font-family"框中显示的项目"Verdana, Arial, Helvetica, sans-serif"，如图 5.6 所示。

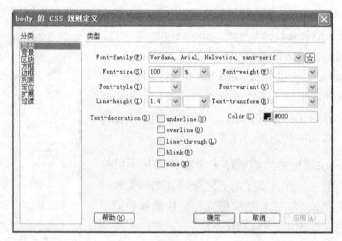

图5.6

"Font-family"框显示三种字体和一个设计类别。为什么？ Dreamweaver 还没有下决心？

答案是对从开始起就困扰 Web 的一个问题的简单而巧妙的解决方案：你在浏览器中看到的字体实际上不是网页或者服务器的一部分；它们由浏览网站的计算机提供。尽管大部分计算机都有许多共同的字体，但是它们所具有的字体并不都一样。这意味着，如果你选择一种特殊的字体，而它没有安装在访问者的计算机上，那么你精心设计和格式化的网页就会立刻悲剧性地显示为 Courier 或者其他同样不在你预期内的字体，如图 5.7 所示。

常规浏览器显示　　　　　　　　使用 Courier 字体的相同页面

图5.7

解决方案是指定字体组;浏览器在选择自己的字体之前有第二、三、四个（或者更多）选择（天哪！）。有些人称这种技术为"优雅降级"。

Dreamweaver CS6 提供 10 多种预先定义的字体组。如果你没有看到自己喜欢的组合，可以选择 "Font-family" 框菜单底部的 "编辑字体列表"，创建自己的字体组。

但是在你开始构建自己的字体组之前要记住：一旦你选择了自己的字体，就一定要了解访问者计算机上安装的字体，将它们添加到列表中。例如，你可能喜欢 Hoefelter Allgemeine Bold Condensed 字体，但是大部分 Web 用户都不可能在计算机上安装这种字体。你当然可以选择 Hoefelter 作为你的第一选择，但是不要忘记设置一些更经过考验的字体，例如 Arial、Helvetica、Tahoma、Times New Roman、Trebuchet MS、Verdana 以及最后的 serif 和 sans serif。

4. 从 "Font-family" 菜单中，选择 Trebuchet MS、Arial、Helvetica、sans-serif。单击 "确定" 按钮。

你已经成功地通过编辑一条规则，改变了整个网页的基本字体。页面上的所有文本现在显示为 Trebuchet MS 字体。如果访问者的计算机上没有 Trebuchet MS 字体，该页面将默认显示为 Arial 字体，然后是 Helvetica 字体，最后是 sans serif 字体。

5.3.2 改变字体大小

除了改变字体之外，你还可以用 CSS 改变文本大小。在 body 规则中，字体大小被设置为 100%。这条规则设置了页面上所有 HTML 元素的默认尺寸。标题、段落和列表元素的大小都相对于这个设置。页面上的所有元素将继承这个设置，除非它被更加具体的规则覆盖。

字体大小可以表达页面内容的相对重要性。因此，标题通常比它们所介绍的文本更大。这个页面被分为两个区域：主要内容和侧栏。为了强调主要内容，我们减小出现在垂直菜单下的文本尺寸。

1. 在垂直菜单下的标题中插入光标。观察文档窗口底部的标签选择器。确定包含这个标题的元素。

标题是 <aside> 元素中包含的 <p> 元素，<aside> 元素包含在 <div.sidebar1> 元素中。为了减小文本尺寸，你可以创建一条新的复合规则，格式化任何元素。但是在你选择格式化元素之前，我们先来检查这一决策可能引起的潜在冲突。

为 <p> 元素创建一条规则将针对侧栏中的各个段落，而忽略你想要插入的任何其他元素。你可以格式化 <div.sidebar1> 本身；这些规格将会影响标题和段落，但是它们会应用到侧栏中的所有元素，包括垂直菜单。在这个例子中，最好的选择是创建一条新规则，格式化 <aside> 元素。这样的规则所针对的范围将会比较窄，设置包含在该元素中的内容，完全忽略垂直菜单。

2. 从文档窗口底部的标签中选择 <aside>，单击 "新建 CSS 规则" 图标（📇）。

3. 在 "新建 CSS 规则" 对话框中，从 "选择器类型" 下拉菜单中选择 "复合内容"，如图 5.8 所示。"选择器名称" 字段显示 ".container.sidebar1 aside"。

4. 单击 "不太具体" 按钮，删除 .container 类，单击 "确定" 按钮。

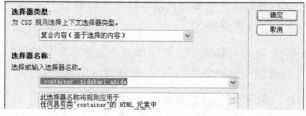

图5.8

5. 在".sidebar1 aside 的 CSS 规则定义"对话框中，在"Font-size"框中输入"90"，从计量单位菜单中选择 %。单击"确定"按钮。

<aside> 元素中的文本现在显示为原始大小的 90%。

 提示：通过使用复合选择器，你只针对出现在 <div.sidebar1> 中的 <aside> 元素，这将在页面其他地方存在 <aside> 元素时避免任何意外的继承问题。

---

6. 选择"文件"＞"保存"。

5.4 使用图像创建图形效果

许多设计师在基于代码的技术有问题的时候，不得不用图像增加图形效果。但是大的图像可能消耗太多互联网带宽，使页面加载和响应变慢。在某些情况下，策略性设计的小图像可以用来创建有趣的 3D 形状和效果。在这个练习中，你将学习如何在小图像和 CSS background 属性的帮助下创建 3D 效果。

1. 如果有必要，选择"设计"视图。

2. 在"CSS 样式"面板中，双击 nav p 规则。

3. 选择"背景"类别，单击"Background-image"框旁边的"浏览"按钮，显示"选择图像源文件"对话框。

4. 导航到"DW-CS6"＞"images"，并选择 background.png。观察图像的大小和预览，如图 5.9 所示。

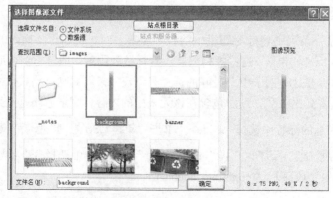

图5.9

这个图像的大小为 8 像素 ×75 像素，文件尺寸为 49 KB。注意图形顶部较浅的绿色阴影。因为页面的宽度为 950 像素，所以你知道这个图形永远无法填充水平菜单，除非复制并粘贴数百次。但是你不需要采取这种滑稽的行动，只要简单地使用 background-repeat 属性即可。

5. 单击"确定"/"选择"按钮。单击"应用"按钮，如图 5.10 所示。

图5.10

背景图像自动重复——向水平方向和垂直方向——无缝地填充整个水平菜单，使菜单拥有了 3D 外观和有趣的纹理效果。有些图形（这个图形也一样）不是设计用于在两个方向上重复的。这个图形的意图是为页面元素的顶边创建光滑的 3D 效果，所以你不应该让它在垂直方向上重复。CSS 可以控制重复功能，将其限制在垂直或者水平轴上。

> 提示：当图形提供纹理效果和阴影时（就像这里的 background.png），重要的是它有足够的高度或者宽度，在必要时填充整个元素。注意，这个图形比它要插入的元素高得多。

6. 从"Background-repeat"框中选择"repeat-x"，单击"确定"按钮。

现在这个图形只在水平方向上重复；它自动地默认对齐 \<nav\> 元素的顶部。我们为 \<footer\> 元素也添加相同的背景。

7. 双击 footer 规则，编辑它。

8. 在"Background-image"框中，浏览并选择 background.png。从"Background-repeat"框中选择"repeat-x"，单击"确定"按钮。背景图像即填充 \<footer\> 元素。

9. 选择"文件"＞"保存"。

5.5　创建新的 CSS 规则

在前面的大多数练习中，你只编辑了在 CSS 布局中预先定义的规则。在下面的练习中，你将学习怎样为 HTML 元素、类和 ID 创建你自定义的规则。

5.5.1　创建后代选择器

预先定义的样式表声明了一个用于多种元素的规则，它将影响所有的 h1、h2、h3、h4、h5、h6 和 p 标签，而不管它们出现在页面上的什么位置。但是，如果你想对特定 \<div\> 内的特定标签应用样式，就需要后代（descendant）选择器。Dreamweaver 使得创建这样的规则很容易。在下面的练习中，你将针对主内容区域的 <h1> 元素的 CSS 样式，创建一个后代选择器。

1. 在主要内容区域中的主标题中插入光标。注意文档窗口底部的标签选择器的名称和顺序，如图 5.11 所示。

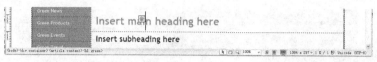

图5.11

标题是 body 元素中的 <div.container> 中的 <article.content> 中的 <h1> 元素。正如上一个练习中所描述的，在创建新规则时，一定要注意它们出现在样式表中的位置。位于样式表顶部的规则把格式化效果传递给后面出现的规则（因为继承）或者因为更高的特征性而撤销设置。在错误的位置插入规则可能导致浏览器完全忽略它。

2. 在"CSS 样式"面板中选择 .content 规则。

因为首先选择 .content 规则，所以 Dreamweaver 将在样式表中紧随其后插入新规则。

3. 在"CSS 样式"面板中，单击"新建 CSS 规则"图标（⊡）。如果没有显示"复合内容"选择器类型，就从"选择器类型"菜单中选择它。

Dw **注意**：当把光标插入在页面内容中时，Dreamweaver 将总是为你创建复合内容选择器。即使在第一次显示对话框时没有显示"复合内容"选项，也是如此。

打开"新建 CSS 规则"对话框。通常，当把光标插入到页面内容中时，对话框将默认显示"复合内容"选择器类型，并且基于光标的位置显示后代选择器，在这里是 .container .content h1（见图 5.12）。

如果你记得在第 3 课中学习的 CSS 语法，就知道这个新规则将影响 <h1> 元素。但是这要满足两个条件：一是 <h1> 元素出现在利用 .content 的类格式化的元素内；二是它们都出现在利用 .container 的类格式化的元素内。不满足这两个条件的所有其他的 <h1> 元素都将保持不受影响。

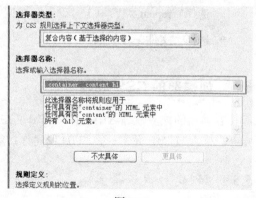

图5.12

由于这个页面设计中将只有一个 <article.content> 元素，在规则中无需这样的特征。只要有可能，就应该简化规则，以减少需要下载的代码总量。尽管在这里只有单词".container"是不需要的，但是不必要的代码会跨整个站点（和 Internet）累积。

4. 在"新建 CSS 规则"对话框中，单击"不太具体"按钮，然后单击"确定"按钮。

将从"选择器名称"框中删除单词".container",如图5.13所示。

5. 在".content h1 的 CSS 规则定义"对话框的"类型"类别中,在"Font-size"框中输入"200%"。

6. 在"方框"类别中,取消选中"全部相同"复选框,并且只在"Top"(上边距)框中输入"10px"。然后在"Bottom"(下边距)框中输入"5px",并单击"确定"按钮。

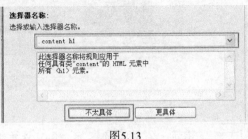

图5.13

主标题的尺寸没有变化,但是在页面上下移 10 像素,注意:在"CSS 样式"面板中,新规则直接插入 .content 规则之后。

7. 保存文件。

5.5.2 建立自定义的类

CSS 类属性允许对特定的元素或者特定元素的一部分应用自定义的格式化效果。让我们创建一个类,它可以为文件中的文本应用标志颜色。

1. 在"CSS 样式"面板中,单击"新建 CSS 规则"图标。

2. 从"选择器类型"菜单中选择"类",并在"选择器名称"框中输入"green",然后单击"确定"按钮。

3. 在".green 的 CSS 规则定义"对话框中,在"类型"类别的"Color"框中输入"#090",然后单击"确定"按钮。

.green 规则将添加到样式表中。在大多数情况下,class 属性将有比任何默认的或者应用的样式更高的特征性并将其覆盖,因此它应该与它出现在样式表中的位置无关。

 提示:当想要的样式没有像期望的那样出现时,可以使用"代码浏览器"查找冲突。

Dreamweaver 使类的应用变得很容易,下面我们要对整个元素应用类。

4. 在 <div.content> 中的 <h1> 元素中的任意位置插入光标。确保光标在元素中闪烁,并且没有选取文本。

5. 在"属性"检查器中,从"类"菜单中选择"green",如图5.14所示。

现在将以绿色格式化 <h1> 元素中的所有文本。在文档窗口底部,<h1.green> 现在出现在标签选择器中。

 注意:你可能需要刷新页面显示,以查看更新的标签选择器。

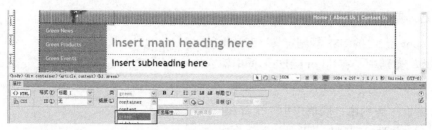

图5.14

 提示：在某些情况下，你可能需要单击合适的标签选择器，才能从"属性"检查器中选择类。

6. 切换到"代码"视图。检查 <h1> 元素的开始标签，如图 5.15 所示。

图5.15

将规则作为属性应用于标签，即 <h1 class="green">。当在现有的元素中插入光标时，Dreamweaver 假定你想对整个元素应用类。现在让我们从元素中删除类。

7. 在格式化过的元素中的任意位置插入光标。

即使在"代码"视图中，标签选择器也将显示"<h1.green>"，并且在"属性"检查器的"类"菜单中显示"green"。

8. 从"属性"检查器的"类"菜单中选择"无"，如图 5.16 所示。

图5.16

这将从代码中删除 class 属性。标签选择器现在将显示普通的"<h1>"标签。尽管你应用了"无"，"类"菜单中仍然显示 content，而不是"无"，说明包含 <h1> 的父元素分配了 class 属性。

接下来我们要对某个文本范围应用类。

9. 选取 <h1> 元素中的单词"main heading"。然后从"属性"检查器中的"类"菜单中选择"green"，如图 5.17 所示。

这将使用 <span class="green"> 对所选的文本应用类。span 标签没有自己的默认格式，它的意图是创建自定义内联样式。

106 第 5 课 使用层叠样式表

图5.17

现在删除类。

10. 切换到"设计"视图。在格式化过的文本中的任意位置插入光标，然后从"类"菜单中选择"无"。

文本将恢复为默认的格式化效果。当在利用类格式化过的元素中插入光标时，Dreamweaver假定你想从整个文本范围中删除格式化效果。

> **Dw** | 提示：可以在"设计"视图或"代码"视图中应用和删除类。

11. 保存文件。

5.5.3 创建自定义的 ID

在 CSS 样式编排中，CSS 的 ID 属性具有最为特殊的意义。因为它被用于标识网页上的唯一内容，因而应该优先于所有其他的样式。包含蝴蝶标志的 AP div 是唯一元素的良好示例。<div#apDiv1>定位在页面上的特定位置，并且你可以肯定每个页面上只有一个这样的 <div>。让我们为这个元素修改现有的规则，以反映其在布局中的应用。

1. 在"CSS 样式"面板中选择 #apDiv1 规则。右键单击选择器名称，并从上下文菜单中选择"编辑选择器"。此时选择器名称在面板列表中变成可编辑的。

2. 把名称改为"#logo"，然后按下 Enter/Return 键完成编辑过程，如图 5.18 所示。

规则名称改变了，但是它不再格式化 <div#apDiv1>。布局反映了未格式化 <div> 元素的默认行为——没有 height、width 及其他关键属性——并且它扩展到 <div.container> 的完整宽度，并把 <header> 下推到蝴蝶图像的高度以下。

要恢复布局，必须把 #logo 规则分配给 <div#apDiv1>。

3. 在 <div#apDiv1> 中插入光标，或者单击蝴蝶图像以选取它。然后单击文档窗口底部的 <div#apDiv1> 标签选择器。

"属性"检查器显示 <div#apDiv1> 的属性。注意"属性"检查器中显示的 ID。

图5.18

4. 打开 ID 弹出式菜单，如图 5.19 所示。

图5.19

注意，菜单有两个明显的选项：apDiv1 和 logo。

5. 从 "ID" 框弹出菜单中选择 "logo"。

> **Dw** 注意：在 Mac 上，如果你没有可用的未分配 ID，那么你就可能无法访问 ID 弹出菜单。

重新格式化的 <div#logo> 将恢复其以前的大小和定位。

可以根据需要把类使用许多次，但是一个 ID 只应该在每个页面上使用一次。尽管你可以千方百计地自己手动把一个 ID 输入多次，但是 Dreamweaver 不会在你尝试破坏规则时提供任何帮助。你可以利用一个简单的测试演示这种功能。

6. 检查 "CSS 样式" 面板，并且注意可用的类和 ID 选择器。该面板中定义了 4 个类和 1 个 ID 选择器。

7. 在 <div#logo> 中插入光标，然后单击 <div#logo> 标签选择器，"属性" 检查器将反映 <div#logo> 的格式。

相距一个<div>

AP div 的处理与常规的<div>元素不同。在文档中插入一个 AP div，马上就能看到这个差异：Dreamweaver 自动为其创建一条规则，为它分配宽度、高度、位置和

z-index属性，然后在"属性"检查器中显示这些规格。这种情况在常规的div上不会发生。实际上，这种特殊待遇甚至在规则创建之后还继续保持。如果你在"属性"检查器中改变id属性，Dreamweaver将同时更新"CSS样式"面板中的名称。

　　然而，反之则不然。如果你用样式表（就像本课中这样）修改规则名称，Dreamweaver不会改变元素的ID。该软件将把修改留给你。

8. 打开"ID"框的弹出式菜单，并检查可用的ID，如图 5.20 所示。

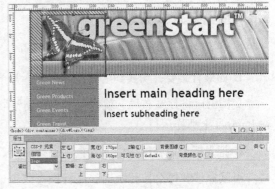

图5.20

唯一可用的 ID 是"logo"。apDiv1 上发生了什么？原来的名称 apDiv1 不再出现在样式表中，因此也不会出现在弹出菜单中。此外，由于存储在样式表中的每个 ID 都会在布局中使用，Dreamweaver 将交互式地从菜单中删除它，避免你无意中第二次使用它。

不要认为这种行为意味着 id 和 class 属性必须出现在样式表中，你才能在页面中使用它们。许多设计师先创建这些属性，然后才定义它们，或者将它们用于区分特定的页面结构，或者创建超链接目标。有些 class 和 id 属性可能从未出现在样式表或者弹出菜单中。Dreamweaver 菜单用于简化已有的类和 ID 的分配，而不是用来限制你的创造力。

9. 从"类"框的菜单中选择"green"。

标签选择器将显示"<div#logo.green>"。你可以看到，同时为一个元素分配 id 和 class 属性是有可能的，这在某些情况下很方便。

10. 在水平菜单 < nav > 中插入光标，单击 <nav> 标签选择器。

11. 在"属性"检查器中打开 ID 菜单，并检查可用的 ID，如图 5.21 所示。

图5.21

唯一可用的 ID 是"无"，因为 logo 已经分配。

12. 打开"类"框的菜单，检查可用的类属性。

注意：所有的类仍然可用。Dreamweaver 界面允许你将 class 属性应用到多个元素，但是会阻止你多次应用 id 属性。

13. 不做选择，将"类"菜单关闭。

14. 保存文件。

你现在应该知道类和 ID 之间的一些差异，以及如何创建、编辑和将其分配给页面上的元素。接下来，你将学习如何用 CSS 组合这些属性，为超链接创建交互式行为。

5.6 创建交互式菜单

通过把后代选择器、类和 ID 结合在一起，可以从表面上静态的元素产生令人惊异的行为。

1. 如果有必要，切换到"设计"视图，并单击"实时视图"按钮。

文档窗口将预览布局，就像它出现在浏览器中一样。视频、Flash 动画和 JavaScript 行为都像在 Internet 上那样运行。

2. 把光标定位在侧栏中的垂直导航菜单上。观察菜单项的行为和外观。

当鼠标移到每个按钮上时，光标图标将变成手形指针，指示菜单项被格式化为超链接。当鼠标经过每个按钮时，按钮也会立即改变颜色，产生给人留下深刻印象的图形体验如图 5.22 所示。这些"翻滚"（rollover）效果都是由 HTML 超链接行为启用的，并且都是由 CSS 格式化的。

图5.22

 注意：翻滚一词来自于过去的时代，当时计算机的鼠标包含一个滚轮，以机械的方式产生屏幕上光标移动的效果。

3. 把鼠标定位在 `<nav>` 中的水平导航菜单中的项目上。观察菜单项上的行为和外观（如果有的话）。

指针和背景色不会改变。菜单项还没有被格式化为超链接。

4. 单击"实时视图"按钮，返回到正常的文档显示。

注意：当启用"实时"视图时，Dreamweaver阻止你修改"设计"视图中的内容，但是你可以编辑CSS。如果需要，你可以在任何时候用"代码"视图窗口编辑内容和样式。

5. 选取 <nav> 中的单词"Home"。不要选取单词两边的空格或者分隔单词的垂直条或竖线（pipe）。

6. 在"属性"检查器的"链接"框中输入"#"。然后按下 Enter/Return 键。

在"链接"框中添加磅标记（#）将创建超链接占位符，并且允许水平导航菜单创建和测试必要的格式化效果，而不必创建完整的链接。注意文本现在怎样显示典型的文本超链接的格式化效果。

7. 给项目"About Us"和"Contact Us"添加超链接占位符。

在应用占位符之前，一定要选取每个项目中的两个单词。如果不这样做，将把每个单词都视作单独的链接，而不是一个链接。

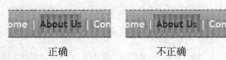

正确　　　　　　　不正确

如图 5.23 所示，为了使水平菜单看起来更像垂直菜单，你必须删除下划线和修改文本颜色。我们从下划线开始。

图5.23

注意：因为水平和垂直菜单基于相同的 HTML5<nav> 元素，所以你应该知道这条规则应用的样式可以被两者继承。留意任何意外的副作用。

8. 在 <nav> 的任何超链接中插入光标。然后在"CSS 样式"面板中选择 nav p 规则，并单击"新建 CSS 规则"图标。

9. 如果有必要，从"选择器类型"菜单中选择"复合内容"。

"选择器名称"框中将显示".container nav p a"。

超链接伪类

<a>元素共有4种状态（或者不同的行为），可以用所谓的伪类（pseudoclass）通过CSS修改。伪类是一个CSS功能，可以为某些选择器（如<a>锚标签）添加特效或者功能。

• a:link 伪类创建超链接的默认显示和行为。a:link 伪类在许多情况下可以与CSS规则中的选择器互换使用。然而，正如你在前面已经遇到的，a:link 更具体，如果两者都在样式表中使用，它可能覆盖分配给不太具体的选择器中的规格。

• a:visited 伪类在浏览器访问链接之后应用格式。这个规格在浏览器缓冲或者历史被删除时重置。

• a:hover 伪类在光标经过链接之上时应用格式。

• a:active 伪类在鼠标单击时应用格式。

使用时，伪类必须按照上面列出的顺序声明才能生效。记住，不管是否在样式表中声明，每个状态都有一组默认格式和行为。

10. 在"新建 CSS 规则"对话框中，单击"不太具体"按钮。

从"选择器名称"框中删除 .container 类。这里不需要类标记 .container。

当链接已经使用过时，它通常改变颜色，说明你之前访问过该目标。这是超链接的常规（或者默认）行为。但是，在垂直和水平菜单中，我们不希望连接在你单击它们时改变外观。为了阻止或者重置这种行为，你可以创建一条复合规则，一次格式化链接的两种状态。

11. 如果有必要，在"选择器名称"框中插入光标。按下 Ctrl+A/Cmd+A 组合键选取完整的选择器名称，然后 按下 Ctrl+C/Cmd+C 组合键复制选择器。

12. 按下右箭头键把光标移到选择器文本的末尾。在选择器名称的最后输入 :link。

新选择器"nav p a:link"更为具体，优先于样式表中其他地方出现的默认 a:link 规则的继承。这和前面的垂直菜单中发生的情况相同。

13. 如果有必要，将光标移动到选择器文本的最后。输入一个逗号（,），按下空格键插入一个空格。按 Ctrl+V/Cmd+V 组合键从剪贴板粘贴选择器。

14. 在粘贴的选择器最后输入 :visited，如图 5.24 所示。

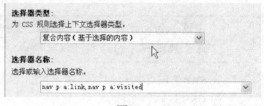

图5.24

"选择器名称"框中显示的选择器应该为"nav p a:link, nav p a:visited"。逗号的作用类似于"and"，允许你在一个名称中包含两个或者更多选择器。通过将两个选择器组合为一条规则，你可以一次性格式化两个超链接状态的默认属性。

15. 单击"确定"按钮。

在"CSS 样式"面板中，新的"nav p a:link, nav p a:visited"规则将出现在 nav p 规则下面。

16. 在"类型"类别中，在"Text-decoration"选项中选择"none"，然后单击"应用"按钮。

将从超链接中删除下划线。现在我们来改变默认的超链接文本颜色。

17. 在"Color"框中输入"#FFC"，然后单击"确定"按钮。

蓝色的超链接文本颜色将被淡黄色（#FFC）取代，这在绿色背景上更容易看见。现在我们来测试水平菜单中项目的超链接属性。

18. 单击"实时视图"按钮。把光标定位在水平菜单中的超链接占位符上。

鼠标图标将变为手形指针，指示文本被格式化为超链接，但是由于背景色变化，它完全没有垂直菜单的风格。前面已经做过解释，交互式行为是由伪类 a:hover 控制的。我们使用这个选择器创建类似的行为。

19. 单击"实时视图"按钮，返回正常的文档显示，然后保存所有的文件。

5.7 修改超链接行为

在这个练习中，你将修改默认的超链接行为并添加交互性。

1. 在水平菜单中的任何一个超链接中插入光标。你不需要选取链接中的任何字符。然后在"CSS 样式"面板中选择"nav p a:link, nav p a:visited"规则，并单击"新建 CSS 规则"图标。

将显示"新建 CSS 规则"对话框，并且会显示"复合内容"选择器类型，在"选择器名称"框中输入文本".container #h-navbar a"。

 注意：a:hover 从 a 或 a:link 继承了它的大部分格式化效果。在大多数情况下，你只需要声明一些用于格式化的值，当激活这种状态时它们将改变。

2. 确保"新建 CSS 规则"对话框中选择了"复合内容"选择器类型。编辑"选择器名称"，使之显示"nav p a:hover, nav p a:active"，然后单击"确定"按钮。

新的"nav p a:hover, nav p a:active"规则将出现在"CSS 样式"面板中，并且会显示"nav p a:hover, nav p a:active 的 CSS 规则定义"对话框。

3. 在"类型"类别中，在"Color"框中输入"#FFC"。在"背景"类别中的"Background-color"框中输入"#060"，然后单击"确定"按钮。

4. 激活"实时"视图，并且测试水平菜单中的超链接行为。

当鼠标经过超链接文本时，其后的背景将变成淡绿色，如图 5.25 所示。这是一个良好的开始，但是你可能注意到颜色变化没有扩展到 <div> 的边缘，或者甚至没有扩展到把超链接文本彼此分隔开的竖线。你可以通过给元素添加一点填充来创建更有趣的效果。

图5.25

 提示：你知道为什么增加填充空间而没有增加边距吗？增加边距空间没有效果，因为边距的空间在背景颜色之外。

5. 停用"实时"视图，然后双击"nav p a:hover, nav p a:active"规则以编辑它。

6. 在"方框"类别中的"Padding"框中，在选中"全部相同"选项的情况下，在"Top"框中输入"5px"，然后单击"确定"按钮。

7. 激活"实时"视图，并在水平菜单中测试超链接行为。

每个链接的背景色现在将在超链接周围扩展 5 像素。但是出现了未预料到的后果：不仅填充导致背景从文本向链接两侧扩展了 5 像素，而且每当 a:hover 状态激活时，还会导致其他文本从其默认位置扩展 5 像素。幸运的是，解决方案相当简单。你是否领会了需要进行的操作？

8. 在"CSS 样式"面板的"属性"区域中，选择用于"nav p a:hover, nav p a:active"规则的 padding 属性。单击面板底部的"删除 CSS 属性"图标（🗑），如图 5.26 所示

注意："CSS 样式"面板中的"垃圾桶"图标是上下文敏感的。它可以用于删除规则属性或者整条规则，这取决于调用它的方式。在使用之前，注意光标悬停的时候出现的工具提示。

9. 双击"nav p a:link, nav p a:visited"规则以编辑它。在"方框"类别中的 Padding 区域中，在选中"全部相同"选项的情况下，在"Top"框中输入"5px"。然后单击"确定"按钮。

10. 激活"实时"视图，并在水平菜单中测试超链接行为。

当鼠标移到链接上时，背景色将在链接周围扩展 5 像素。你是否理解为什么要在默认的超链接上添加填充？通过给超链接的默认状态添加填充，hover 状态自动继承了额外的填充，并且允许背景色像期望的那样工作。

图5.26

11. 保存文件。

祝贺你！你在水平方向的 <nav> 元素中创建了自己的交互式导航菜单。但是你可能已经注意到，在垂直菜单中，a:hover 状态的预定义背景色选择与站点颜色模式不匹配。为了保持一致，站点中使用的颜色应该遵守总的主题。

5.7.1 修改现有的超链接行为

当你在 Web 设计和使用 CSS 方面获得了更多的经验时，就更容易确定设计的不一致性，知道如何校正它们。既然你知道悬停（hover）状态负责创建交互式链接行为，更改垂直菜单中的背景色就应该是一件简单的事情。第一步是评估哪些规则专门针对的是垂直菜单自身。

1. 在垂直菜单项之一中插入光标。观察标签选择器中显示的元素的名称和顺序。

垂直菜单使用插入到 HTML5<nav> 元素中的 <ul>（无序列表）元素。

2. 在"CSS 样式"面板中，定位格式化 <nav> 元素的任何规则。有一个 a:hover 伪类与它相关联吗？

"CSS 样式"面板显示"nav ul a:hover, nav ul a:active, nav ul a:focus"，它用于格式化你所要寻找的超链接行为。

3. 双击"nav ul a:hover, nav ul a:active, nav ul a:focus"规则以编辑它。把背景色改为"#060"，然后单击"确定"按钮。

4. 使用"实时"视图，测试垂直菜单的行为。

垂直菜单的背景色与水平菜单和站点的颜色模式匹配，如图 5.27 所示。

图5.27

5. 保存文件。

5.7.2 给菜单添加引人注目的效果

另一个可以给菜单提供更多一点视觉趣味的流行的 CSS 技巧是改变边框颜色。通过对每条边框应用不同的颜色，可以给按钮提供一种三维外观。与前一个练习中一样，首先需要定位格式化元素的规则。

1. 在其中一个菜单项中插入光标，并检查标签选择器的显示内容。

菜单按钮是使用 <nav>、<ul>、<li> 和 <a> 元素构建的。既然你知道 <ul> 元素创建整个列表，而不是单独的项目，就可以忽略它。<li> 元素创建列表项目。

2. 在 "CSS 样式" 面板中选择 "nav ul li" 规则。观察面板的 "属性" 区域中显示的属性。

"nav ul li" 规则格式化菜单按钮的基本结构。

3. 双击 "nav ul li" 规则。

4. 在 "nav ul li 的 CSS 规则定义" 对话框中选择 "边框" 类别。

在 "Top" 的 3 个框中分别输入 "solid"、"1px"、"#0C0"，在 "Right" 的 3 个框中分别输入 "solid"、"1px"、"#060"，在 "Bottom" 的 3 个框中分别输入 "solid"、"1px"、"#060"，在 "Left" 的 3 个框中分别输入 "solid"、"1px"、"#0C0"，然后单击 "确定" 按钮。

通过给上边框和左边框添加较淡的颜色以及给右边框和下边框添加较深的颜色，就创建了精细而有效的三维效果，如图 5.28 所示。

前　　　　　　　后

图5.28

5. 保存文件。

5.8　创建伪列

尽管多列设计在 Web 上非常流行，但是 HTML 和 CSS 并没有内置的命令用于在网页中产生真正的列结构。作为替代，通过使用多种 HTML 元素以及多种格式化技术（通常涉及边距和 float 属性）来模拟列设计——就像 Dreamweaver 的 CSS 布局中使用的一样。HTML5 和 CSS3 能够在多列中显示文本，但是页面布局本身暂时仍然依赖旧的技术。

不幸的是，这些方法都有它们的局限性和缺点。例如，本课程中当前布局的问题之一是使两列以相同的高度显示，但是其中一列几乎总是要短一些。由于侧栏具有背景色，在把内容添加到主页面上时，底部将会出现可见的间隙，如图 5.29 所示。

有一些方法使用 JavaScript 及其他技巧，强制列以相等的高度显示，但是这些并没有受到所有浏览器的完全支持，并且可能导致页面出人意料地被破坏。许多设计师通过简单地拒绝使用背景色，完全回避了这个问题，没有人能够看出任何差异。

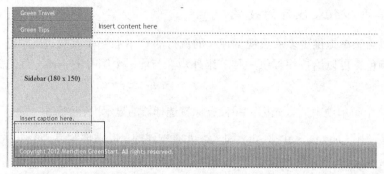

图5.29　在多列设计中，如果只使用CSS格式化，则难以使所有列都以相同的长度显示

你将代之以组合背景图形和CSS重复功能，创建全高度的侧栏效果。这种技术可以很好地与固定宽度的Web站点设计协同工作，如下所述。

1. 在垂直菜单下面的 <div.sidebar1> 中插入光标。检查标签选择器的显示内容。

<div.sidebar1> 元素包含在 <div.container> 内，然后它们一起包含在 body 元素内。

2. 在"CSS样式"面板中选择 .sidebar1 规则，并检查它的属性。

.sidebar1 规则对侧栏应用了背景色。既然分配给 <div> 的背景色似乎已经无法扩展到文档的底部，.sidebar1 规则就不是这个问题的解决方案。由于 <div.container> 包含侧栏和主要内容，它明显是伪列的一个候选者。首先，如果背景色没有产生所需的结果，删除它就是一个好主意。

3. 在"CSS样式"面板的"属性"区域中选择背景色引用，然后单击面板底部的"删除 CSS 属性"图标（🗑）。现在，你将修改 .container 规则，为侧栏产生所需的背景效果。

4. 双击 .container 规则。在"背景"类别中，单击"浏览"按钮。然后从默认的 images 文件夹中选择 divider.png，并单击"确定"/"选择"按钮。

5. 在"Background-repeat"框的菜单中选择"repeat-y"，然后单击"确定"按钮。

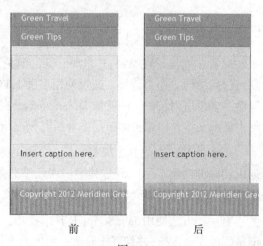

前　　　　　　后

图5.30

一个182像素宽的图形出现在 <div.container> 的左边缘，并且从顶部扩展到底部。由于其他 <div> 元素完全包含在 <div.container> 内，背景将出现在它们后面，并且只在适当的地方可见，如图 5.30 所示。

让我们对侧栏进行另外几处调整。首先，我们删除出现在菜单和图像占位符之间的额外空间。你需要确定可能创建这一样式的规则。

6. 在垂直菜单的最后一个按钮中插入光标。右键单击该按钮，并从上下文菜单中选择"代码浏览器"。

出现"代码浏览器"，显示影响这个项目的 12 条 CSS 规则的列表。可能是边距设置在产生间距效果。

7. 浏览用于 bottom-margin 设置的规则。nav ul 规则设置了 15 像素的 bottom-margin。

8. 在"CSS 样式"面板中选择"nav ul"。然后在"属性"区域中选择"bottom-margin"设置，并单击"删除 CSS 属性"图标（ 🗑 ）。

菜单与图像占位符之间的间隙将闭合。最后，我们让垂直菜单中的文本与水平菜单中的匹配。

9. 双击 nav ul 规则。

10. 在"类型"类别中，在"Font-size"框中输入"90%"，单击"确定"按钮。

11. 保存文件。

5.9 把规则移到外部样式表中

在制作网页设计的原型时，将 CSS 保持为嵌入式的较为实用。它使测试和上传的过程变得快速且简单。但是，内部样式表被限制于一个页面。外部样式表则可以链接到任意数量的页面，并且对于大多数 Web 应用程序，外部样式表都是正常的、首选的工作流程。在把这个页面作为模板投入生产中之前，从文档的 <head> 区域中把 CSS 样式移到外部 CSS 样式表中是一个好主意。Dreamweaver 提供了快速、容易地处理这项任务的方法。

1. 在"CSS 样式"面板中，选取第一个定义的样式，即 body。然后按住 Shift 键并选择最后一个样式。

 注意：在你的样式表中，最后一个样式可能不同于图 5.31 所示的样式。记住选择最后一个样式即可。

2. 在"CSS 样式"面板中，从面板右上角的"选项"菜单中选择"移动 CSS 规则"。

也可以右键单击所选的区域，从上下文菜单中访问"移动 CSS 规则"选项，如图 5.31 所示。

3. 在"移至外部样式表"对话框出现时，在"将规则移至"选项中选择"新样式表"。然后单击"确定"按钮，如图 5.32 所示，显示"将样式表文件另存为"对话框。

4. 如果有必要，导航到站点的根文件夹。然后在"文件名"框中输入"mygreen_styles"，并单击"保存"按钮。

图5.31

图5.32

Dreamweaver 将给文件名添加 ".css" 扩展名，把所选的样式从 <head> 区域移到新定义的样式表中，同时插入一个指向样式表的链接。注意，在文档窗口顶部，Dreamweaver 现在将在"相关文件"界面中显示外部样式表的名称。

最后一项任务是删除不再需要的 <style> 标签。

5. 在"CSS 样式"面板中，单击 <style> 条目并按下 Delete 键，或者单击"垃圾箱"图标。

 | 提示：如果引用没有消失，可以右键单击它，并从上下文菜单中选择"删除"。

6. 选择"文件" > "保存全部"。或者按下 Ctrl+Alt+Shift+S/Cmd+Ctrl+S 组合键，访问你在第1课"自定义工作区"中创建的"保存全部"命令的快捷键。

 | 提示：一旦把 CSS 移到外部文件中，记住接着要使用"保存全部"命令。按下 Ctrl+S/Cmd+S 组合键只会保存 Dreamweaver 界面中的重要文档，而不会自动保存其他被打开和引用并且改变了的文件。

5.10 为其他媒体类型创建样式表

当前的最佳实践要求把表示（CSS）与内容（HTML 标签、文本和其他页面元素）分隔开。原因很简单：通过把格式化分隔开，它可能只与一种类型的媒介相关，就可以出于多种目的立即格式化一个 HTML 文档。可以把多个样式表链接到页面。通过创建和附加为其他媒体优化的样式表，特定的浏览应用程序可以为它自己的需要选择合适的样式表和格式化效果。例如，在上一个练习中创建和应用的样式表是为典型的计算机屏幕显示设计的。在这个练习中，将把 CSS 屏幕媒体文件转换成一个为打印而进行优化的文件。

今天，设计师往往在具有大量文本或者用于销售发票的页面上包括一个"打印"（print）链接，使得用户可以更有效地把信息发送给打印机。打印样式表通常会调整颜色以使它们在打印中更好地工作，隐藏不需要的页面元素，或者调整大小和布局以更适合于打印。

当激活打印队列时，打印应用程序就会检查打印媒体样式表。如果存在这样一个样式表，就会考虑相关的 CSS 规则。如果没有这样的样式表，打印机将根据屏幕或者所有媒体样式表中的规则或者 CSS 默认规则执行打印。

5.10.1 显示"样式呈现"工具栏

如果样式表中没有出现 media-type 属性，浏览器或者 Web 应用假定 CSS 样式用于屏幕显示。默认情况下，Dreamweaver 的"设计"视图默认为屏幕样式，忽略其他媒体类型。不过，Dreamweaver 能够使用"样式呈现"工具栏切换在"设计"视图中呈现的媒体。这样，你可以预览不同媒体类型的显示效果，而没有必要访问这些应用程序或者工作流。

1. 如果有必要，可以在"文件"面板中双击 mylayout.html 文件名，打开该文件。

2. 选择"查看" > "工具栏" > "样式呈现"。

"样式呈现"工具栏将出现在文档窗口上面，如图 5.33 所示。使之保持可见，以用于下一个练习。

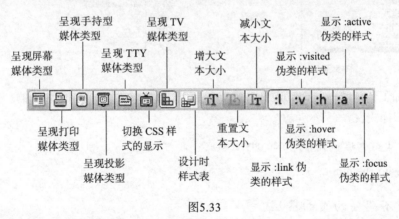

图5.33

5.10.2 转换现有的样式表以用于打印

尽管可以从头开始开发打印样式表，但是转换现有的屏幕媒体样式表通常要快得多。第一步是用新名称保存现有的外部样式表。

1. 在"文件"面板中，双击 mygreen_styles.css 打开它。

2. 选择"文件">"另存为"。

3. 当"另存为"对话框打开时，在"文件名"/"Save As"框中输入"print_styles.css"。确保以站点根文件夹为目标，然后单击"保存"按钮。

4. 如果有必要，从站点根文件夹中打开 mylayout.html。然后在"CSS 样式"面板中，单击"附加样式表"图标（ ），打开"链接外部样式表"对话框。

5. 单击"浏览"按钮，出现"选择样式表文件"对话框。

6. 从站点根文件夹中选择 print_styles.css，然后单击"确定"/"选择"按钮。

7. 在"链接外部样式表"对话框中，为"添加为"值选择"链接"选项。然后从"媒体"框的菜单中选择 print，如图 5.34 所示，并单击"确定"按钮。

8. 在"CSS 样式"面板中，如果有必要，单击"全部"按钮，如图 5.35 所示。

图5.34

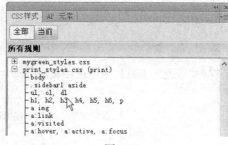

图5.35

面板中添加了新条目——"print_styles.css"。此刻，两个样式表是完全相同的。你将在下一个练习中修改打印样式表。

9. 关闭 print_styles.css 和 mygreen_styles.css。

10. 保存 mylayout.html。

5.10.3 隐藏不想要的页面区域

使用"样式呈现"工具栏，可以查看依据打印媒体样式规则呈现的文档。

1. 在"样式呈现"工具栏中，单击"呈现打印媒体类型"图标（ ）。

注意：在你准备好再次进行屏幕媒体格式设计时，记得单击"呈现屏幕媒体类型"图标。

屏幕媒体与打印媒体之间的主要区别之一是，在打印时，网页上的交互式项目通常是无意义的。这包括水平菜单和垂直菜单中的所有导航元素。我们从水平和垂直菜单开始，在你隐藏这些菜单之前，我们需要创建一条新规则。

2. 在水平菜单的一个链接之前插入光标。

3. 单击文档窗口底部的 <nav> 标签选择器。

4. 在"CSS 样式"面板中，单击"新建 CSS 规则"按钮，显示"新建 CSS 规则"对话框。

5. 如果有必要，选择"复合内容"选择器类型，选择器名称".container nav"出现在输入框中。

6. 单击"确定"按钮，该规则将应用到水平和垂直菜单中。

7. 在"区块"类别中，从"Display"框的菜单中选择"none"，并单击"确定"按钮。

两个 <nav> 元素从文档窗口中消失。它们并没有被删除；Dreamweaver 只是在选择"呈现打印媒体类型"时停止显示它们，如图 5.36 所示。

图5.36

<div.sidebar1> 中的其余内容也没有必要打印，我们也将其关闭。

8. 在 print_styles.css 规则列表中，双击".sidebar1"。

9. 在"区块"类别中，从"Display"框的菜单中选择"None"，并单击"确定"按钮。

侧栏消失了，主要内容扩展到 <div.container> 的整个宽度。背景图像在内容下面是可见的，而且可能使得文本更加难以辨认。

10. 在 print_styles.css 规则中，双击".container"。

11. 在"背景"类别中，删除"Background-image"框中的 divider.png 图像引用，并从"Background-repeat"框中输入"repeat-y",然后单击"确定"按钮。

注意,背景图像继续显示在 <div.container> 中。只删除图像引用并不够。尽管打印应用程序将遵从打印媒体样式表,格式化效果仍然会继承自所有引用的 CSS 样式表。即使在打印样式表中删除了背景图像引用,它仍然会在屏幕样式中被应用,直到你通过选择 none 重置规则,它才会消失。这也适用于其他这样的规则。

12. 从"Background-image"框的菜单中选择"none",然后单击"应用"按钮。

背景图像将消失。让我们在"实时"视图中检查页面。

13. 单击"确定"按钮完成更改,然后单击"实时视图"按钮。

尽管"样式呈现"工具栏设置为"打印",但是 Dreamweaver 将忽略打印媒体样式,并且像屏幕那样呈现图像。这是因为"实时"视图只用于浏览器预览,不能呈现基于打印的样式。为了正确地测试页面,必须在实际的浏览器中使用打印预览功能。

14. 保存所有文件。选择"文件">"在浏览器中预览",并且选择首选的浏览器。

15. 浏览器中加载页面之后,选择"文件">"打印预览",如图 5.37 所示。

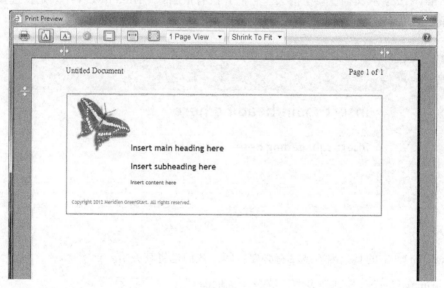

图5.37

可以看到,打印应用程序把文本转换成黑色,并且自动删除了所有的背景图像和颜色,但是它仍然会打印蝴蝶标志和边框。让我们删除边框。

> **注意**：从预览中，你可能假定所有打印应用程序将把文本转换成黑色，删除背景颜色和图像，但是不要被欺骗。应该首先在所有浏览器中测试这项功能，看看需要为打印修改哪些其他的样式。

16. 在 print_styles.css 规则中，双击 ".container"。如果有必要，在 "边框" 类别中，在 "Style" 选项中选中 "全部相同" 选项，从 "Top" 框中选择 "none"。然后单击 "确定" 按钮。

17. 保存所有文件。

18. 选择 "文件" > "在浏览器中预览"，并且选择首选的浏览器。

19. 页面加载到浏览器中后，激活打印预览，此时边框已经成功删除。

20. 保存所有文件。

你现在应该知道如何避免打印蝴蝶标志。在这里花几分钟的时间，看看怎样执行该任务。

5.10.4 删除不需要的样式

即使在以前的练习中做过修改，两个样式表中的许多规则也完全相同。为了减小文件大小，在打印媒体样式表中删除那些未经更改或者不再适用的规则就是一个好主意。在你能够删除页面上不需要的代码时，都应该这么做。这样能够减小文件的尺寸，使页面更快地下载和响应。我们将删除打印媒体样式表中没有修改或者不再起作用的规则。你可以使用 "CSS 样式" 面板删除不需要的样式。但是要小心谨慎——即使规则没有改变，也并不意味着它是打印呈现所不需要的。

1. 在 Dreamweaver 中，选择 print_styles.css 中格式化 nav ul 菜单的所有规则。然后单击 "删除 CSS 规则" 图标，或者右键单击所选的规则并从上下文菜单中选择 "删除"，如图 5.38 所示。单击 "确定" 按钮删除多条规则。

既然垂直菜单不会显示，那么无需这些规则。事实上，也可以删除格式化超链接行为的所有规则。

2. 选择 print_styles.css 中的所有超链接规则，并删除它们。包括为 a、a:link、a:visited、a:hover 和 a:active 属性设置样式的规则。

不要担心，你不需要这些样式，因为水平菜单和垂直菜单中的超链接根本不会打印，并且其他的规则仍然与屏幕样式中的规则完全相同。如果打印应用程序支持它们，那么将继承这些规则。在删除任何规则之后，总是要在浏览器和打印应用程序中测试页面。

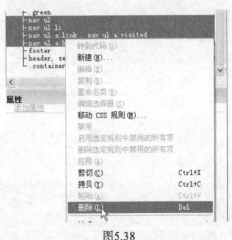

图5.38

3. 保存所有文件。

4. 单击"呈现屏幕媒体类型"图标（▣）。在"设计"视图中观察屏幕显示。

Dreamweaver 将呈现用于 Web 的文档。

5. 单击"呈现打印媒体类型"图标（🖶）。

Dreamweaver 将使用打印样式表呈现屏幕。你修改了屏幕媒体样式表，使得在打印时更正确地呈现网页。

你已经完成了将用作项目模板的页面的基本设计，并且修改了它，使之适合打印媒体。在下一课中，你将学习如何把这种布局转换成动态 Web 模板。

复习

复习题

1. 如何将现有的外部样式表附加到网页上？

2. 如何将特定类型的格式化效果应用于网页中的内容？

3. 可以使用什么方法隐藏网页上的特定内容？

4. 如何将现有的 CSS 类应用于页面元素？

5. 为不同媒体创建样式表的目的是什么？

复习题答案

1. 在"CSS 样式"面板中，选择"附加样式表"图标。在"链接外部样式表"对话框中，选择想要的 CSS 文件，然后选择媒体类型。

2. 可以使用后代选择器创建自定义的类或 ID，对页面上的特定元素或元素配置应用格式化效果。

3. 在样式表中，把元素、类或 ID 的"display"属性设置为"none"，以隐藏你不想显示的任何内容。

4. 一种方法是：选择元素，然后从"属性"检查器中的"类"菜单中选择想要的样式。

5. 为不同类型的媒体创建和附加样式表可以使页面适合于除 Web 浏览器之外的应用程序，比如打印应用程序。

第**6**课 使用模板

课程概述

这一课中，将学习如何更快地工作、更容易地执行更新以及变得更高效。你将使用 Dreamweaver 模板、"库"项目和服务器端包含，来执行以下任务：

- 创建 Dreamweaver 模板；
- 插入可编辑区域；
- 制作子页面；
- 更新模板和子页面；
- 创建、插入和更新"库"项目；
- 创建、插入和更新服务器端包含。

完成本课程将需要 1 小时 15 分钟的时间。在开始前，请确定你已经如本书开头的"前言"中所描述的那样，把用于第 6 课的文件复制到了你的硬盘驱动器上。如果你是从零开始学习本课程，可以使用"前言"中的"跳跃式学习"一节中描述的方法。

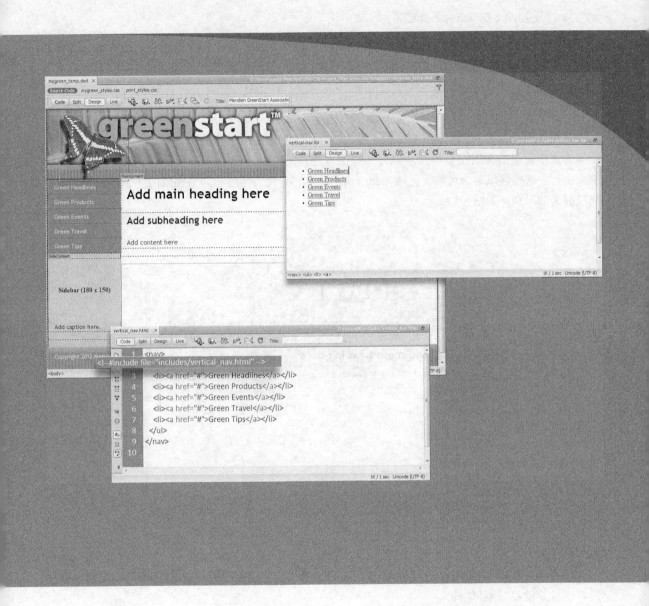

对于忙碌的设计师来说，Dreamweaver 的效率工具和站点管理能力是其最有用的特性之一。

6.1 预览已完成的文件

为了更好地了解你将在这一课中学习的内容，让我们在浏览器中预览你将在这一课中处理的已完成的页面。

1. 打开 Adobe Dreamweaver CS6。

2. 如果有必要，可以按下 Ctrl+Shift+F/Cmd+Shift+F 键打开"文件"面板，并从站点列表中选择 DW-CS6。

3. 在"文件"面板中，展开 lesson06 文件夹。双击 template_finished.html 以打开它。然后观察这个页面的设计和结构。

这个页面是从模板创建的，Dreamweaver 在文档窗口的右上角显示了父文件的名称。布局与在第 5 课中完成的页面完全相同，但有一些值得注意的例外情况。页面上有两个区域显示蓝色标签和边框，这些区域称为**可编辑区域**（editable region），代表当前布局与完成的基于模板的布局之间最显著的区别，如图 6.1 所示。

图6.1

4. 把光标移到 < header> 上。注意 Dreamweaver 显示的鼠标图标，图标（🚫）指示该区域是锁定的并且不可编辑。

5. 选取 <div.content> 中的占位符"Add main heading here"，并且输入"Get a fresh start with GreenStart"以替换文本，然后保存文件。

<article.content> 元素包含在标记为"MainContent"的蓝色区域之一中，它允许你在其中选择

和修改内容。

6. 选择"文件">"在浏览器中预览",选择你的默认浏览器。

关于这个页面与你以前创建的页面有何区别,浏览器显示将不会给出任何线索——这是基于模板的页面的优点。出于各种意图和目的,基于模板的页面都只是正常的 HTML 文件。支持其特殊功能的额外代码元素基本上都是添加的注释,只会被 Dreamweaver 及其他了解 Web 的应用程序阅读,并且永远也不应该影响其性能或者在浏览器中的显示。

7. 关闭浏览器并返回 Dreamweaver,然后关闭 template_finished.html。

6.2 通过现有的布局创建模板

Dreamweaver 模板是一种主页面,可以通过它创建子页面。模板用于设置和维护 Web 站点的总体外观和感觉,同时提供了快速、容易地制作站点内容的手段。模板不同于你已经完成的页面,它包含一些可编辑区域,而另外一些区域则不然。当在团队环境中工作时,页面内容可以被团队中的多个人创建和编辑,而 Web 设计师则能够控制必须保持不变的页面设计和特定的元素。

尽管可以从空白页面创建模板,但是更实用并且更常见的方法是,把现有的页面转换为模板。在这个练习中,将从现有的布局创建一个模板。

1. 启动 Dreamweaver CS6。

2. 如果有必要,可以在"文件"面板中双击根文件夹 DW-CS6 中的"mylayout.html"文件名(该文件在第 5 课结束时完成),打开该文件。或者,如果你在这个练习中是从头开始,可以参见本书开头的"前言"中的"跳跃式学习"中的介绍。

注意:如果你对使用自己的布局感到不自信,可以使用本书开头的"前言"中的"跳跃式学习"一节中描述的方法,并且打开 lesson06 文件夹中提供的 mylayout.html 文件。

把现有页面转换为模板的第一步是把页面另存为模板。

3. 选择"文件">"另存为模板"。

由于模板的特殊性质,模板将存储在它们自己的文件夹(templates)中,这个文件夹是 Dreamweaver 在站点根目录级别自动创建的。

4. 当"另存为模板"对话框出现时,在"站点"弹出式菜单中选择 DW-CS6。保持"描述"框为空(如果在站点中使用多个模板,输入一些描述可能就是有用的)。在"另存为"框中输入"mygreen_temp",然后单击"保存"按钮,如图 6.2 所示。

将出现一个无标题的对话框,询问你是否想更新链接。

图6.2

提示：在文件名中添加"temp"前缀，就像前面在 CSS 文件中添加"style"
前缀一样，有助于直观地将文件与站点文件夹显示中的其他文件区分开来。

 注意：可能出现一个对话框，询问是否在未定义可编辑区域的情况下保存文件；
只需单击"是"按钮保存文件即可。你将在下一个练习中创建可编辑区域。

5. 单击"是"按钮更新链接。

由于模板保存在子文件夹中，更新代码中的链接就是必要的。这使得在以后创建子页面时，
它们将继续正确地工作。

尽管页面看起来仍然完全相同，但是可以用两种方式识别模板。第一，标题栏会显示文字：
<< 模板 >>。第二，文件扩展名是".dwt"，它代表 Dreamweaver 模板。

Dreamweaver 模板是动态（dynamic）的，意味着对于通过模板创建的站点内的所有页面，它
们都会维护一条到达这些页面的连接。无论何时在页面的动态区域内添加或更改内容并保存它，
Dreamweaver 都会自动把这些更改传递给所有的子页面，从而使它们保持最新。但是模板不能是完
全动态的。页面中的一些区域必须是可编辑的，以便可以插入独特的内容。Dreamweaver 允许把页
面的某些区域指定为可编辑（editable）的。

6.3　插入可编辑区域

在第一次创建模板时，Dreamweaver 会把所有现有的内容都视作主设计的一部分。通过模板
创建的子页面将完全相同，不过，内容将被锁定，不能编辑。这对于页面的重复特性是极佳的，
比如导航组件、标志、版权和联系人信息等；但是这种特性也有糟糕的一面，因为它会阻止你向
每个子页面中添加独特的内容。可以通过在模板中定义可编辑区域来消除这种障碍。Dreamweaver
将自动在页面的 <head> 区域中为 <title> 元素创建一个可编辑区域，而其他可编辑区域则必须由你
自己创建。

首先，要考虑一下页面的哪些区域应该是模板的一部分、哪些区域应该可以进行编辑。此时，
当前布局有两个区域必须是可编辑的，它们是 <article.content> 和 <div.sidebar1> 的一部分。尽管可
编辑区域并不必限于这些元素，但是它们更容易管理。

1. 在 <article.content> 中插入光标，然后单击 <article.content> 标签选择器。

2. 选择"插入">"模板对象">"可编辑区域"。

3. 在"新建可编辑区域"对话框中，在"名称"框中输入"MainContent"，如图 6.3 所示。然
　　后单击"确定"按钮。

每个可编辑区域都必须具有唯一的名称，但是没有其他特殊的约定。不过，使它们保持简短
并且具有说明性是一个良好的习惯。该名称只用在 Dreamweaver 中，在 HTML 代码中没有其他的
作用。在"设计"视图中，你会看到这些名称出现在指定区域上方的蓝色选项卡中，将其标识为

可编辑区域。

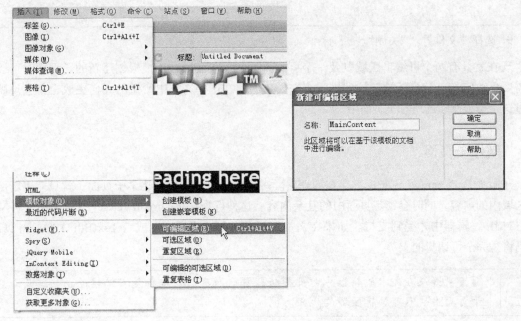

图6.3

你还必须为 <div.sidebar1> 添加一个可编辑区域。它包含一个图像占位符和可在每个页面上自定义的标题。它还包含垂直菜单，该菜单保存网站主要导航链接。在大部分情况下，你应该将这些组件放在页面的锁定区域中，模板可以根据需要更新它们。幸运的是，这个侧栏分为两个独立的元素：<nav> 和 <aside>。在这个例子中，你将在 <aside> 元素中添加可编辑区域。

 注意：如果你打算用第 4 课中建议的备用 HTML4 布局构建这个模板，建议你将这些步骤应用到 <div.aside> 中。

4. 在 <aside> 中插入光标，然后单击 < aside > 标签选择器。

5. 选择 "插入" > "模板对象" > "可编辑区域"。

6. 在 "新建可编辑区域" 对话框中，在 "名称" 框中输入 "SideContent"。然后单击 "确定" 按钮。

给每个页面添加标题是一个良好的惯例。每个标题都应该反映页面的特定内容或目的，但是许多设计师也在标题中包含公司或组织的名称，提高企业或者组织的感知度。在模板中添加名称将节省以后在每个子页面中输入它的时间。

7. 在文档工具栏的 "标题" 框中，选取占位符文本 "无标题文档"，然后输入 "GreenStart Association-Add Title Here" 替换文本。

8. 按下 Enter/Return 键完成标题，然后选择 "文件" > "保存"。

9. 选择"文件">"关闭"。

现在就具有两个可编辑区域以及一个可编辑标题，在使用这个模板创建新的子页面时可以根据需要更改它们。该模板被链接到样式表文件，因此在这些文件中所做的任何更改也都会反映在通过这个模板制作的所有子页面中。

6.4 制作子页面

子页面是 Dreamweaver 模板存在的理由。一旦已经通过模板创建了子页面，就只能更新可编辑区域内的内容，同时会锁定页面中的其余内容。这种行为只在 Dreamweaver 以及其他了解 Web 的 HTML 编辑器中才受到支持。如果在文本编辑器（如"记事本"或者 TextEdit）中打开页面，代码将是完全可编辑的。

应该在设计过程一开始就做出为站点使用 Dreamweaver 模板的决定，以便可以把站点中的所有页面都制作为模板的子页面。这是我们到目前为止构建布局的目的：创建站点模板的基本结构。

1. 选择"文件">"新建"，或者按下 Ctrl+N/Cmd+N 组合键，出现"新建文档"对话框。

2. 在"新建文档"对话框中，选择"模板中的页"选项。如果有必要，可以在"站点"列表中选择"DW-CS6"，并在"站点'DW-CS6'的模板"列表中选择"mygreen_temp"，如图 6.4 所示。

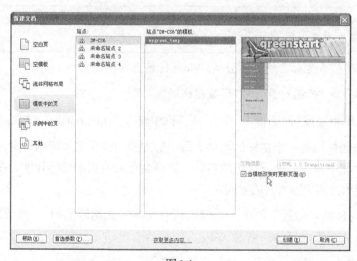

图6.4

3. 如果有必要，可以选中"当模板改变时更新页面"复选框，然后单击"创建"按钮，如图6.5 所示。

图6.5

Dreamweaver 将根据模板创建新页面。注意在文档窗口右上角显示的模板文件的名称。在修改页面之前，应该先保存它。

4. 选择"文件" > "保存"。在"另存为"对话框中，导航到项目站点的根文件夹，并在"文件名"框中输入"about_us.html"，然后单击"保存"按钮。

5. 把光标移到不同的页面区域上，某些区域（比如标题、菜单栏和脚注）是锁定的，不能进行修改。可编辑区域中的内容是可以更改的。

6. 在"标题"框中，选取占位符文本"Add Title Here"。然后输入"About Us"，并按下 Enter/Return 键。

7. 在 MainContent 可编辑区域中，选取占位符文本"Insert main heading here"，并输入"About Meridien GreenStart"替换它。

8. 在 MainContent 可编辑区域中，选取占位符文本"Insert subheading here"，输入"GreenStart – green awareness in action!"替换它。

9. 在"文件"面板中，双击 lesson06 文件夹中的 content-aboutus.rtf 文件，打开它，如图6.6 所示。

在兼容的软件中打开该文件，比如 WordPad 或 TextEdit。

图6.6

10. 按下 Ctrl+A/Cmd+A 组合键选取所有的文本，然后按下 Ctrl+C/Cmd+C 组合键复制文本。

11. 切换回 Dreamweaver。选取 MainContent 区域中的占位符文本"Insert content here"，并按下 Ctrl+V/Cmd+V 组合键粘贴文本。

粘贴的文本将替换占位符副本。

12. 在 SideContent 区域中，双击图像占位符。在"选择图像源文件"对话框中，从默认的 images 文件夹中选择 shopping.jpg，然后单击"确定"按钮，如图 6.7 所示。

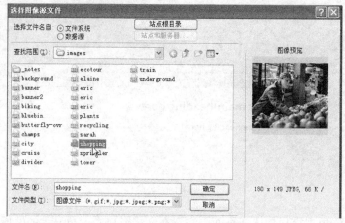

图6.7

13. 选取占位符文本"Insert caption here"，并用"When shopping for groceries, buy fruits and vegetables at farmers markets to support local agriculture"替换它。

14. 保存文件。

15. 单击"实时视图"按钮预览页面，如图 6.8 所示。

图6.8

可以看到，这个模板子页面与任何其他的标准 Web 页面没有任何区别。可以在可编辑区域中输入你想要的任何内容：文本、图像、表格和 Flash 视频等。

16. 再次单击"实时视图"按钮，返回标准的文档显示。然后选择"文件" > "关闭"。

6.5 更新模板

模板可以自动更新通过此模板制作的任何子页面。但是只会更新可编辑区域之外的区域。我们对模板进行一些修改，以学习如何更新模板。

1. 选择"窗口" > "资源"。

将显示"资源"面板。通常，它与"文件"面板组织在一起。"资源"面板允许立即访问可供Web站点使用的各种成分和内容。

2. 在"资源"面板中，单击"模板"类别图标（ ⊟ ）。如果模板没有出现在列表中，可单击"刷新站点列表"图标（ C ）。

面板将变成显示站点模板的列表和预览窗口。模板的名称将出现在列表中。

3. 右键单击 mygreen_temp，并从上下文菜单中选择"编辑"，如图 6.9 所示。

将会打开模板。

4. 选取水平菜单中的文本"Home"，并输入"GreenStart Home"替换它。

5. 选取垂直菜单中的文本"News"，并输入"Headlines"替换它。

6. 选取出现在 MainContent 或 SideContent 可编辑区域中的任意位置的文本"Insert"，并用单词"Add"替换它，如图 6.10 所示。

图6.9

图6.10

7. 保存文件。

出现"更新模板文件"对话框，并且文件名"about_us.html"出现在更新列表中，如图 6.11 所示。

8. 单击"更新"按钮。

将出现"更新页面"对话框。对话框底部的记录窗口将显示一份报告，详细说明哪些页面已成功更新，哪些页面没有更新，如图 6.12 所示。

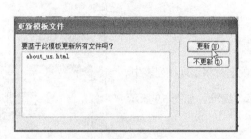

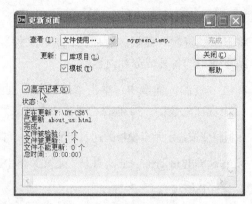

图6.11　　　　　　　　　　　　　　　　　图6.12

9. 关闭"更新页面"对话框。

10. 选择"文件">"打开最近的文件">"about_us.html"。打开 about_us.html 文件，观察页面并注意任何改变。

对水平菜单和垂直菜单所做的更改将反映在这个文件中，但是对侧栏和主要内容区域所做的更改被忽略了，你添加到这两个区域中的内容将保持不变。这样，你就可以安全地更改可编辑区域，向其中添加内容，而不必担心模板将删除你做的所有艰苦的工作。与此同时，标题、脚注和水平菜单的样本元素都将保持一致的格式化效果，并且基于模板的状态保持最新，如图 6.13 所示。

图6.13

11. 单击文档窗口顶部的 mygreen_temp.dwt 的文档选项卡，切换到模板文件，如图 6.14 所示。

12. 在水平菜单中，从"Home"链接中删除单词"GreenStart"。

13. 保存模板并更新相关的文件。

14. 单击 about_us.html 的选项卡，切换回该文件。观察页面并注意任何改变。

水平菜单已经更新了。Dreamweaver 甚至会更新此时打开的链接文档。唯一值得担心的是没有保存所做的更改；文档选项卡显示了一个星号，这意味着文件已被更改但是未保存。如果 Dreamweaver 或你的计算机此刻崩溃，所做的更改将会丢失，你将不得不手动更新页面，或者等待下一次更改模板，以利用自动更新特性。

图6.14

15. 选择"文件">"保存全部"。

Dw | 提示：无论何时有多个打开的文件被模板更新，总是要使用"保存全部"命令。

6.6 使用"库"项目

"库"项目是可重用的 HTML 片断——段落、链接、版权通知、表格、图像和导航栏等，它们可以在网站中频繁使用。你可以使用现有的页面元素或者从头开始创建原始的"库"项目，并在需要的地方添加它们的副本。它们的行为方式类似于模板，只是规模较小——当更改"库"项目时，Dreamweaver 会自动更新使用该项目的每个页面。实际上，它们在表现上和模板非常类似，因此在有些工作流中，"库"项目可能优于模板。

6.6.1 创建"库"项目

在这个练习中，你将试验使用"库"项目代替模板，建立替代的工作流。

1. 如果有必要，打开 about_us.html。选择"文件">"另存为"。

2. 将文件保存为 library_test.html。

文档顶部打开一个用于新文件的新选项卡。这个文件是"About Us"页面的精确副本，包含了到站点模板的链接。为了正确实施新的工作流，你需要首先将其与模板解除关系。

3. 选择"修改">"模板">"从模板中分离"。

新文件不再连接到模板。可编辑区域被删除，你可以自由地修改它们。没有到站点模板的链接，你就不能快速而简单地更新页面常用功能的修改。相反，它们必须逐页手工更改。你也可以使用"库"项目实现常见的页面元素。

4. 在垂直菜单中插入光标，单击 <nav> 标签选择器。

5. 如果有必要，可选择"窗口">"资源"，显示"资源"面板。

6. 单击"库"类别图标（📖），没有任何项目出现在"库"中。

7. 单击面板底部的"新建库项目"图标（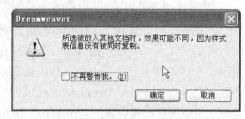）。

出现一个对话框，解释当把"库"项目放入其他文档中时，看上去可能有所不同，因为没有包括样式表信息，如图6.15所示。

8. 单击"确定"按钮。然后在"库"项目名称框中输入"vertical-nav"。

图6.15

当单击"确定"按钮时，Dreamweaver 将同时做3件事。第一，它将从所选的菜单代码创建一个"库"项目，并在"库"列表中插入一个指向它的 Untitled 引用，允许你命名它。第二，它将用"库"项目代码替换现有的菜单。第三，它将在站点的根目录级别创建一个名为"Library"的文件夹，并将在其中存储这个及其他的项目。在第16课中，你将学习关于需要把哪些文件上传或发布到 Internet 上的更多知识。

Dw 注意：这个文件夹不需要上传到服务器上。

9. 保存文件。

"库"项目的使用类似于模板。你根据需要在每个页面上插入"库"项目，然后在需要时更新。为测试这项功能，你将建立当前页面的一个副本。

10. 选择"文件" > "另存为"。将文件命名为 library_copy.html。

11. 关闭 library_copy.html，原始文件 library_test.html 仍然打开。

12. 单击垂直菜单。将光标放在垂直菜单上，观察菜单显示，如图6.16所示。

链接文本被遮蔽，说明菜单不可编辑。<nav> 元素被 <mm.libitem> 所代替。这就是 Dreamweaver 显示库项目的方式。

13. 单击 <mm.libitem> 标签选择器，如图6.17所示。然后切换到"代码"视图，并在所选的 代码中插入光标。

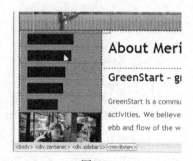

图6.16

```
20    </nav>
21    <div class="sidebar1"><!-- #BeginLibraryItem "/Library/vertical-nav.lbi" --><nav>
22      <ul>
23        <li><a href="#">Green News</a></li>
24        <li><a href="#">Green Products</a></li>
25        <li><a href="#">Green Events</a></li>
26        <li><a href="#">Green Travel</a></li>
27        <li><a href="#">Green Tips</a></li>
28      </ul>
29    </nav><!-- #EndLibraryItem --><aside><img name="Sidebar" src="images/shopping.jpg"
      height="149" alt="">
30      <p> When shopping for groceries, buy fruits and vegetables at farmers markets to su
```

图6.17

注意，"库"项目仍然包含菜单的相同代码，但是它以不同的颜色高亮显示，并且封闭在某个特殊的标记中，开始标签是：

```
<!-- #BeginLibraryItem "/Library/vertical-nav.lbi" -->
```

封闭标签是：

```
<!-- #EndLibraryItem -->
```

但是要小心。虽然在"设计"视图中会锁定"库"项目，但是 Dreamweaver 不会阻止你在"代码"视图中编辑代码。

 注意：在这一步或者下面两步中，可能出现一个对话框，警告你所做的更改在下一次从模版更新页面时将被丢弃。为了继续本练习，单击确定/Yes 保留手工更改。

14. 在代码中选取文本"News"，输入 Headlines 代替，如图 6.18 所示。

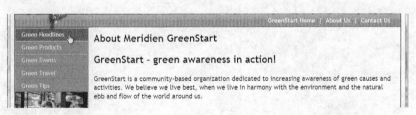

```
21    <div class="sidebar1"><!-- #BeginLibraryItem "/Library/vertical-nav.lbi" --><nav>
22        <ul>
23        <li><a href="#">Green Headlines</a></li>
24        <li><a href="#">Green Products</a></li>
25        <li><a href="#">Green Events</a></li>
26        <li><a href="#">Green Travel</a></li>
27        <li><a href="#">Green Tips</a></li>
28        </ul>
```

图6.18

15. 保存文件，选择"文件">"在浏览器中预览"，从列表中选择浏览器。

图6.19

浏览器显示的页面具有编辑过的菜单，如图 6.19 所示。你可能奇怪于为什么没有警告对话框出现，以及为什么没有阻止你执行更改。但是这个消息并不是非常糟糕。Dreamweaver 正在有意或无意地跟踪"库"项目和你所做的编辑工作。如你稍后将看到的，你所做的更改只能在短时间内存在。

16. 选择"文件">"全部关闭"。

最后，将出现一个对话框，警告你对代码所做的更改将被锁定。它进一步解释在下一次更新模板或"库"项目时将恢复原始代码，如图 6.20 所示。

 注意：对"库"项目的手动更改将暂时保留在菜单中。

17. 单击"确定"按钮，阻止手动编辑，然后保存所有的更改。

图6.20

18. 在"库"列表中右键单击"vertical-nav"，并从上下文菜单中选择"更新站点"，如图 6.21 所示，出现"更新页面"对话框。

19. 单击"开始"按钮。

Dreamweaver 将更新站点中使用"库"项目的任何页面，并且报告这个过程的结果。至少应该有一个页面被更新，如图 6.22 所示。library_copy.html 文件包含未编辑的菜单，所以它不应该被更新。

图6.21

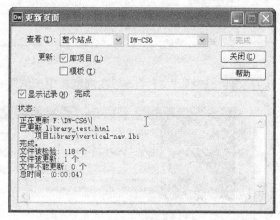

图6.22

20. 单击"关闭"按钮，退出对话框。

21. 在"欢迎"屏幕中单击"library_test.html"，重新打开该文件。

22. 单击"实时视图"按钮，预览页面。

菜单已经被恢复为原始代码。"库"项目允许在整个站点中插入重复性内容并且更新它，而不必单独打开文件。

6.6.2　更新"库"项目

模板、"库"项目和服务器端包含的存在有一个理由：它们能够使更新 Web 页面内容变得更简单。

让我们来更新菜单"库"项目。

1. 在"资源"面板中的"库"类别列表中，双击 vertical-nav 项目。或者右键单击列表项目，选择上下文菜单中的"编辑"。

打开垂直菜单，没有格式化为项目列表。格式通过 CSS 应用到实际页面布局。"库"项目不是独立的网页；它只包含 <nav> 元素，没有其他代码。

2. 切换到"代码"视图。选取文本"News"，并输入"Headlines"替换它，如图 6.23 所示。

3. 选择"文件">"保存"，出现"更新库项目"对话框。

4. 单击"更新"按钮，出现"更新页面"对话框，并报告哪些页面已成功更新，哪些页面未更新。

5. 单击"关闭"按钮，关闭"更新页面"对话框。

6. 单击"实时视图"按钮，观察垂直菜单，垂直菜单已成功更新，让我们检查 library_copy.html。

7. 选择"文件"面板，双击 library_copy.html 打开该文件。在"实时"视图中观察垂直菜单，此时模板中的菜单也做了更新。

图6.23

8. 保存所有文件。

你使用"库"项目完成了对当前站点文件的更新。可以看到，当你想更新页面时，使用"库"项目和模板可以节省许多时间。并且 Dreamweaver 还具有另一种提高其效率的技术：服务器端包含。

6.7　使用服务器端包含

服务器端包含（SSI）在某些方面类似于"库"项目。它们是你频繁使用的可重用 HTML 片断——段落、链接、版权通知、导航栏、表格和图像等。"库"项目与 SSI 之间的主要区别是，它们在页面代码中处理以及在站点内管理的方式上有所不同。

例如，在把"库"项目上传到 Web 上之前，必须在页面的代码中插入"库"项目的完整副本（这就是不必在服务器上存储"库"项目自身的原因）。然后，在所做的更改在 Internet 上生效之前，必须更新每个受影响的页面并上传它们。

与"库"项目不同的是，SSI 必须存储在 Web 上，最好是存储在站点文件夹中。事实上，SSI 包含的代码不会出现在页面自身的任何位置，页面中只包含一个指向其文件名和路径位置的引用。仅当页面被访问者访问或者被浏览器呈现时，SSI 才会出现。这种功能既有其优点，也有其缺点。

优点是服务器端包含是向大量页面中添加可重用的 HTML 代码片断的最高效、最省时的方式。

与模板或"库"项目相比，可以更容易、更快速地使用它们。其原因很简单，一旦编辑并上传了菜单或重要内容片断，它只会获取单个包含它们的文件，以更新整个站点。

缺点是站点上的几十个甚至上百个页面的正常工作依赖于一个文件。代码或路径名中的任何错误（甚至是微小的错误）都可能导致整个站点失败。对于较小的站点，"库"项目可能是非常好的可工作的解决方案；对于较大的站点，如果不使用 SSI，将很难正常运行。

在这个练习中，将创建一个 SSI，并把它添加到站点中的一个页面中。

6.7.1　创建服务器端包含

SSI 和库项目几乎相同——它是删除了任何多余代码的 HTML 文件。在这个练习中，你将从垂直菜单的代码中创建一个 SSI。首先，你必须再次使该菜单可编辑。

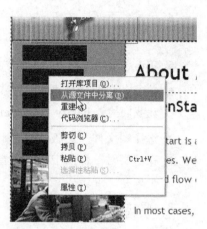

图6.24

1. 如果有必要，打开文件 library_test.html。在"设计"视图中，右键单击垂直菜单。在上下文菜单中选择"从源文件中分离"，如图 6.24 所示。

显示一个对话框，解释如果你将这个项目设置为可编辑，它就可能不再在源文件变化时自动更新了。

2. 单击"确定"按钮，库项目所用的标记被删除，该菜单可以编辑。

3. 选择 <nav> 标签选择器。切换到"代码"视图。选择"编辑" > "复制"或者按下 Ctrl+C/Cmd+C 组合键复制垂直菜单代码。

4. 选择"文件" > "新建"。从"类别"中选择"空白页"。在"页面类型"列表中，选择"HTML"。在"布局"列表中，选择"无"。单击"创建"按钮。

5. 如果有必要，切换到"代码"视图。

注意，"无标题文档"是具有完整形式的 Web 页面。不过，在 SSI 中不需要任何现有代码，如果插入到另一个页面中，它们实际上可能会引发问题。

6. 按下 Ctrl+A/Cmd+A 组合键，选取新文件中的所有代码。按下 Delete 键，代码被删除，留下一个空白窗口。但菜单代码仍然在内存中。

 ┃ **注意**：如果在"代码"视图中复制元素，那么也必须在"代码"视图中粘贴它们。

---

7. 选择"编辑" > "粘贴"，如图 6.25 所示。

8. 选择"文件" > "保存"。导航到站点的根文件夹。在"另存为"对话框中，单击"创建新文件夹"按钮，并把文件夹命名为"includes"。如果有必要，选择新创建的 includes 文件夹，并在"文件名"框中输入"vertical-nav.html",然后单击"保存"按钮。

图6.25

9. 关闭 vertical-nav.html 文件。

你已经完成了垂直菜单的 SSI。在下一个练习中,你将学习如何把它插入到 Web 页面中。

6.7.2 插入服务器端包含

在实际的网站上,includes 文件夹以及它包含的任何 HTML 代码片断将上传到服务器。在站点上的任何页面的代码中插入的一个命令将要求服务器在指定的位置添加 HTML 代码片断。包含的命令如下所示。

```
<!--#include file="includes/vertical-nav.html" -->
```

可以看到它包括一个包含命令,以及指向 SSI 文件的路径位置。根据你正在使用的服务器类型,精确的包含命令可能有所不同。它还会影响你为 SSI 和 Web 页面文件本身使用的文件扩展名。包含行为被视作一种动态功能,并且通常需要支持这些能力的文件扩展名。如果利用默认的".htm"或者".html"扩展名保存文件,你可能发现浏览器将不会加载 SSI。在下面的示例中,你将使用".shtml"扩展名支持 SSI 功能。以后,你将使用".asp"、".cfm"和".php"这些扩展名构建页面以用于数据发布。这些扩展名默认支持 SSI 能力。但是在某些情况下,你可能必须用不同的扩展名保存 SSI 本身。

在这个练习中,你将用保存在 SSI 中的菜单替换现有菜单。

1. 如果有必要,打开 library_test.html。

该文件仍然包含原始的垂直菜单;为了插入 SSI,你必须删除它。

2. 在垂直菜单中插入光标,单击 <nav> 标签选择器,按下 Delete 键。

整个 <nav> 元素消失,但是不要移动你的光标——它正好在插入 SSI 的位置。现在我们来插入 SSI。

3. 选择"插入">"服务器端包含"。

4. 从 includes 文件夹中选择 vertical-nav.html,如图 6.26 所示,然后单击"确定"按钮。

图6.26

垂直菜单将重新出现，但是有两个重大的区别：菜单不能编辑，更重要的是，菜单所用的代码不存在于该文件中。

5. 切换到"代码"视图，观察代码中应该出现菜单的位置。

用于 \<nav\> 元素的代码被 include 命令和指向 vertical-nav.html 的路径所替换，如图 6.27 所示。尽管代码不存在，但是在互联网上，这个菜单的外观和功能将和 Dreamweaver 中一样正常。

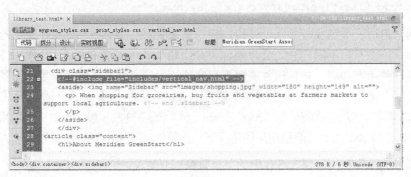

图6.27

不可见的包含？

SSI可以在Dreamweaver中的"设计"视图里看到。然而，它们如果仍然在你的硬盘上，它们在浏览器中就不会显示，除非你使用一个测试服务器（参见第13课"处理在线数据"）。为了正常测试SSI，你可能必须将页面上传到配置为处理动态内容的一台服务器上。

如果在Dreamweaver中看不到SSI，那么你可能必须切换程序首选中的一个开关。

1. 按下Ctrl+U/Cmd+U组合键编辑Dreamweaver "首选参数"， 或者，选择 "编辑" > "首选参数"（Windows）/ "Dreamweaver" > "Preferences"（Mac），显示 "首选参数" 对话框，如图6.28所示。

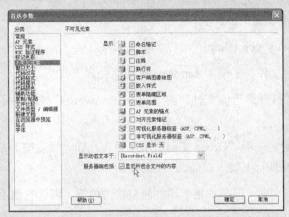

图6.28

2. 从 "分类" 列表中，选择 "不可见元素"。如果有必要，可以选择 "显示所包含文件的内容" 选项。然后单击 "确定" 按钮。

6. 切换到 "设计" 视图。单击 "实时视图" 按钮预览页面，并测试垂直菜单的功能。此时菜单将像期望的那样显示和工作。

7. 选择 "文件" > "另存为"，并把文件命名为 "library_test.shtml"。

提示：服务器端包含的名称可能需要根据你使用的服务器模式进行修改。动态服务器模式（ASP、CF 或者 PHP）要求不同的扩展名和包含命令。

只要不在扩展名中遗漏额外的 "s"，就创建了 library_test.html 的另一个版本，并且保持原始文件不变。如果不使用新的扩展名，在把它上传到 Web 服务器时，SSI 可能根本不会出现。事实上，你还可能发现甚至不能在你的主浏览器中测试 SSI。

这是因为 SSI 需要特定的服务器功能，以管理它们并把它们加载到浏览器中。要在本地硬盘驱动器上测试它们，需要安装和运行测试服务器（testing server）。由于你直到第 13 课才会学习关于测试服务器的知识，因此目前将不得不在 "实时" 视图中测试 SSI。

迄今为止，你已经创建了服务器端包含，并把它插入在站点中的页面上。在下一个练习中，你将了解更新使用 SSI 的文件有多容易。

6.7.3 更新服务器端包含

尽管模板和 "库" 项目的使用提供了巨大的性能改进，但是它也可能成为一件单调乏味的麻烦事。必须对所有相关页面保存和更新所做的更改，然后必须把每个最近更新过的页面上传到服务器。当更改涉及数百个页面时，问题就会变得更复杂。另一方面，当使用 SSI 时，必须更改、保存和更新的唯一文件是包含文件本身。在一个以上的页面中插入 SSI 有助于了解这种方法的实际操作。

1. 打开 library_copy.html 文件。用 SSI "vertical-nav.html" 替换保存垂直菜单的库项目，就像对 library_test.html 所做的那样。

2. 将文件保存为 library_copy.shtml。

下面我们来修改包含文件，了解 Dreamweaver 如何处理更改。

3. 选择"文件" > "打开最近的文件" > "vertical-nav.html"。你也可以在"文件"面板中双击打开该文件。

4. 在项目列表中的最后一项"Green Tips"末尾插入光标。然后按下 Enter/Return 键插入一个新的列表项，并在新行上输入"Green Club"。

你创建了一个新的列表项，但是如果不添加超链接占位符，那么它就不会有和其他菜单项相同的格式。

5. 选取文本"Green Club"，并在"属性"检查器的"链接"框中输入"#"，创建超链接占位符，如图 6.29 所示。这就添加了一个新的菜单项，包括超链接占位符。

图6.29

6. 单击 library_test.shtml 和 library_copy.shtml 的选项卡，把这些页面调到前面，观察垂直菜单。该菜单在这里还没有改变。

7. 单击 vertical-nav.html 的选项卡，把该页面调到前面，然后保存文件。

8. 检查 library_test.shtml 和 library_copy.shtml 中的垂直菜单。

菜单发生了改变。你还应该注意到另外一件事：文档窗口顶部的文件选项卡没有显示一个星号，指示文件已改变并且需要保存。为什么？这是由于 SSI 确实不是文件的一部分。因此，当 vertical-nav.html 中的代码改变时，它不会对文件产生任何影响，如图 6.30 所示。

图6.30

  提示：在大多数情况下，Dreamweaver 将即时更新 SSI。如果不是这样，只需按下 F5 键刷新显示，或者检查文件以确保你根据需要实际地保存了（并且上传了）SSI。

9. 关闭所有文件。

你创建了服务器端包含，把它添加到页面上，并且更新了它。可以把许多其他的 Web 页面元素（比如标志、菜单、保密性通知和横幅）制作成很容易维护的服务器端包含。对于小型网站，模板和库项目很合适；但是对大网站，使用 SSI 能够显著地提高效率。没有必要每次上传几十个甚至数百个更新页面——你只需要更新一个。

Dreamweaver 的效率工具——模板、"库"项目和服务器端包含——可以帮助你快速、容易地构建页面和自动更新站点。在下面的课程中，你将使用最近完成的模板为项目站点创建文件。尽管选择使用模板及其他效率工具是在最初创建一个新站点时就应该做出的决定，但是亡羊补牢，为时未晚。使用这些工具可以加快你的工作流程，并且使得它更容易进行维护。

抱歉，暂时不会使用SSI

服务器端包含对于任何Web设计师来说，都是合乎逻辑和重要的元素。所以你可能奇怪于为什么我们没有在刚刚完成的项目模板中添加SSI。原因很简单：如果SSI包含在你的本地硬盘而没有测试服务器，在浏览器中就无法看到它们。所以为了方便，我们将在当前工作流中继续使用基于模板的组件。不过，一旦你安装和运行了完善的测试服务器，就可以永久性地用等价的SSI替换任何相关的模板和库项目，如图6.31所示。

Dreamweaver 中的 SSI　　浏览器中的 SSI

图6.31

复习

复习题

1. 如何从现有的页面创建模板？

2. 为什么模板是动态的？

3. 必须向模板中添加什么元素以使之在工作流程中有用？

4. 如何通过模板创建子页面？

5. "库"项目与服务器端包含之间有什么区别和相似之处？

6. 如何创建"库"项目？

7. 如何创建服务器端包含文件？

复习题答案

1. 选择"文件">"另存为模板"，并在对话框中输入模板的名称。

2. 模板之所以是动态的，是因为它会维护对站点内通过它创建的所有页面的连接。当更新模板时，它可以把所做的更改传递给子页面的动态区域。

3. 必须向模板中添加可编辑区域，否则，将不能向子页面添加独特的内容。

4. 选择"文件">"新建"，在"新建文档"对话框中，选择"模板中的页"。定位想要的模板，并单击"创建"按钮。或者在"资源">"模板"类别中右键单击模板名称，并选择"从模板新建"。

5. 它们二者都用于存储和展示可重用代码元素和页面成分。但是，用于"库"项目的代码是完全插入在目标页面中的，而用于服务器端包含的代码则只由服务器动态插入在页面中。

6. 选择页面上你想添加到"库"中的内容。然后单击"资源"面板的"库"类别底部的"插入"按钮，并命名"库"项目。

7. 打开一个新的空白 HTML 文档，并输入想要的内容。在"代码"视图中，除了你想包含的内容之外，从代码中删除其他任何页面元素，然后保存文件。

第7课 处理文本、列表和表格

课程概述

在这一课中，你将通过新模板创建多个 Web 页面并处理标题、段落及其他文本元素，以执行以下任务：

- 输入标题和段落文本；
- 插入来自另一个源的文本；
- 创建项目列表；
- 创建缩进的文本；
- 插入和修改表格；
- 在 Web 站点中检查拼写；
- 查找和替换文本。

 完成本课程将需要 2 小时 45 分钟的时间。在开始前，请确定你已经如本书开头的"前言"中所描述的那样，把用于第 7 课的文件复制到了你的硬盘驱动器上。如果你是从零开始学习本课程，可以使用"前言"中的"跳跃式学习"一节中描述的方法。

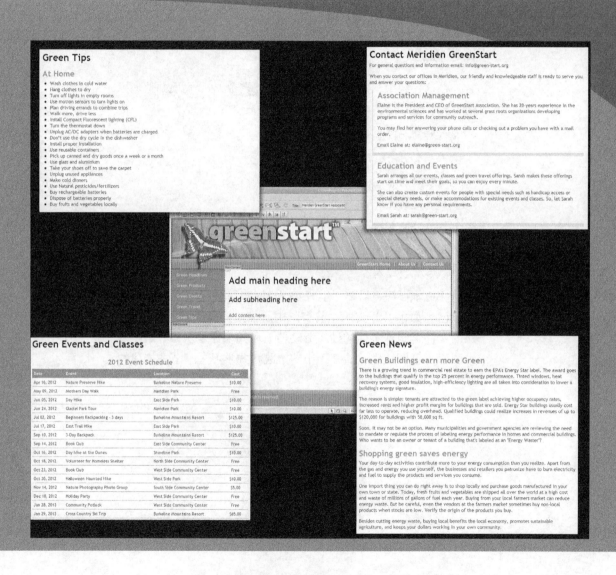

Dreamweaver 提供了用于创建、编辑和格式化 Web 内容的众多工具，
而不管它是在软件内创建的，还是从其他应用程序导入的。

7.1 预览已完成的文件

为了解你将在本课程的第一部分中处理的文件，让我们先在浏览器中预览已完成的页面。

1. 如果有必要，启动 Adobe Dreamweaver CS6。如果 Dreamweaver 正在运行，就关闭当前打开的任何文件。

2. 如果有必要，可按下 F8/Cmd+Shift+F 键打开"文件"面板，并从站点列表中选择 DW-CS6。如果你从头开始本课程，按照本书开头的"前言"中的"跳跃式学习"中的指南进行。

3. 在"文件"面板中，展开 lesson07 文件夹。如果你采用"跳跃式学习"方法，所有课程文件都会出现在站点根目录。

Dreamweaver 允许同时打开一个或多个文件。

4. 选择 contactus_finished.html 文件，然后按住 Ctrl/Cmd 键，并选择 events_finished.html、news_finished.html 和 tips_finished.html 这几个文件。

在单击前，通过按住 Ctrl/Cmd 键，可以选择多个非连续的文件。

5. 右键单击选择的任何文件，并从上下文菜单中选择"打开"。

全部 4 个文件都会打开。文档窗口顶部的选项卡标识了每个文件。

6. 单击 news_finished.html 的选项卡，把它调到最上面，如图 7.1 所示。

图7.1

注意使用的标题和文本元素。

7. 单击 tips_finished.html 的选项卡，把它调到最上面，如图 7.2 所示。

注意使用的项目列表元素。

8. 单击 contactus_finished.html 的选项卡，把它调到最上面，如图 7.3 所示。

图7.2

图7.3

注意文本元素缩进和格式化的方式。

9. 单击 events_finished.html 的选项卡，把它调到最上面，如图 7.4 所示。

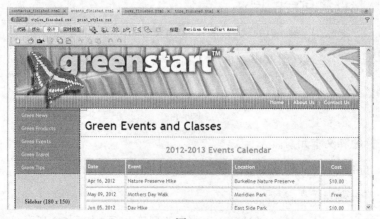

图7.4

注意使用的两个表格元素。

在每个页面中都使用了多种元素，包括标题、段落、列表、项目符号、缩进的文本和表格。在下面的练习中，你将创建这些页面，并学习如何格式化所有这些元素。

10. 选择"文件" > "全部关闭"。

7.2 创建文本并设置样式

大部分网站都由大的文本块和用于视觉趣味的几个图像组成。Dreamweaver 为文本的创建、导入和设置样式提供了各种方法。在下面的练习中，你将学习处理和格式化文本的各种技术。

7.2.1 导入文本

在本练习中，你将从网站模版中创建一个新页面，然后从一个文本文档中插入标题和段落文本。

1. 选择"窗口" > "资源"，显示"资源"面板。在"模板"类别中，右键单击"mygreen_temp"，并从上下文菜单中选择"从模板新建"，如图 7.5 所示。

将基于站点模板创建一个新页面。

2. 在站点的根文件夹下把文件另存为"news.html"。

3. 在"文件"面板中，双击 lesson07 > resources 文件夹中的 green_news.rtf。

图7.5

在兼容的软件中打开该文件。文本未格式化，并且在每个段落之间具有额外的行。这些额外的行是有意的。由于某些原因，Dreamweaver 在你从程序外复制和粘贴文本时，删除文本中的段落回车符。添加第二个回车符强迫 Dreamweaver 遵从段落换行。

这个文件包含 4 篇新闻报道。当你将这些报道移到网页中时，将创建第一个语义结构。正如前面所解释的，语义 Web 设计视图为你的 Web 内容提供上下文，使用户和 Web 应用程序更容易找到信息并在必要时重用它们。为了帮助实现这个目标，你将每次将一篇报道移到网页中，将其插入自己的内容结构中。

Dw | 提示：单独移动报道时，剪切文本帮助你跟踪哪些段落已经被移动。

---

4. 在文本编辑器或者字处理软件中，在"Green Buildings earn more Green"文本的开头插入光标，选择直到"Energy Waster"的所有文本（前 4 段）。按下 Ctrl+X/Cmd+X 组合键剪切文本。

Dw | 提示：当你使用剪切板从其他程序将文本带入 Dreamweaver 时，如果你想要遵循段落换行，必须在"设计"视图中进行。

---

5. 切换回 Dreamweaver。选取 <article.content> 中的占位符标题 "Add main heading here"，并输入 "Green News" 替换它。

6. 在占位符标题 "Add subheading here" 中插入光标，注意文档窗口底部的标签选择器。

标题和段落文本被包含在一个新的 HTML5 语义元素 <section> 中。将每个新闻报道插入自己的 <section> 元素，你就能够将它们标识为独立的内容，可以独立于其他报道查看。

7. 单击 <h2> 标签选择器选择该元素。按住 Shift 键，单击占位符段落文本 "Add content here" 的最后，标题和段落占位符被选中。

8. 按下 Ctrl+V/Cmd+V 组合键复制剪贴板中的文本，替换占位符文本。

Dw | 提示：使用 <h2> 标签选择器选择占位符文本和 HTML 标签。

剪贴板文本出现在布局中。现在你已经做好了移动新闻报道的准备。

9. 保存文件。

使用你前面学习的技术，将创建 3 个新的 <section> 元素，然后用剩下的新闻报道填写它们。

备用的HTML4工作流

下面的小节描述和构建使用语义元素及结构的HTML5工作流。如果你无法使用这类工作流，必须依赖HTML4兼容元素和结构，不用害怕。你可以用等价的HTML4兼容CSS布局构建页面，简单地将内容完整地插入其中的<div.content>元素；你也可以用通用的<div>元素代替下面描述的语义元素。你甚至可以为<div>容器元素添加class="section"等属性，创建一个语义结构。

7.2.2　创建语义结构

在这个练习中，你将插入三个 HTML5 <section> 元素保存剩下的新闻报道。如果你需要使用 HTML4，替代的方法是将报道插入单独的 <div> 元素中，然后为它们赋予一个 class 属性 section。但是这种技术不能传达和 HTML5<section> 元素同样的语义。

1. 切换到文本编辑器或者字处理器。选择下面的 4 个段落，从 "Shopping green saves energy" 开始，到 "…in your own community" 结束。按下 Ctrl+X/Cmd+X 键剪切文本。

2. 切换到 Dreamweaver。在 "设计" 视图中，在现有的新闻报道中任何位置插入光标，单击 <section> 标签选择器，整个 <section> 元素及其内容被选中。

3. 按下右箭头键一次，将光标移到代码中的 </section> 标签之后。

4. 按下 Ctrl+T/Cmd+T 键访问标签编辑器。输入 <section>，或者双击标签编辑器提示菜单中的"section"，并按下 Enter/Return 键创建该元素，如图 7.6 所示。

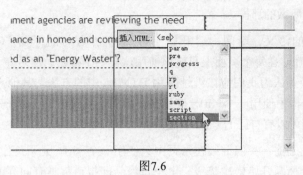

图7.6

Dw | 提示：你可能必须按下 Enter/Return 键两次以创建新元素。

5. 按下 Ctrl+V/Cmd+V 键粘贴剪贴板中的文本，将其插入新的 <section> 元素中，如图 7.7 所示。

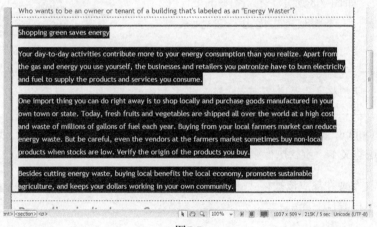

图7.7

第二个新闻报道出现在新的 <section> 元素中。

6. 重复第 1 ~ 5 步，为余下的两个新闻报道创建新的 <section> 元素。

当你结束时，应该有 4 个 <section> 元素，每个用于一个新闻报道。

7. 关闭 green_news.rtf。不要保存任何更改。

8. 保存 news.html。

7.2.3　创建标题

在 HTML 中，使用标题标签（<h1>、<h2>、<h3>、<h4>、<h5> 和 <h6>）创建标题。任何浏览设备，无论它是计算机、盲文阅读器还是手机，都可以解释利用这些标签格式化为标题的文本。

标题（heading）把 HTML 页面组织为有意义的区域并提供有用的标题（title），就像它们在书籍、杂志文章和学期论文中所做的那样。

遵照 HTML 标签的语义，新闻内容开始于格式化为 <h1> 的标题"Green News"。为了在 HTML4 中保持语义正确，在每个页面上只应该使用这样一个标题。但是在 HTML5 中，最佳实践还没有正式提出。有些人认为我们应该继续采用 HTML4 中的方法。其他人则认为在每个语义元素或者一个页面上的结构中使用一个 <h1> 应该是可以的；换句话说，每个 <section>、<article>、<header> 或 <footer> 都可以有自己的 <h1> 标题。

在这种方法有定论之前，我们继续在每页中只使用一个 <h1> 元素（作为页面标题）。所有其他的标题都应该从这个标题开始依次降级。由于每篇新闻报道都具有同等的重要性，它们全都可以开始于二级标题或 <h2>。此刻，所有粘贴的文本都被格式化为 <p> 元素。让我们把新闻标题格式化为 <h2> 元素。

1. 选取文本"Green Buildings earn more Green"，并从"属性"检查器中的"格式"菜单中选择"标题 2"，如图 7.8 所示，或者按下 Ctrl+2/Cmd+2 键，文本将被格式化为 <h2> 元素。

图7.8

 提示：如果"格式"菜单不可见，那么就需要选择"属性"检查器的 HTML 模式。

2. 对于"Shopping green saves energy"、"Recycling isn't always Green"和"Fireplace: Fun or Folly?"这些文本，重复执行第 1 步的操作。

所有选取的文本现在都应该被格式化为 <h2> 元素。让我们为这种元素创建一个自定义的规则，使之在其他标题中更醒目。

3. 在最近格式化的任何 <h2> 元素中插入光标。如果有必要，可选择"窗口">"CSS 样式"，打开"CSS 样式"面板。

4. 在"CSS 样式"面板中选择 mygreen_styles.css 中的 .content h1 规则，然后单击"新建 CSS 规则"图标。

 提示：优秀的设计师会仔细管理 CSS 规则的命名和颜色。通过在面板中选择一个规则，然后单击"新建 CSS 规则"图标，Dreamweaver 将在所选规则之后插入新规则。如果新规则没有出现在正确的位置，则只需把它拖到想要的位置。

5. 从"选择器类型"菜单中选择"复合内容"，并单击一次"不太具体"按钮，如图 7.9 所示。然后单击"确定"按钮，出现".content h2 的 CSS 规则定义"对话框。

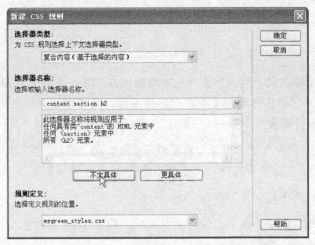

图7.9

6. 在"类型"类别中，在"Font-size"框中输入"170%"，并在"Color"框中输入"#090"，如图 7.10 所示。

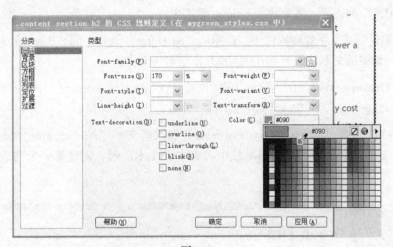

图7.10

7. 在"方框"类别中，取消"Margin"部分的"全部相同"选项，在"Top"框中输入"5px"，然后单击"确定"按钮。

注意：默认情况下，每个标题标签（<h1>、<h2> 和 <h3> 等）都会被格式化得比前一个标签小。这种格式化效果增强了每个标签的语义重要性。尽管大小是一种指示层级的明显方法，但它并不是必需的。可以自由地试验其他样式编排技术，比如颜色、缩进、边框和背景阴影，创建你自己的分层结构。

8. 在文档的"标题"框中，选取占位符文本"Add Title Here"，并输入"Green News"替换它，按下 Enter/Return 键完成标题。

9. 保存所有文件。

7.2.4　创建列表

格式应该为内容增添意义、组织并使其更加清晰。方法之一是使用 HTML 列表元素。列表是 Web 的骨干力量，因为它们比密集的文本块更容易阅读，能够帮助用户更快地找到信息。在这个练习中，将创建一个项目列表。

1. 选择"窗口">"资源"，把"资源"面板调到前面。在"模板"类别中，右键单击"mygreen_temp"，并从上下文菜单中选择"从模板新建"，将基于模板创建一个新页面。

2. 在站点的根文件夹下把文件另存为"tips.html"。

3. 在文档的"标题"框中，选取占位符文本"Add Title Here"，并输入"Green Tips"替换它，按下 Enter/Return 键完成标题。

4. 在"文件"面板中，双击 lesson07 > resources 文件夹中的 green_tips.rtf。

文本由 3 个关于如何在家庭、工作和社区中节约能源和金钱的单独提示列表组成。和新闻文件一样，你将把每个列表插入单独的 <section> 元素中。

5. 在文本编辑器或者字处理软件中，选择从"At Home"开始，到"Buy fruits and vegetables locally"结束的文本。按下 Ctrl+X/Cmd+X 键剪切文本。

6. 切换回 Dreamweaver。在"设计"视图中，选取 <article.content> 中的占位符标题"Add main heading here"，并输入"Green Tips"替换它。

7. 选取占位符标题"Add subheading here"和段落文本"Add content here"。然后按下 Ctrl+V/Cmd+V 组合键复制剪贴板中的文本，文本出现，创建第一个列表段，如图 7.11 所示。

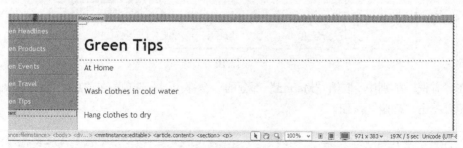

图7.11

8. 切换到文本编辑器或者字处理器；选择从"At Work"开始，到"Buy natural cleaning products"结束的文本。按下 Ctrl+X/Cmd+X 键剪切文本。

9. 切换到 Dreamweaver。在"设计"视图中，在现有提示列表中的任何位置插入光标，并单击 <section> 标签选择器，整个 <section> 元素及其内容被选中。

10. 按下右箭头键一次，将光标移到代码中的 </section> 封闭标签之后。

11. 按下 Ctrl+T/Cmd+T 键访问标签编辑器。输入 <section>，或者双击标签编辑器提示菜单中的 "section"，并按下 Enter/Return 键创建该元素。

12. 按下 Ctrl+V/Cmd+V 键粘贴剪贴板中的文本，将其插入新的 <section> 元素中，如图 7.12 所示。

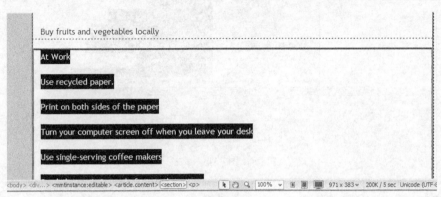

图7.12

第二个列表出现在新元素中。

13. 重复第 8 ～ 12 步，创建第 3 个列表 "In the community"，所有 3 个列表都出现在自己的 <section> 元素中。

正如我们对新闻报道标题所做的一样，格式化标识提示类别的标题。

14. 选取文本 "At Home"，并把它格式化为 "标题 2"，如图 7.13 所示。

15. 对于文本 "At Work" 和 "In the Community"，重复执行第 14 步的操作。

其余的文本目前完全被格式化为 <p> 元素。

Dreamweaver 简化了将这些文本转换成 HTML 列表的工作。列表有两种形式：编号列表和项目列表。

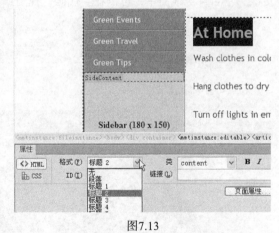

图7.13

16. 选取标题 "At Home" 与 "At Work" 之间的所有 <p> 格式化的文本。然后在 "属性" 检查器中，单击 "编号列表" 图标（⅓），如图 7.14 所示。

编号列表自动给整个选取的内容添加编号。从语义上讲，它区分每一项的优先次序，给它们提供相对于彼此的一个固有值。你可以看到，列表似乎并不具有任何特定的次序。每一项的优先级都或多或少地等于下一项。当项目没有特定的次序时，项目列表就是格式化列表的另一种方法。在更改格式化效果之前，让我们看看标记。

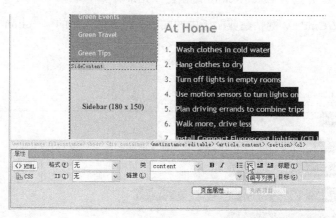

图7.14

Dw 提示：选取整个列表的最容易的方式是使用 <ol> 标签选择器。

17. 切换到"拆分"视图。观察文档窗口的"代码"区域中的列表标记。

该标记包含两个元素：<ol> 和 <li>。注意每一行是怎样被格式化为 <li> 列表项（list item）的。<ol> 父元素用于开始和结束列表，并把它指定为编号列表，如图 7.15 所示。把格式化效果从数字更改为项目符号很简单，可以在"代码"视图或"设计"视图中完成。

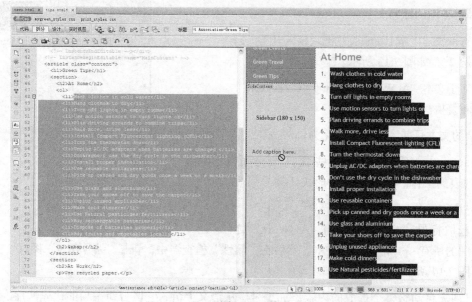

图7.15

在更改格式之前，确保仍然完全选取了格式化的列表。

18. 在"属性"检查器中，单击"项目列表"图标（≡），如图 7.16 所示。

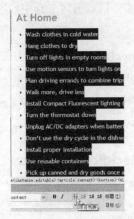

图7.16

所有的项目现在都被格式化为项目符号。观察列表标记，唯一变化的是父元素。它现在是 <ul>，用于项目列表（unordered list）。

 提示：也可以通过在"代码"视图窗口中手动编辑标记，来更改格式化效果。但是不要忘记更改开始和封闭父元素。

---

19. 选取标题"At Work"与"In the Community"之间的所有 <p> 格式化的文本。然后在"属性"检查器中，单击"项目列表"图标（≡）。

20. 对于标题"In the Community"后面的所有文本，重复执行第 19 步的操作。现在利用项目符号格式化了全部 3 个列表。

21. 选择"文件" > "保存"。

7.2.5 创建文本缩进效果

今天，许多设计师使用 <blockquote> 元素作为缩进标题和段落文本的简单方式。从语义上讲，<blockquote> 元素的意图是标识从其他源引用的长文本区域。从表面上看，因此而格式化的文本看上去是缩进的，并且与常规的段落文本和标题分开。但是，如果你想遵循 Web 标准，就应该坚持将这个元素用于它预期的目的。当你想缩进文本时，就代之以使用自定义的 CSS 类，在这个练习中将这样做。

1. 通过模板 mygreen_temp 创建一个新页面，并在站点的根文件夹下把文件另存为"contact_us.html"。

2. 在文档的"标题"框中，选取占位符文本"Add Title Here"，并输入"Contact Meridien GreenStart"替换它。按下 Enter/Return 键完成标题。

3. 切换到"文件"面板，并且双击 lesson07 > resources 文件夹中的 contact_us.rtf。

该文本由 5 个部门区域组成,它包括标题、描述,以及 GreenStart 的管理人员的电子邮件地址等。你将把各个部门插入自己的 <section> 元素中。

4. 在文本编辑器或者字处理软件中,选取前两个介绍性段落。按下 Ctrl+X/Cmd+X 组合键剪切文本。

5. 切换回 Dreamweaver。选取 <article.content> 中的占位符标题 "Add main heading here",并输入 "Contact Meridien GreenStart" 替换它。

6. 按下 Enter/Return 键插入新段落。然后按下 Ctrl+V/Cmd+V 组合键复制剪贴板中的文本。

介绍性文本被直接插入 <h1> 元素之下。这些文本不在 <section> 元素中,如图 7.17 所示。

图7.17

7. 切换到文本编辑器或者字处理软件中,选择接下来的 4 个段落,这些段落组成 Association Management 部分。按下 Ctrl+X/Cmd+X 组合键剪切文本。

8. 切换到 Dreamweaver。在"设计"视图中,选择占位符标题 "Add subheading here" 和段落文本 "Add content here"。然后按下 Ctrl+V/Cmd+V 组合键复制剪贴板中的文本。

9. 选取文本 "Association Management",并把它格式化为"标题 2",如图 7.18 所示。

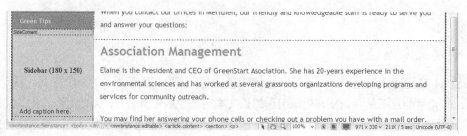

图7.18

第一个部分被插入。

10. 切换到文本编辑器或者字处理软件中,选择接下来的 4 个段落,这些段落组成 Education and Eventst 部分。按下 Ctrl+X/Cmd+X 组合键剪切文本。

11. 切换到 Dreamweaver。在 Association Management 文本中的任何位置插入光标,单击 <section> 标签选择器。

12. 按下 Ctrl+T/Cmd+T 组合键访问标签编辑器。输入 <section>，或者双击标签编辑器提示菜单中的 "section"，并按下 Enter/Return 键创建该元素。

13. 按下 Ctrl+V/Cmd+V 组合键粘贴剪贴板中的文本，将其插入新的 <section> 元素中。

14. 选择文本 "Education and Events"，将其格式化为 "标题 2"。

15. 重复第 10 ~ 14 步，为剩下的部分："Transportation Analysis"、"Research and Development" 和 "Information Systems" 创建 <section> 元素。

有了这些文本，你已经做好了创建缩进样式的准备。如果你想要缩进单个段落，可以对单独的 <p> 元素创建和应用自定义类。在这个例子中，你将使用现有的 <section> 元素生成想要的图形效果。首先，我们为该元素分配一个 class 属性。因为类还没有创建，所以你必须手工创建它。这可以在 "代码" 视图或者 "设计" 视图中用标签编辑器完成。

16. 在 Association Management <section> 元素的任何位置插入光标。单击 <section> 标签选择器。按下 Ctrl+T/Cmd+T 组合键。

标签编辑器出现，显示 <section> 标签。光标出现在标签名的最后。

17. 按下空格键插入一个空格。出现代码提示窗口，显示 <section> 元素的相关属性。

18. 输入 class 并按下 Enter/Return 键，或者双击 "代码提示" 窗口中的 class 属性，如图 7.19 所示。

Dreamweaver 自动创建属性标记，并提供现有的 class 或者 id 属性。因为类还不存在，所以你将自己输入名称。

19. 输入类名 profile，按下 Enter/Return 键完成属性。

20. 选择文档窗口底部的 <section.profile> 标签选择器。然后在 "CSS 样式" 面板中选择 ".content h2"，并单击 "新建 CSS 规则" 图标（ ）。

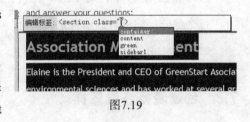

图7.19

21. 在 "新建 CSS 规则" 对话框中，单击一次 "不太具体" 按钮，从 "选择器名称" 框中删除 .container。"选择器名称" 框应该显示 ".content .profile"。

22. 单击 "确定" 按钮创建新的 CSS 规则。

23. 选择 "方框" 类别，取消 "Margin" 部分的 "全部相同" 选项。

在 "Margin" 区域中，只在 "Right" 和 "Left" 框中分别输入 "25px"，然后只在 "Bottom" 框中输入 "15px"，如图 7.20 所示。

24. 在 "边框" 类别中，只为 "Bottom" 边框输入以下规范："solid"、"10px" 和 "#CADAAF"。

25. 只为 "Left" 边框输入以下规范："solid"、"2px" 和 "#CADAAF"，然后单击 "确定" 按钮。

边框有助于形象地把缩进的文本组织在其标题之下，如图 7.21 所示。

.content .profile 的 CSS 规则定义（在 mygreen_styles.css 中）
分类
类型
背景
区块
方框
边框
列表
定位
扩展
过渡
方框
Width(W)
Float(T)
Height(H)
Clear(C)
Padding
全部相同(S)
Margin
全部相同(F)
Top(P)
Top(O)
Right(R)
Right(G)
25
Bottom(B)
Bottom(M)
25
Left(L)
Left(E)
15
px

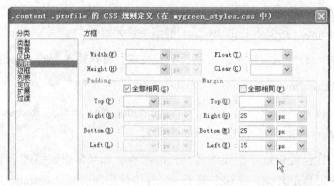

图7.20

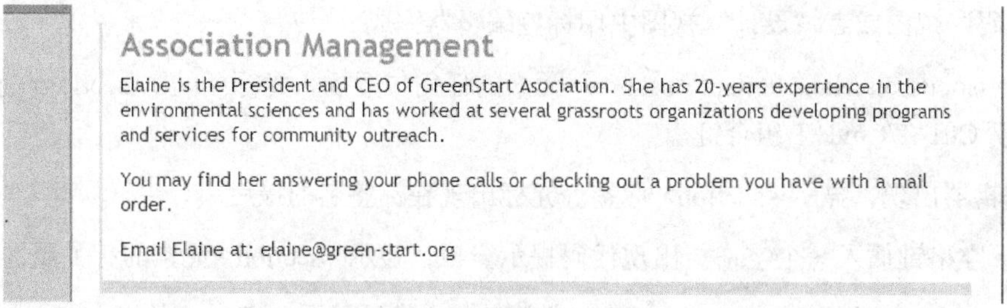

Association Management
Elaine is the President and CEO of GreenStart Asociation. She has 20-years experience in the environmental sciences and has worked at several grassroots organizations developing programs and services for community outreach.
You may find her answering your phone calls or checking out a problem you have with a mail order.
Email Elaine at: elaine@green-start.org

图7.21

26. 选取剩下的各个 <section> 元素，从“属性”检查器中的“类”菜单中应用 profile。

每个部分都缩进且显示自定义边框。

27. 保存所有文件。

7.3 创建表格并设置样式

在 CSS 出现之前，HTML 提供了很少的工具用于执行有效的页面设计。作为替代，Web 设计师求助于使用图像和表格来创建页面布局。今天，表格不再用于页面设计和布局目的，这有许多原因。表格难以创建、格式化和修改。它们不能轻松地适应不同的屏幕大小和类型。并且，某些浏览设备和屏幕阅读器不会看到全面的页面布局，它们只会把表格看成它们的实际内容（若干行和列的数据）。

当 CSS 初次登场并且被宣扬为页面设计的首选方法时，一些设计师开始相信表格糟糕透顶，这有点反应过度了。尽管表格不适合于页面布局，但是对于许多种类型的数据（比如产品列表、个人通信录和时间表）显示，它们非常好，也非常有必要。

1. 通过模板 mygreen_temp 创建一个新页面，并在站点的根文件夹下把文件另存为“events.html”。

2. 在文档的“标题”框中，选取占位符文本“Add Title Here”，并输入“Green Events and Classes”替换它。按下 Enter/Return 键完成标题。

Dreamweaver 允许从头开始创建表格、从其他应用程序中复制并粘贴它们，或者通过由数据库或电子数据表软件提供的数据即时创建它们。

7.3.1　从头开始创建表格

用 Dreamweaver 从头开始创建表格很容易。

1. 在"设计"视图中，选取 <article.content> 中的占位符标题"Add main heading here"，并输入"Green Events and Classes"替换它。

2. 选取占位符标题"Add subheading here"和段落文本"Add content here"，按下 Delete 键。

 提示：每当你选择完整的元素时，使用标签选择器是一个好的习惯。

3. 选择"插入">"表格"。

出现"表格"对话框。像大多数 HTML 元素一样，可以通过 HTML 属性或 CSS 控制表格的宽度和其他一些规格。你已经知道，基于 HTML 表格格式化已经被弃用，但是某些 HTML 表格属性仍然被继续使用。尽管 CSS 的强大能力和灵活性使得最佳实践极大地倾向于使用 CSS，但是没有什么能代替 HTML 异乎寻常的方便性。在这个对话框中输入值时，Dreamweaver 将通过 HTML 属性应用它们。

4. 在"行数"框中输入"2"，并在"列"框中输入"4"。在"表格宽度"框中输入"90"，并从"表格宽度"菜单中选择"百分比"。然后在"边框粗细"框中输入"0"，并单击"确定"按钮，如图 7.22 所示。

在标题下面出现一个 4 列、2 行的表格。注意，它和 <artic.content> 边缘对齐。这个表格已经准备好接受输入。

5. 在表格的第一个单元格中插入光标，输入"Date"并按下 Tab 键，移到第一行中的下一个单元格中。

图7.22

 提示：按下 Tab 键将光标移到右侧的下一个单元格。按下 Tab 键的同时按住 Shift 键向左（或者向后）移动。

6. 在第二个单元格中，输入"Event"并按下 Tab 键；然后输入"Location"并按下 Tab 键；再输入"Cost"并按下"Tab"键，把光标移到第二行的第一个单元格中。

7. 在第二行中，依次输入"May 1"（在第 1 个单元格中）、"May Day Parade"（在第 2 个单元格中）、"City Hall"（在第 3 个单元格中）和"Free"（在第 4 个单元格中）。

在表格中很容易插入额外的行。

8. 按下 Tab 键，在表格中插入一个新的空白行。

Dreamweaver 也允许同时插入多个新行。

9. 选择文档窗口底部的 <table> 标签选择器，如图 7.23 所示。

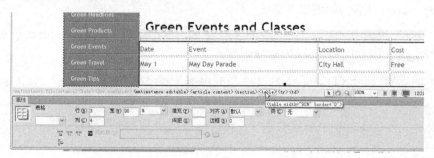

图7.23

"属性"检查器显示了当前表格的属性，包括总行数和总列数。

10.在"行"框中选取数字"3"，然后输入"10"，并按下 Enter/Return 键完成更改。

Dreamweaver 将向表格中添加 7 个新行，如图 7.24 所示。"属性"检查器中的字段创建 HTML 属性控制表格的各个方面，包括表格宽度、单元格宽度和高度、文本对齐方式等。

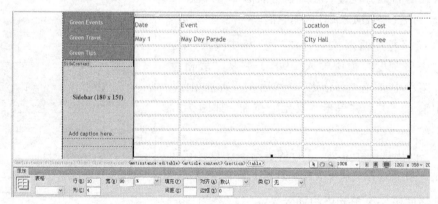

图7.24

7.3.2 复制和粘贴表格

Dreamweaver 允许你在程序中手工创建表格，但是你也可以使用复制和粘贴功能从其他 HTML 文件甚至是其他软件中移动表格。

1. 打开"文件"面板，并且双击 lesson07 > resources 文件夹中的 calendar.html 文件，打开它，如图 7.25 所示。

在 Dreamweaver 中，这个 HTML 文件将在它自己的选项卡中打开。注意表格结构，它具有 4 列和许多行。

Date	Event	Location	Cost
Apr 16, 2012	Nature Preserve Hike	Burkeline Nature Preserve	$10.00
May 09, 2012	Mothers Day Walk	Meridian Park	Free
Jun 05, 2012	Day Hike	East Side Park	$10.00
Jun 24, 2012	Glaciel Park Tour	Meridian Park	$10.00
Jul 02, 2012	Beginners Backpacking - 3 days	Burkeline Mountains Resort	$125.00
Jul 17, 2012	East Trail Hike	East Side Park	$10.00
Sep 10, 2012	3-Day Backpack	Burkeline Mountains Resort	$125.00
Sep 14, 2012	Book Club	East Side Community Center	Free
Oct 16, 2012	Day hike at the Dunes	Shoreline Park	$10.00
Oct 18, 2012	Volunteer for Homeless Shelter	North Side Community Center	Free
Oct 23, 2012	Book Club	West Side Community Center	Free
Oct 30, 2012	Halloween Haunted Hike	West Side Park	$10.00
Nov 14, 2012	Nature Photography Photo Group	South Side Community Center	$5.00
Dec 18, 2012	Holiday Party	West Side Community Center	Free
Jan 28, 2013	Community Potluck	West Side Community Center	Free

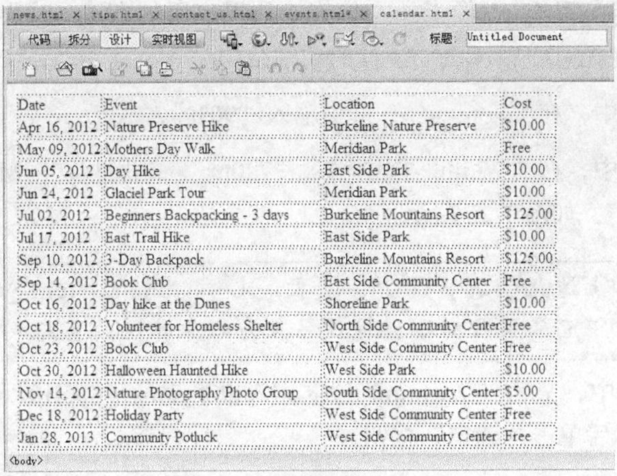

图7.25

2. 在表格中插入光标，并单击 <table> 标签选择器。然后按下 Ctrl+C/Cmd+C 组合键复制文本。

3. 单击 events.html 的选项卡，把该文件调到前面。

4. 在表格中插入光标，并选择 <table> 标签选择器。然后按下 Ctrl+V/Cmd+V 组合键粘贴表格。

新表格元素完全替换了现有的表格。

5. 保存文件。

> **注意**：Dreamweaver 允许你从一些其他程序（例如 Microsoft Word）中复制粘贴表格。

> **注意**：加上边距，宽度共为 755 个像素，比 <article.content> 的当前宽度小 15 个像素。记住这一事实，以防其他设置与表格规格冲突。

7.3.3 利用 CSS 编排表格样式

此时，你的表格是左对齐的，触及 <article.content> 的边缘，并且多数情况下会跨元素拉伸。可以通过 HTML 属性或者 CSS 规则格式化表格。每个表格 HTML 属性必须单独地应用和编辑。正如你已经学到的，利用 CSS，你只需使用一些规则即可在整个站点中控制表格的格式化效果。

1. 选择 <table> 标签选择器。在"CSS 样式"面板中选择 .content .profile 规则，然后单击"新建 CSS 规则"图标，出现"新建 CSS 规则"对话框。

2. 如果有必要，从"选择器类型"菜单中选择"复合内容"。然后单击一次"不太具体"按钮，从"选择器名称"框中删除 .container，并单击"确定"按钮。

在对表格应用格式化效果之前，应该知道哪些其他的设置已经在影响元素，以及新设置会给你的总体设计和结构带来什么结果。例如，.content 规则把元素的宽度设置为 770 像素；其他一些元素（比如 <h1> 和 <p>）具有 15 像素的左填充；如果应用的宽度、边距和 / 或填充的总和大于 770 像素，你可能就会在无意中破坏页面设计的精细结构。

3. 在"类型"类别中，在"Font-size"框中输入"90%"。

4. 在"方框"类别中，在"Width"框中输入"740px"。然后只在"Margin"区域中的"Left"框中输入"15px"，如图 7.26 所示。

 注意：宽度加上边距的总和是 755 像素，比 <article.content> 的当前宽度少 15 像素。在执行下面的操作时要记住这一点，以免其他设置与表格规格相冲突。

5. 在"边框"类别中，只为"Bottom"边框输入以下规范："solid"、"3px"和"#060"，如图 7.27 所示。然后单击"确定"按钮。

图7.26   图7.27

表格将调整大小，从 <article.content> 的左边缘移开，并且在底部显示一条深绿色边框。你对特定的表格属性应用了想要的样式，但是不能就此止步。构成表格标记的标签的默认格式化效果是多种不同的浏览器中随意支持的不同设置的大杂烩。你将发现在每个浏览器中可以用不同的方式显示相同的表格。

一种可能引起麻烦的设置是基于 HTML 的 cellspacing 属性，其工作性质类似于各个单元格之间的边距。如果保持这个属性为空，一些浏览器将在单元格之间插入较小的空间，并且实际上会把任何单元格边框一分为二。在 CSS 中，这个属性是由 border-collapse 属性处理的。如果你不想在无意之中拆分表格的边框，就需要在样式设计中包括这种设置。不幸的是，这是你不能在"CSS规则定义"对话框内访问的少数规格之一。

6. 如果有必要，选择"窗口" > "CSS 样式"，呈现"CSS 样式"面板。然后选择 .content section table 规则，并且观察面板的"属性"区域。

"属性"区域显示了 .content section table 规则的当前设置。

7. 单击属性列表底部的"添加属性"链接。输入"border-collapse"，并按下 Tab 键把光标移到"值"列框中。输入"collapse"，并按下 Enter/Return 键完成属性，如图 7.28 所示。

 注意：你将不会在弹出式菜单中发现 border-collapse 属性，因此你不得不自己输入它。一旦输入了属性名称，就将用可用的选项正确地填充值菜单。

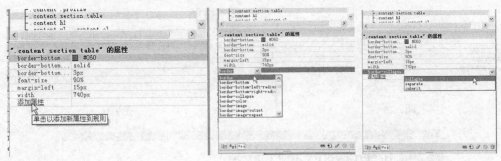

图7.28

在"设计"视图中,你可能没有看出表格显示方式中的任何区别,但是不要因此而避免使用该属性。

8. 保存所有文件。

你刚才创建的 .content section table 规则将格式化在整个站点中使用这个样式表在任何页面上的 <article.content> 中插入的每个表格的总体结构。但是格式化还不彻底。各列的宽度不受 <table> 元素的控制。要控制列的宽度,需要另寻他法。

7.3.4 设置表格单元格的样式

就像表格的规格一样,列的规格也可以利用 HTML 属性或 CSS 来应用,它们具有类似的优点和缺点。列的格式化是通过创建各个单元格的两个元素应用的:用于表格标题(table header)的 <th> 和用于表格数据(table data)的 <td>。表格标题是可以用于把标题和标题内容与常规数据区分开的方便元素。

创建普通规则来重置 <th> 和 <td> 元素的默认格式是一个好主意。以后,你将创建自定义的规则以应用于特定的列和单元格。

1. 在表格的任何单元格中插入光标。选择 .content section table 规则,然后单击"新建 CSS 规则"图标。

2. 如果有必要,从"选择器类型"菜单中选择"复合内容"。然后单击一次"不太具体"按钮,从"选择器名称"框中删除 .container。编辑"选择器名称",使之显示".content section td,. content section th",如图 7.29 所示,并单击"确定"按钮。

这个简化的选择器将工作得很好。

3. 在"区块"类别中,从"Text-align"框的菜单中选择"left"。

4. 在"方框"类别中,在所有"Padding"框中都输入"5px",如图 7.30 所示。

5. 在"边框"类别中,只为"Top"边框输入以下规范:"solid"、"1px"和"#090",然后单击"确定"按钮。

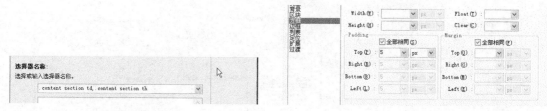

图7.29　　　　　　　　　　　　　　　　　　图7.30

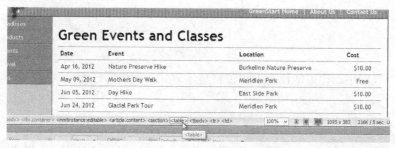

图7.31

较细的绿色边框出现在表格每一行的上方，使得数据更容易阅读。为了正确地查看边框，可能需要先在"实时"视图中预览页面，如图 7.31 所示。通常以粗体格式化标题，这有助于在正常的单元格中突出它们。你甚至可以通过给它们提供一种颜色格调，使之更加醒目。

6. 在"CSS 样式"面板中选择".content section td, .content section th"，并单击"新建 CSS 规则"图标。如果有必要，从"选择器类型"菜单中选择"复合内容"。然后在"选择器名称"框中输入".content section th"，并单击"确定"按钮。

 注意：记住，规则的顺序将影响样式层叠、怎样继承格式和继承什么格式。

7. 在"类型"类别中，在"Color"框中输入"#FFC"。

8. 在"背景"类别中，在"Background-color"框中输入"#090"，并单击"确定"按钮。在"边框"类别中，只在"Bottom"框中输入"solid"、"6px"和"#060"。

这就创建了规则，但是仍然需要应用它。用 Dreamweaver 很容易把现有的 <td> 元素转换为 <th> 元素。

9. 在表格第一行的第一个单元格中插入光标。然后在"属性"检查器中，选择"标题"选项，如图 7.32 所示。注意标签选择器。

图7.32

单元格将填充为绿色。在单击"标题"复选框时，Dreamweaver 将自动重写把现有 <td> 转换为 <th> 的标记，从而应用 CSS 格式化效果。与手动编辑代码相比，这种功能将节省许多时间。你还可以同时转换多个单元格。

10. 在第一行的第二个单元格中插入光标，然后拖动鼠标以选取第一行中其余的单元格，如图7.33所示。或者，可以把光标定位在表格行的左边缘，当看到黑色选取箭头出现时单击鼠标，这样就可以同时选取一整行。

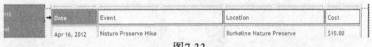

图7.33

11. 在"属性"检查器中，选择"标题"选项，把表格单元格转换为标题单元格。

将用绿色填充整个第一行，因为表格单元格被转换成了标题单元格。

12. 保存所有文件。

7.3.5 控制列宽度

除非另外指定，否则空表格列将在它们之间平分可用的空间。但是，一旦开始向单元格中添加内容，一切就都不一样了——表格似乎具有了它自己的思想，并且以不同的方式划分空间。它通常给包含更多数据的列提供更多的空间。

让表格自己决定可能无法实现可以接受的平衡，所以许多设计师使用 HTML 属性或者自定义的 CSS 类控制表格列的宽度。在创建自定义的样式以格式化列宽度时，一种思想是：使规则名称基于宽度值本身，或者基于列的内容或主题。

1. 在"CSS 样式"面板中选择 .content section th 规则，然后单击"新建 CSS 规则"图标。从"选择器类型"菜单中选择"复合内容"。删除"选择器名称"框中的所有文本，然后输入".content .section w100"，并单击"确定"按钮。

在"选择器名称"的新值中，"w"代表宽度（width），"100"表示 100 像素。

> **注意**：规则名称不能以数字或者标点符号字符开头，只有两个例外，即句点（.）和磅符号（#），前者表示类，后者表示 ID。

2. 在"方框"类别中，在"Width"框中输入"100px"。然后单击"确定"按钮。

控制列的宽度相当简单。由于整个列都必须具有相同的宽度，你不得不只对一个单元格应用宽度规范。如果某一列中的单元格具有相冲突的规范，通常会采用最大的宽度。让我们应用一个类以控制 Date 列的宽度。

3. 在表格第一行的第一个单元格中插入光标。选择 <th> 标签选择器，然后在"属性"检查器中，从"类"菜单中选择"w100"，如图 7.34 所示。

> **提示**：一定要单击标签选择器，否则 Dreamweaver 可能把类应用于单元格内容，而不是 <th> 元素。

图7.34

第一列的宽度将调整为 100 像素。其余的列将自动划分可用的空间。列样式设计也可以指定文本对齐方式以及宽度。让我们为 Cost 列中的内容创建一个规则。

 注意：如果应用一个较窄的宽度，要记住单元格不能小于其中包含的最长的单词或者最大的图形元素。

4. 在"CSS 样式"面板中选择".content .w100"规则,并单击"新建 CSS 规则"图标。从"选择器类型"菜单中选择"复合内容"。删除"选择器名称"框中的任何文本,然后输入".content section .cost",并单击"确定"按钮。

显然,这个规则打算用于 Cost 列。但是不要像你以前所做的那样,在名称中添加宽度值。这样,你就可以在将来更改值,而不必担心也要更改名称（和标记）。

5. 在"区块"类别中,从"Text-align"框的菜单中选择"center"。

6. 在"方框"类别中,在"Width"框中输入"75px",然后单击"确定"按钮。

与前一个示例不同,要对整个列的内容应用文本对齐方式,必须对每个单元格应用类。

7. 在 Cost 列的第一个单元格中单击,并向下拖动鼠标到该列的最后一个单元格,以选取所有的单元格。或者,把光标定位在列的顶部,当它变成黑色箭头时单击鼠标,以同时选取整列。然后在"属性"检查器中从"类"菜单中选择".cost",如图 7.35 所示。

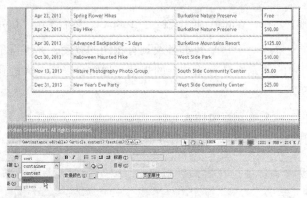

图7.35

Cost 列的宽度将调整为 75 像素，并且文本居中对齐。现在，如果你只想更改 Cost 列，就能够这样做。

8. 保存所有文件。

7.3.6 从其他源插入表格

除了手工创建表格之外，也可以通过从数据库和电子数据表文件中导出的数据创建表格。在这个练习中，你将通过从 MS Excel 导出到 CSV（Comma-Separated Value，逗号分隔的值）文件中的数据创建表格。和其他内容模式一样，你将首先创建一个 <section> 元素，在其中插入新的表格。

1. 在表格中的任意位置插入光标，并选择 <section> 标签选择器。然后按下向右的箭头键，把光标移到代码中的 </section> 封闭标签之后。

2. 按下 Ctrl+T/Cmd+T 组合键访问标签编辑器。输入 <section>，或者双击标签编辑器提示菜单中的 "section"，并按下 Enter/Return 键创建该元素。一个新的 <section> 元素添加到页面。

3. 不移动光标，选择 "插入" > "表格对象" > "导入表格式数据"，出现 "导入表格式数据" 对话框。

4. 单击 "浏览" 按钮，并从 lesson07 > resources 文件夹中选择 "classes.csv"。单击 "打开" 按钮，在 "定界符" 菜单中应该自动选择 "逗点"。

5. 在 "表格宽度" 选项中，选择 "匹配内容"。删除尚未提及的其他框中出现的任何值。和 Dreamweaver 中的大部分对话框选项一样，这些框将应用 HTML 属性，而不是 CSS 样式，如图 7.36 所示。

6. 单击 "确定" 按钮。

新表格（包含类的一览表）将出现在第一个表格的下面。新表格由 5 列以及多行组成，第一行包含标题信息，但是仍然被格式化为正常的表格单元格。

7. 选取类一览表中的第一行。在 "属性" 检查器中，选择 "标题" 选项，如图 7.37 所示。

图7.36   图7.37

第一行将用绿色填充，文本以反白显示。你将注意到在最后 3 列中文本换行很难看。你将为新表中的 Cost 列使用 .cost 类，但是另外两列将需要它们自定义的类。

8. 像你在前一个练习中所做的那样选取 Cost 列。然后在"属性"检查器中，从"类"菜单中选择".cost"。

9. 在"CSS 样式"面板中，右键单击 .content section .cost 规则，并从上下文菜单中选择"复制"，如图 7.38 所示。

图7.38

10. 把"选择器名称"改为".content section .day"，并单击"确定"按钮。

11. 对 Classes 表中的 Day 列应用 .content section .day，如第 8 步中所示。

12. 复制 .content section .day，命名新的 .content section .length 规则，并单击"确定"按钮。然后把它应用于 Classes 表中的 Length 列。

通过为每一列创建自定义的类，就可以单独修改每一列。还需要另外一个规则，用于格式化 Class 列。这一列只需要一个普通规则，以应用更吸引人的宽度。

13. 右键单击".content section .w100"规则并复制它。把新规则命名为".content section .w150"，并单击"确定"按钮。

14. 编辑新规则，并在"方框"类别中把"Width"更改为"150px"。然后只对 Class 标题单元格应用新规则。

> **Dw** 提示：在应用宽度值时，只需要格式化一个单元格。

15. 保存所有文件。

7.3.7 调整垂直对齐

如果研究 Classes 表的内容，你将会注意到许多单元格都包含分布在多行上的段落。当某一行中的单元格中具有不同的文本数量时，较短的内容默认垂直对齐到单元格中间，如图 7.39 所示。许多设计师发现这种行为不吸引人，而更喜欢使文本全都对齐到单元格顶部。与大多数其他的属性一样，可以通过 HTML 属性或 CSS 应用垂直对齐。为了利用 CSS 控制垂直对齐，可以向现有的规则中添加相应的规格。

1. 双击 .content th, .content td 规则以编辑它。

<th> 和 <td> 元素用于编排存储在表格单元格中的文本的样式。

2. 在"区块"类别中，从"Vertical-align"框的菜单中选择"top"，如图 7.40 所示。然后单击"确定"按钮。

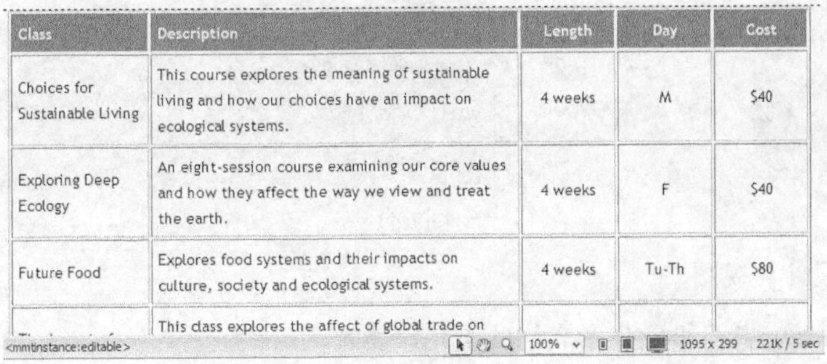

Class	Description	Length	Day	Cost
Choices for Sustainable Living	This course explores the meaning of sustainable living and how our choices have an impact on ecological systems.	4 weeks	M	$40
Exploring Deep Ecology	An eight-session course examining our core values and how they affect the way we view and treat the earth.	4 weeks	F	$40
Future Food	Explores food systems and their impacts on culture, society and ecological systems.	4 weeks	Tu-Th	$80
	This class explores the affect of global trade on			

图7.39

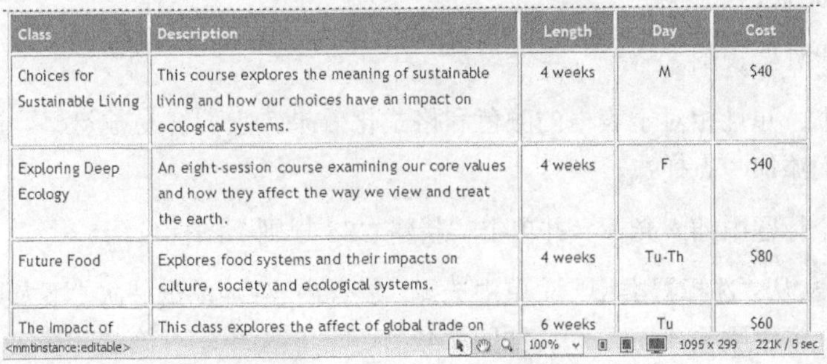

Class	Description	Length	Day	Cost
Choices for Sustainable Living	This course explores the meaning of sustainable living and how our choices have an impact on ecological systems.	4 weeks	M	$40
Exploring Deep Ecology	An eight-session course examining our core values and how they affect the way we view and treat the earth.	4 weeks	F	$40
Future Food	Explores food systems and their impacts on culture, society and ecological systems.	4 weeks	Tu-Th	$80
The Impact of	This class explores the affect of global trade on	6 weeks	Tu	$60

图7.40

两个表格中的所有文本现在都将对齐到单元格的顶部。

> **提示：**一些设计师喜欢使 <th> 单元格的文本保持对齐到中间甚至是底部。如果是这样，将需要为每个元素创建单独的规则。

3. 保存所有文件。

7.3.8 添加和格式化 <caption> 元素

你在页面上插入的两个表格包含不同的信息，但是没有任何可供区分的标签或者标题。为了帮助用户区分这两组数据，让我们给每个表格添加一个标题（title）和额外的间距。<caption> 元素专门设计用于标识 HTML 表格的内容。这个元素作为 <table> 元素的子元素插入。

1. 在第一个表格中插入光标。然后选择 <table> 标签选择器，并切换到“代码”视图。

通过在“设计”视图中选取表格，Dreamweaver 可以自动在“代码”视图中高亮显示代码，使之更容易寻找。

2. 定位 <table> 开始标签，并直接在该标签后面插入光标。然后输入“<caption>”，或者当代码提示菜单出现时从中选择它。

3. 输入“2012-13 Event Schedule”，然后输入“</”关闭元素，如图 7.41 所示。

图7.41

4. 切换到"设计"视图。

这就完成了标题,并且把它作为表格的子元素插入。

5. 为第二个表格重复执行第1步和第2步的操作。输入"2012-13 Class Schedule",然后输入 "</"关闭元素。

6. 切换到"设计"视图。

标题相对较小,并且相对于表格的颜色和格式化效果,它们容易被忽略。让我们利用自定义 的CSS规则给它们添加一点样式。

7. 在任何一个标题中插入光标,并单击"新建CSS规则"图标。

8. 如果有必要,从"选择器类型"菜单中选择"复合内容"。单击一次"不太具体"按钮,从"选 择器名称"框中删除 .container,如图7.42所示,然后单击"确定"按钮。

9. 在"类型"类别中,在"Font-size"框中输入 "160%",并在"Line-height"框中输入"1.2 em"。然后从"Font-weight"框的菜单中选择 "bold",并在"Color"框中输入"#090"。

10. 在"方框"类别中,只在"Margin"区域中 的"Top"框中输入"20px"。

图7.42

11. 只在"Padding"区域中的"Bottom"框中输 入"10px",然后单击"确定"按钮,效果如图7.43所示。

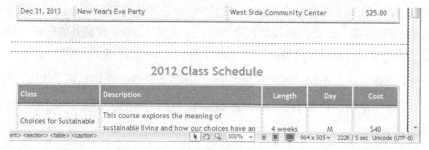

图7.43

12. 保存所有文件。

13. 使用"实时"视图或浏览器检查你的工作。

利用 CSS 对表格和标题进行格式化，使得它们更容易阅读和理解。可以自由地试验标题的大小和位置，以及影响表格的规范设置。在第 13 课中，你将学习如何使用表格创建动态 Web 页面。

7.4 对 Web 页面进行拼写检查

发布到 Web 上的内容必须准确无误，这一点很重要。Dreamweaver 中带有一个功能强大的拼写检查器。它不仅能够识别经常拼写错误的单词，而且能够为非标准项创建自定义的字典。

1. 单击 contact_us.html 的选项卡，把该文档调到前面，或者从站点的根文件夹中打开它。

2. 在 <article.content> 的主标题 "Contact Meridien GreenStart" 开始处插入光标，然后选择 "命令" > "检查拼写"。

从光标所在的位置开始拼写检查。如果光标位于页面上较下面的位置，将不得不至少重新开始执行一次拼写检查，以检查整个页面。

3. "检查拼写" 对话框将高亮显示单词 "Meridien"，它是协会所在的虚拟城市的名称。可以单击 "添加到私人" 按钮把该单词插入到自定义的字典中，但是目前可单击 "忽略全部" 按钮，这将跳过在这次检查期间在其他位置出现的这个名称，如图 7.44 所示。

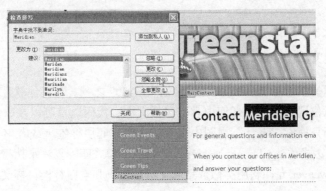

图7.44

4. Dreamweaver 高亮显示单词 "GreenStart"（协会的名称）。再次单击 "忽略全部" 按钮。

在大部分情况下，你将在 Dreamweaver 词典中添加所在公司或者社团的名称和所在地。

5. 接下来，Dreamweaver 将高亮显示单词 "email"。它列出在字典中，并且拼写为 "e-mail"。如果你的公司使用带有连字符的拼写，可继续前进并单击 "更改" 按钮；否则，可再次单击 "忽略全部" 按钮。

6. Dreamweaver 高亮显示电子邮件地址 info@green-start.org 的域，单击 "忽略全部" 按钮。当它停留在城镇的名称（Meridien）上时，再次单击 "忽略全部" 按钮。

7. Dreamweaver 将高亮显示单词 "Asociation"，它遗漏了一个 "s"。为了校正拼写，可以在 "建议" 列表中定位正确拼写的单词（Association），并双击它。

8. 使拼写检查停止不前的下一个单词是 "grassroots"，在字典中是把它作为两个单词的。这个单词是由两个单独的单词组成的复合名词。如果查找它，许多字典将把它显示为在两个单词之间具有一个连字符。为了执行这种类型的更改，可以在 "更改为" 框中添加连字符，使之显示正确的 "grass-roots"，并单击 "更改" 按钮，如图 7.45 所示。

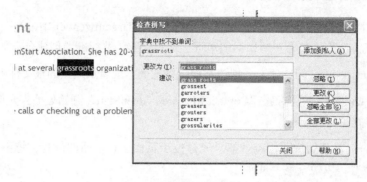

图7.45

9. 继续进行拼写检查，直至到达文档末尾。根据需要校正拼写错误的单词，并忽略正确的名称。如果对话框提示你从头开始检查，可单击 "是" 按钮。

10. 保存文件。

7.5 查找和替换文本

查找和替换文本的能力是 Dreamweaver 最强大的特性之一。与其他软件不同，Dreamweaver 可以在站点中的任意位置查找几乎任何内容，包括文本、代码以及可以在软件中创建的任何类型的空白。你可以限制只搜索 "设计" 视图中呈现的文本、底层标签，或者整个标记。高级用户可以利用被称为正则表达式（regular expression）的强大的模式匹配算法来执行最先进的查找和替换操作。而且，Dreamweaver 允许利用类似数量的文本、代码和空白替换目标文本或代码。

在这个练习中，你将学习一些使用查找和替换特性的重要技术。

1. 单击 events.html 的选项卡，把它调到前面，或者从站点的根文件夹中打开该文件。

有多种方式可以确定你想查找的文本或代码。一种方式是简单地在框中手动输入它。在 Events 表格中，名称 "Meridien" 被错误地拼写为 "Meridian"。由于 "Meridian" 是一个实际的单词，拼写检查器将不会把它标记为一个错误，为你提供机会来校正它，因此，你将使用查找和替换来执行更改。

2. 如果有必要，切换到 "设计" 视图。在标题 "Green Events and Classes" 中插入光标，并选择 "编辑" > "查找和替换"。

出现 "查找和替换" 对话框，"查找" 框中是空的。

3. 在 "查找" 框中输入 "Meridian"，并在 "替换" 框中输入 "Meridien"。然后从 "查找范围" 菜单中选择 "当前文档"，并从 "搜索" 菜单中选择 "文本"，如图 7.46 所示。

图7.46

4. 单击"查找下一个"按钮。

Dreamweaver 将查找第一次出现的"Meridian"。

5. 单击"替换"按钮。

Dreamweaver 将替换"Meridian"的第一个实例，并且立即搜索下一个实例。你可以一次一个地继续替换单词，或者选择替换全部实例。

6. 单击"替换全部"按钮。

如果一次一个地替换单词，Dreamweaver 将在对话框底部插入一行注释，指出查找到了多少项以及替换了多少项。当单击"替换全部"按钮时，Dreamweaver 将关闭"查找和替换"对话框，并打开"搜索报告"面板，其中列出了执行的所有更改。

7. 右键单击"搜索报告"选项卡，并从上下文菜单中选择"关闭标签组"。

把文本和代码作为目标的另一种方法是在激活命令前就选择它。可以在"设计"视图或"代码"视图中使用这种方法。

8. 在"设计"视图中，在 Events 表的 Location 列中定位并选取第一次出现的文本"Burkeline Mountains Resort"，然后选择"编辑">"查找和替换"。

出现"查找和替换"对话框，所选的文本被 Dreamweaver 自动输入到"查找"框中。在"代码"视图中使用时，这种技术更为强大。

9. 关闭"查找和替换"对话框，并切换到"代码"视图。

10. 仍然把光标插入在文本"Burkeline Mountains Resort"中，单击文档窗口底部的 <tr> 标签选择器。

11. 选择"编辑">"查找和替换"，并观察"查找"框。

出现"查找和替换"对话框。所选的代码将被 Dreamweaver 自动输入到"查找"框中，包括换行符和空白，如图 7.47 所示。出现如此令人惊异的现象，原因是在对话框中无法手动输入这种类型的标记。

图7.47

12. 选取"查找"框中的代码，并按下 Delete 键删除它们。然后输入"<tr>"，并按下 Enter/ Return 键插入换行符，观察所发生的事情。

按下 Enter/Return 键不会插入换行符，它将代之以激活"查找"命令，并查找第一次出现的 <tr> 元素。事实上，在该对话框内不能手动插入任何类型的换行符。

你可能不认为这是一个很大的问题，因为你已经见过了在先选取了文本 / 代码时 Dreamweaver 如何插入它们。不幸的是，第 8 步中使用的方法不适用于大量的文本或代码。

13. 关闭"查找和替换"对话框，并单击 <table> 标签选择器，选取用于表格的完整标记。

14. 选择"编辑" > "查找和替换"，并观察"查找"框。

这一次，Dreamweaver 没有把所选的代码转移到"查找"框中。为了把更多数量的文本或代码输入到"查找"框中，以及输入大量的替换文本和代码，需要使用复制和粘贴。

15. 关闭"查找和替换"对话框。如果有必要，可选取表格。按下 Ctrl+C/Cmd+C 组合键复制标记。

超级强大的查找和替换能力!

注意"查找范围"和"搜索"菜单中的选项，如图7.48所示。Dreamweaver的能力和灵活性在这里最闪光。"查找和替换"命令可以在所选的文本、当前文档、所有打开的文档、特定的文件夹、站点中选定的文件或者整个当前本地站点中执行搜索。但是，只有这些选项似乎还不够，Dreamweaver还允许针对源代码、文本、高级文本或者特定的标签执行搜索。

图7.48

16. 按下 Ctrl+F/Cmd+F 组合键激活"查找和替换"命令。在"查找"框中插入光标，并按下 Ctrl+V/Cmd+V 组合键粘贴标记。

这会把所选的完整 <table> 代码都粘贴进"查找"框中，如图 7.49 所示。

17. 在"替换"框中插入光标，并按下 Ctrl+V/Cmd+V 组合键。

将把所选的完整内容粘贴到"替换"框中。可以看到，两个框中包含完全相同的标记，但是它演示了更改或替换大量代码有多容易。

图7.49

18. 关闭"查找和替换"对话框，并保存所有文件。

在这一课中，你创建了 4 个新页面，并学习了如何从其他源中导入文本。你把文本格式化为标题和列表，然后使用 CSS 编排它的样式。你插入和格式化了表格，并给每个表格添加标题。并且，你还使用 Dreamweaver 的"拼写检查"工具以及"查找和替换"工具复查和校正了文本。

复习

复习题

1. 怎样把文本格式化为 HTML 标题?

2. 解释怎样把段落文本转换成编号列表，然后转换成项目列表。

3. 描述两种把 HTML 表格插入到 Web 页面中的方法。

4. 什么元素控制表格列的宽度?

5. 描述 3 种在"查找"框中插入内容的方式。

复习题答案

1. 使用"属性"检查器中的"格式"框的菜单应用 HTML 标题格式化效果。

2. 利用鼠标高亮显示文本，并且在"属性"检查器中单击"编号列表"按钮。然后单击"项目列表"按钮，把格式化效果更改成项目符号。

3. 可以复制并粘贴另一个 HTML 文件或者兼容软件中的表格。还可以通过导入定界文件中的数据来插入表格。

4. 表格列的宽度是由最宽的 <th> 或者 <td> 元素控制的，它们用于创建单独的表格单元格。

5. 可以在框中输入文本，在打开对话框之前选取文本并且允许 Dreamweaver 插入所选的文本，以及复制文本或代码并把它们粘贴到框中。

第8课 处理图像

课程概述

在这一课中，你将利用以下方式处理Web页面中包括的图像：

* 插入图像；
* 使用 Bridge 导入 Photoshop 或 Fireworks 文件；
* 使用 Photoshop "智能对象"（Photoshop Smart Object）；
* 复制和粘贴来自 Photoshop 的图像。

完成本课程将需要 55 分钟的时间。在开始前，请确定你已经如本书开头的"前言"中所描述的那样，把用于第 8 课的文件复制到了你的硬盘驱动器上。如果你是从零开始学习本课程，可以使用"前言"中的"跳跃式学习"一节中描述的方法。

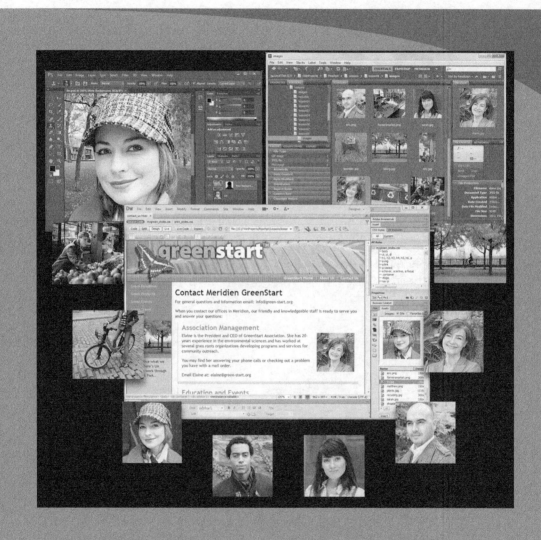

　　Dreamweaver 提供了许多方式用于插入和调整图形，可以在
Dreamweaver 中处理这些图形，也可以与其他 Creative Suite 工具（比如
Adobe Bridge、Adobe Fireworks 和 Adobe Photoshop）协同处理它们。

8.1 复习 Web 图像的基础知识

Web 带给人们更多的是一种体验。对于这种体验必不可少的是填充大多数 Web 站点的图像和图形,包括静态的和动画式的。在计算机世界中,图形可分为两大类:矢量(vector)图形和光栅(raster)图形, 如图 8.1 所示。

矢量   光栅

图8.1   矢量图形在艺术线条、绘画和标志方面非常出色,光栅技术更适合于存储照片

8.1.1   矢量图形

矢量图形是通过数学创建的。它们的行为就像离散的对象一样,允许根据需要重新定位和调整它们的大小许多次, 而不会降低它们的输出品质。矢量艺术品的最佳应用是在任何需要的地方使用几何形状和文本创建艺术效果。例如, 大多数公司标志都是通过矢量形状创建的。

矢量图形通常以 AI、EPS、PICT 或 WMF 文件格式存储。不幸的是, 大多数 Web 浏览器不支持这些格式。Web 浏览器所支持的格式是 SVG, 它代表可伸缩矢量图形(Scalable Vector Graphic)。初识 SVG 的最简单的方式是在你最喜爱的矢量绘图软件(如 Adobe Illustrator 或 CorelDRAW)中创建一幅图形, 然后把它导出为这种格式。如果你擅长编程, 可能希望尝试使用 XML(Extensible Markup Language, 可扩展的标记语言)自己创建 SVG。可查看 www.w3schools.com/svg, 了解关于自己创建 SVG 的更多知识。

8.1.2   光栅图形

尽管 SVG 具有明确的优点, 但是 Web 设计师在他们的 Web 设计中主要还是使用基于光栅的图像。光栅图像是通过像素(pixel)创建的。像素代表图片元素(picture element), 它具有 3 个基本的特征。

- 它们的形状是精确的正方形。
- 它们都具有相同的大小。
- 它们一次只显示一种颜色。

基于光栅的图像通常由数千种甚至数百万种不同的像素组成。它们排列在行和列中, 形成图案,产生实际照片或图画的幻觉，如图 8.2 所示。它是一种幻觉，因为屏幕上没有真实的照片，而只是一串像素，欺骗你的眼睛看到图像。并且，随着图像品质的提高，幻觉将变得更逼真。光栅图像的品质基于 3 个因素：分辨率、大小和颜色。

图8.2　光栅图像是利用数千个甚至数百万个像素创建的，用以产生照片的幻觉

1. 分辨率

分辨率是影响光栅图像品质的最著名的因素。它表示以 1 英寸中放入的像素数量（ppi）度量的图像品质。在 1 英寸中放入的像素越多，在图像中就可以描绘越多的细节，如图 8.3 所示。但是更好的品质要付出更多的代价。更高分辨率的一个不幸的副产品是更大的文件尺寸。这是由于每个像素都必须存储为图像文件内的信息的字节——用计算机的术语讲，就是具有真实开销的信息。更多的像素意味着更多的信息，这意味着更大的文件。

72 ppi　　　　　　　　　　　　　　300 ppi

图8.3　分辨率对图像输出具有显著的影响。左边的Web图像在浏览器中
看上去很好，但是不具有足以用于印刷的品质

幸运的是，Web 图像只必须被优化成在计算机屏幕上看起来是最好的，它们主要基于 72 ppi 的分辨率。这比其他应用（如印刷）要低一些。在其他应用中，300 ppi 被认为是最低可接受的品质。

计算机屏幕的较低分辨率是使大多数 Web 图像文件保持合理的大小，以便于从 Internet 下载它们的重要因素。由于 Web 页面的意图是查看，而不是印刷，图片不必具有任何高于 72 ppi 的分辨率。

 注意：打印机和印刷出版物使用圆形的"点"创建照片图像。打印机的品质用每英寸点数（dpi）度量。将计算机上用的方形像素转换成打印机上使用的圆形点的过程被称作"制版"（screening）。

2. 大小

大小指图像的垂直尺寸和水平尺寸。当图像增大时，创建它就需要更多的像素，因此文件也会变得更大，如图 8.4 所示。由于图形比 HTML 代码需要更多的下载时间，近年来许多设计师利用 CSS 格式化效果代替了图形组件，以便加快访问者的 Web 体验。但是使图像保持较小是确保快速下载的最佳方式之一。即使在高速互联网服务普及的今天，你也不会发现太多的 Web 站点依赖于整页的图形。

500 KB

1.6 MB

图8.4　尽管这两幅图像具有完全相同的分辨率和颜色深度，但还是可以看出图像尺寸如何影响文件大小

3. 颜色

颜色指描述每幅图像的颜色空间或调色板（palette）。大部分计算机屏幕只能显示人眼可见的一小部分颜色。并且，不同的计算机和应用程序将显示不同级别的颜色，通过术语位深度（bit depth）表达它。单色或 1 位的颜色是最小的空间，它只显示黑色和白色，并且没有灰色阴影。单色主要用于艺术线条插图、蓝图，以及用于复制书法。

4 位颜色空间描述最多总共 16 种颜色。可以通过称为抖动（dithering）的过程模拟更多的颜色，过程中将点缀和并置可用的颜色，以产生更多颜色的幻觉。这种颜色空间是为最早的彩色计算机系统和游戏控制台而创建的。由于其局限性，今天这种调色板很少使用。

8 位调色板提供了最多总共 256 种颜色或者 256 种灰色阴影。这是所有计算机、移动电话、游戏系统和手持型设备的基本颜色系统。这种颜色空间还包括所谓的 Web 安全的调色板。Web 安全（web-safe）是指在 Macintosh 和 Windows 计算机上同时受到支持的 8 位颜色的子集。大多数计算机、游戏控制台和手持型设备现在都支持更高级的调色板，但是 8 位调色板对于所有 Web 兼容的设备都是可靠的。

今天，智能电话和手持型游戏通常支持 16 位的颜色空间。这种调色板称为高彩（high color），包含总共 65 000 种颜色。尽管这听起来好像很多，但 16 位颜色空间被认为并不足以支持大多数图形设计目的或者专业印刷。

最高的颜色空间是 24 位颜色，它称为真彩（true color）。这种系统可以生成最多 1 670 万种颜色，如图 8.5 所示。它是图形设计和专业印刷的黄金标准。几年前，在这个系列中添加了一种新的颜色空间：32 位颜色。它没有提供任何额外的颜色，但是它为一个称为 Alpha 透明度（alpha transparency）的属性提供了额外的 8 位。

Alpha 透明度可以让你把图形的某些部分指定为完全或部分透明，这种技巧能够创建似乎具有圆角或曲线的图形，并且消除光栅图形特有的边界框，如图 8.5 所示。

24 位颜色   8 位颜色   4 位颜色

图8.5   在这里可以看到三种颜色空间的鲜明对比，
以及可用颜色的总数量意味着图像品质

与尺寸和分辨率一样，颜色深度可以显著影响图像文件大小。在所有其他方面都相同的情况下，8 位图像比单色图像大 7 倍，24 位的版本比 8 位图像大 3 倍。在 Web 站点上有效使用图像的关键是在分辨率、大小和颜色之间找到一种平衡，以实现想要的最佳品质。

8.1.3　光栅图像文件格式

存储光栅图像可以保存为许多种文件格式，但是 Web 设计师只关注其中的 3 种：GIF、JPEG 和 PNG。这 3 种格式最适合于 Internet，并且与大多数浏览器兼容。不过，它们具有不同的能力。

1. GIF

GIF（Graphic Interchange Format，图形交换格式）是专门设计用于 Web 的最早的光栅图像文件格式之一。最近 20 年中它只进行了少许改变。GIF 支持最多 256 种颜色（8 位调色板）和 72 ppi，因此它主要用于 Web 界面——按钮和图形边框等。但是它确实具有几个有趣的特性，使之仍然适合于今天的 Web 设计师。这些特性是索引透明度和动画。

2. JPEG

JPEG 也写成 JPG，它因联合图像专家组（Joint Photographic Experts Group）而得名。这个小组于 1992 年创建了这种图像标准，作为对 GIF 文件格式的局限性的直接反应。JPEG 是一种功能强大的格式，它支持无限的分辨率、图像尺寸和颜色深度。因此，数码相机使用 JPEG 作为它们用于图像存储的默认文件类型。也因为如此，大多数设计师在他们的 Web 站点上对于必须以高品质显示的图像使用 JPEG 格式。

但是对于基于像素的图像，高品质——如前所述——通常意味着较大的文件大小。较大的文件需要较长的时间才能下载到你的浏览器上。那么，为什么这种格式在 Web 上如此流行呢？JPEG 的与众不同之处在于其受专利保护的用户可选择的图像压缩算法，它可以把文件大小减小 95% 之多。JPEG 图像在每次保存时都会进行压缩，然后在打开并显示它们之前进行解压缩。

不幸的是，所有这些压缩都有缺点。过多的压缩有损图像品质。这种类型的压缩称为损耗（lossy），因为它每次都会使图像品质受损。事实上，它对图像的损坏可能很大，以至于图像的显示无法使用。每次设计师保存 JPEG 图像时，他们都将面临在图像品质与文件大小之间做出折衷，如图 8.6 所示。

低质量，高压缩率，130 KB　　　　中等质量，中等压缩率，150 KB　　　　高质量，低压缩率，260 KB

图8.6　在这里你可以看到不同压缩水平对图像文件尺寸和质量的影响

3. PNG

由于一场涉及 GIF 格式的迫在眉睫的专利权纠纷，在 1995 年开发了 PNG（Portable Network Graphic，便携式网络图形）。当时，看起来好像设计师和开发人员将不得不为使用 .gif 文件扩展名支付专利权使用费。尽管这个问题逐渐被淡忘了，但 PNG 还是由于其能力而发现了许多追随者，并且在 Internet 上占有了一席之地。

PNG 结合了 GIF 和 JPEG 的许多特性，然后添加了它自己的少数几种特性。例如，它提供了对无限分辨率、32 位颜色以及完全的 Alpha 和索引透明度的支持。它还提供了无损压缩，这意味着可以以 PNG 格式保存图像，而不必担心每次打开和保存文件时会损失任何品质。这是一个好消息。

坏消息是，尽管这种格式已经出现 10 多年了，但是在较老的浏览器中仍然没有完全支持它的一些特性，比如 Alpha 透明度。

8.2 预览已完成的文件

为了解你将在这一课中处理的文件，让我们先在浏览器中预览已完成的页面。

1. 启动 Adobe Dreamweaver CS6。

2. 如果有必要，可按下 Ctrl+Shift+F/Cmd+Shift+F 键打开"文件"面板，并从站点列表中选择 DW-CS6。

3. 在"文件"面板中，展开 lesson08 文件夹。

4. 从 lesson08 文件夹中打开 contactus_finished.html 和 news_finished.html 文件，并在主浏览器中预览页面，如图 8.7 所示。

图8.7

该页面中包含多幅图像，以及一幅 Photoshop "智能对象"图像。

5. 关闭浏览器，并返回 Dreamweaver。

8.3 插入图像

图像是任何 Web 页面的重要组成部分，可用于开拓视觉趣味和讲故事。Dreamweaver 提供了众多方式来利用图像填充页面，可以使用内置的命令，甚至还可以使用复制和粘贴操作。插入图像的方法之一是使用 Dreamweaver 工具。

 注意：如果你是从零开始学习本课程，可以使用本书开头的"前言"中的"跳跃式学习"中的指导。

1. 在"文件"面板中，从站点的根文件夹中打开 contact_us.html 文件（它是你在第 7 课"处理文本、列表和表格"中完成的文件。

在 <div.sidebar1> 中出现一个图像占位符，指示应该在哪里插入图像。

2. 双击标记为 "Sidebar (180 x 150)" 的图像占位符。

出现 "选择图像源文件" 对话框。

3. 从站点的 images 文件夹中选择 "biking.jpg"，如图 8.8 所示，并单击 "确定" / "打开" 按钮。

图像出现在侧栏中。

图8.8

世上最美好的事情是你的图像总是以你指定的大小出现在页面上指定的位置。但是，图像常常不像你所希望的那样显示。这可能是许多种情况造成的，例如不兼容的设备或者文件类型，以及服务器和浏览器错误。有些用户可能因为残疾而完全无法 "看见" 图像。当你的图像不能显示或者无法被看到的时候该怎么办？HTML 提供了一个替换文本（alt）属性，用于这种情况。当图像不显示或者无法看见时，替换文本会显示，或者可以用辅助设备访问到。

在大部分情况下，Dreamweaver 将在每次从头插入新图像时提醒你使用替换文本。但是，替换图像占位符时，你必须手工完成。

4. 在 "属性" 检查器的 "替换" 框中插入光标，输入 "Bike to work to save gas"，按下 Enter/Return 键完成输入，如图 8.9 所示。

图8.9

5. 为了给图像提供文字说明，选取占位符文本"Add caption here"，并输入"We practice what we preach, here's Lin biking to work through Lakefront Park"。

你成功地使用一种技术插入了图像，但是 Dreamweaver 还提供其他技术。现在，你将使用"资源"面板把图像添加到页面中。

6. 在 <section.profile> 中的标题"Association Management"下面的第一个段落的开始处插入光标，应该把光标插入在名字"Elaine"之前。

7. 如果有必要，选择"窗口">"资源"，显示"资源"面板。单击"图像"类别图标（），显示站点内存储的所有图像的列表。

8. 在列表中定位并选择"elaine.jpg"。

elaine.jpg 的预览图出现在"资源"面板中。面板列出了图像名称、大小（以像素为单位）、文件类型及其目录路径。

> **提示**：Dreamweaver 也允许你从"资源"面板将图像拖到页面中。

> **注意**："图像"窗口将显示站点中存储的所有图像，甚至包括站点默认的 images 文件夹外面的图像，因此，你也可能会看到存储在课程子文件夹中的图像。

9. 注意图像的尺寸：150 像素 ×150 像素。

10. 在面板底部，单击"插入"按钮，如图 8.10 所示。

图8.10

> **警告**：如果"资源"面板中出现多个具有相同名称的文件，就要确保选择存储在默认的 images 文件夹中的图像。

图像将出现在当前光标位置。

11. 在"图像标签辅助功能属性"对话框中，在"替换文本"框中输入"Elaine, Meridien GreenStart President and CEO"，并单击"确定"按钮，如图 8.11 所示。

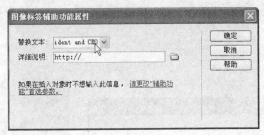

图8.11

12. 选择"文件" > "保存"。

你在文本中插入了 Elaine 的照片，但是它在目前的位置看起来不是非常好，如图 8.12 所示。在下一个练习中，你将使用 CSS 类调整图像位置。

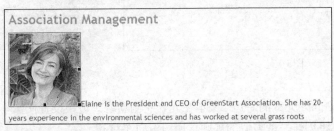

图8.12

8.4 利用 CSS 类调整图像位置

<img> 元素默认是内联元素。这就是你能够把图像插入到段落或其他元素中的原因。当图像比字体大小高时，图像将增加它所出现的那一行的垂直空间。过去，你可以使用 HTML 属性或 CSS 调整它的位置。但是基于 HTML 的属性已经从该语言和 Dreamweaver CS6 中被弃用。现在，你必须完全依赖基于 CSS 的技术。

如果你希望图像按照某种方式对齐，就可以为 <img> 创建一条自定义规则，应用特殊的样式。在这个例子中，我们希望员工的照片从右向左下穿页面，所以你将创建一个自定义类，提供左对齐和右对齐的选项。

1. 如果有必要，打开 contact_us.html。

2. 在"CSS 样式"面板中选择"新建 CSS 规则"图标。

3. 在"新建 CSS 规则"对话框中，从"选择器类别"菜单中选择"类"。

4. 将规则命名为 flt_rgt，并单击"确定"按钮创建规则。

规则的名称是"向右浮动"（float right）的缩写，提示你将要用于设置图像样式的命令。

5. 在"方框"类别中，从"Float"框中选择"right"。在"Margin"区域的"Left"框中输入"10px"，单击"确定"按钮，如图 8.13 所示。你可以从"属性"检查器中应用该类。

6. 在布局中，选择"elaine.jpg"图像。从"属性"检查器的"类"菜单中选择"flt_rgt"，如图 8.14 所示。

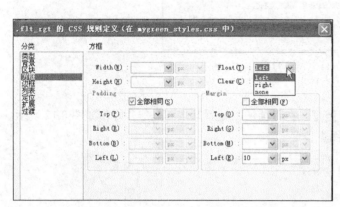

图8.13

图8.14

图像将移到 \<section\> 元素的右边，文本在元素左侧卷绕。边距设置使文本不会触及图像边缘。在下一个练习中，你将创建一条类似的规则，使图像向左对齐。

8.5 使用"插入"面板

"插入"面板复制了关键的菜单命令，并且具有许多按钮，可以用这些按钮快速、容易地插入图像。

1. 在标题"Education and Events"下面的第一个段落的开始处（"Sarah"之前）插入光标。

2. 如果有必要，可选择"窗口" > "插入"，显示"插入"面板。

> **Dw** **注意**：如果没有看到停靠在屏幕右边的"插入"面板，它可能是作为工具栏打开在文档窗口顶部。例如，在"经典"工作区中，它就是这样显示的。

3. 在"插入"面板中，选择"常用"类别。单击以打开"图像"按钮，如图 8.15 所示。

该按钮提供了 7 个选项："图像"、"图像占位符"、"鼠标经过图像"、"Fireworks HTML"、"绘制矩形热点"、"绘制椭圆热点"和"绘制多边形热点"。热点（hotspot）实质上是由在图像上绘制的用户定义区域启用的超链接。

4. 从弹出式菜单中选择"图像",出现"选择图像源文件"对话框。

5. 从默认的 images 目录中选择 sarah.jpg,注意图像的尺寸:150 像素 ×150 像素。然后单击"确定"/"选择"按钮。

6. 在"图像标签辅助功能属性"对话框中,在"替换文本"框中输入"Sarah, GreenStart Events Coordinator",并单击"确定"按钮。

7. 在"CSS 样式"面板中选择"新建 CSS 规则"图标。

8. 在"新建 CSS 规则"对话框中,从"选择器类别"菜单中选择"类"。

9. 将规则命名为 flt_lft,并单击"确定"按钮创建规则。规则的名称是"向左浮动"(float left)的缩写。

10. 在"方框"类别中,从"Float"框中选择"right"。在"Margin"区域的"Right"框中输入"10px",单击"确定"按钮。

11. 对该图像应用 flt_lft 类,如图 8.16 所示。

图8.15

图8.16

图像向下移入段落左边,并且文本环绕在它右边。

12. 保存文件。

在 Web 页面中插入图像的另一种方式是使用 Adobe Bridge。

8.6 使用 Adobe Bridge 插入图像

Adobe Bridge CS6 是 Web 设计师的一个必不可少的工具。它可以快速浏览图像目录和其他支持的资源，以及利用关键字和标签管理和标记文件。Bridge 与 Dreamweaver 完全集成，可以从 Dreamweaver 内启动 Bridge，并直接从 Bridge 中把图像拖到布局中。

1. 在标题 "Transportation Analysis" 下面的第一个段落的开始处插入光标。

2. 选择 "文件" > "在 Bridge 中浏览"。

Adobe Bridge 启动。可以将 Bridge 中的界面设置成你喜欢的样子，并且另存为自定义的工作区，如图 8.17 所示。

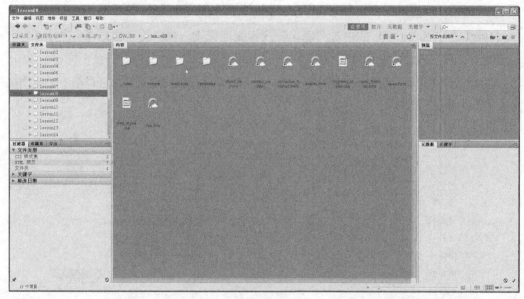

图8.17

3. 单击 "文件夹" 选项卡，把 "文件夹" 面板调到最上面。如果有必要，可选择 "窗口" > "文件夹面板"。导航到硬盘驱动器上指定为默认的站点图像文件夹，观察文件夹中显示的文件的名称和类型。

Bridge 将显示文件夹中每个文件的缩略图像。Bridge 可以显示各种类型的图形文件的缩略图，包括 AI、BMP、EPS、GIF、JPG、PDF、PNG、SVG 和 TIF 等。

4. 单击 eric.png，并且观察 "预览" 和 "元数据" 面板。注意图像的尺寸、分辨率和颜色空间。预览面板显示所选图像的高品质的预览，如图 8.18 所示。

Bridge 还能够帮助你定位和隔离特定类型的文件。

5. 如果 "过滤器" 面板不可见，就选择 "窗口" > "过滤器面板"，显示该面板。

图8.18

"过滤器"面板显示了一组默认的数据标准，比如文件类型、等级、关键字和创建日期等，然后用特定文件夹的内容自动填充它们。可以通过单击其中的一个或多个项，筛选出满足这些条件的内容。

6. 在"过滤器"面板中，展开"文件类型"条件，并选择"JPEG 文件"条件。

在"JPEG 文件"条件旁边将出现一个勾号。你以前所选的 PNG 文件将不再可见，"内容"面板只会显示 JPEG 文件。

7. 在"文件类型"条件中，选择"GIF 图像"，如图 8.19 所示。

图8.19　在"GIF图像"条件旁边将出现一个勾号。"内容"面板现在只会显示GIF和JPEG文件。
　　　　Bridge允许即时把文件插入到Dreamweaver或者其他Creative Suite应用程序中

8. 在"内容"面板中选择 eric.jpg。注意"元数据"面板中的尺寸：150 像素 × 150 像素。然后选择"文件" > "置入" > "在 Dreamweaver 中"，如图 8.20 所示。

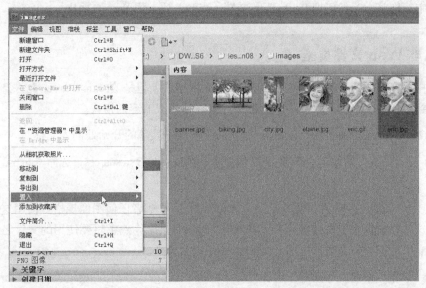

图8.20

计算机将自动切换回 Dreamweaver，显示"图像标签辅助功能属性"对话框。

9. 在"图像标签辅助功能属性"对话框中，在"替换文本"框中输入"Eric, Transportation Research Coordinator"，并单击"确定"按钮。

在 Dreamweaver 布局中，eric.jpg 图像将出现在光标的上一个位置。

10.对该图像应用 flt_rgt 类，如图 8.21 所示。

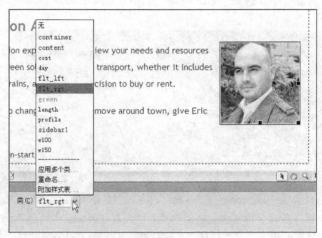

图8.21

11.保存文件。

Dreamweaver 并不仅限于 GIF、JPEG 和 PNG 这些文件类型，它也可以处理其他文件类型。在下一个练习中，你将学习如何把 Photoshop 文档（PSD）插入到 Web 页面中。

8.7 插入非 Web 文件类型

尽管大多数浏览器只会显示上述的 Web 兼容图像格式，但是 Dreamweaver 允许选择许多不同的格式插入到布局中。然后，软件将即时把文件自动转换成兼容的格式。

1. 在标题"Research and Development"下面的第一个段落的开始处插入光标。

2. 选择"插入">"图像"。导航到硬盘驱动器上的 lesson08 > resources，选择"lin.psd"，如图 8.22 所示。

注意，Dreamweaver 对话框没有提供 PSD 文件的预览或者任何图像规格。使用这个对话框确定和选择以这种格式保存的文件很困难（甚至不可能）。如果你熟悉想要使用的文件名，仍然可以从这个对话框中选择——否则，应用 Adobe Bridge 更为合适。

3. 单击"取消"按钮。切换到（或者启动）Adobe Bridge。导航到 lesson08 > resources 文件夹，观察资源文件夹中的图像。

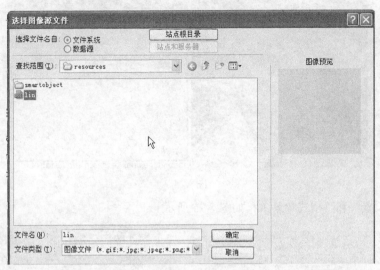

图8.22

该文件夹包含两幅图像：一个 PSD 文件和一个 TIFF 文件。注意，Bridge 预览文件内容，提供每幅图像的重要元数据。

4. 单击"lin.psd"并选择"文件">"置入">"在 Dreamweaver 中"，如图 8.23 所示。

图8.23

图像出现在布局中，打开"图像优化"对话框——它作为一个中介，允许你指定图像的转换方式和目标格式，如图 8.24 所示。

图8.24

5. 观察"预置"和"格式"菜单，如图 8.25 所示。

图8.25

"预置"下拉菜单允许你选择预先确定的选项，它们在基于 Web 的图像上已经得到证明。"格式"下拉菜单允许你指定 5 种选项之一：GIF、JPEG、PNG 8、PNG 24 和 PNG 32。

6. 从"预置"菜单中选择"高清 JPEG 以实现最大兼容性"，注意"品质"设置。

这种"品质"设置将利用中等程度的压缩产生高品质的图像。如果你降低"品质"设置，你可以提高压缩级别以减小文件大小；提高"品质"设置则产生相反的效果。高效设计的秘密是在品质和压缩率之间求得好的平衡。高清 JPEG 的默认设置预置值为 80；这对我们的目的应该足够。

> **注意**：当图像必须这样转换时，Dreamweaver 通常将转换后的图像保存到默认站点 images 文件夹。而当插入的图像是 Web 兼容格式时则不是如此。所以在你插入图像之前，应该知道它在站点中的当前位置，在必要时将其移到合适的位置。

7. 单击"确定"按钮转换图像。

显示"保存 Web 图像"对话框，名称 lin 已经输入到"另存为"框中。Dreamweaver 将自动地为文件添加 .jpg 扩展名，并将文件保存到默认站点 images 文件夹。

8. 单击"保存"按钮，显示"图像标签辅助功能属性"对话框。

9. 在"替换文本"框中输入"Lin, Research and Development Coordinator"，单击"确定"按钮。

图像将出现在 Dreamweaver 中的光标位置，如图 8.26 所示。该图像已经被重新采样为 72ppi，但是仍然显示为原始大小。这比布局中的其他图像更大，你可以在"属性"检查器中改变图像的大小。

10. 在"属性"检查器中，选择"切换尺寸约束"图标（🔒），并将"宽"框中的数字改为"150px"，如图 8.27 所示。

图8.26 图8.27

对图像尺寸的变化是暂时的，可以从"重置为原始大小"图标（🚫）和"提交图像大小"图标（✔）中看出。

11. 单击"提交图像大小"图标（✔），图像大小改为 150 像素 ×150 像素。

12. 对该图像应用 flt_lft 类，并保存文件。

图像出现在布局中，但是仍然有一些不同之处。在图像的左上角出现了一个图标，把这个图像标识为 Photoshop "智能对象"，如图 8.28 所示。

图8.28

8.8 使用 Photoshop "智能对象"

与其他图像不同，"智能对象"连接到 Photoshop（PSD）文件。如果以任何方式改变了 PSD 文件并且保存它，Dreamweaver 就会识别这些改变，并且会提供用于更新布局中使用的 Web 图像的方法。

1. 如果有必要，可打开 contact_us.html 文件。向下滚动到 "Research and Development" 区域中的 lin.jpg 图像，并且观察图像左上角的图标。

该图标表示图像是一个"智能对象"。圆形绿色箭头表示原始图像未改变。如果你想编辑或者优化图像，可以简单地双击它，从上下文菜单中选择合适的选项。

为了对图像执行实质性的更改，将不得不在 Photoshop 中打开它（如果你没有安装 Photoshop，可以把 lesson08 > resources > smartobject > lin.psd 复制到 lesson08 > resources 文件夹中，替换原始图像，然后跳到第 6 步）。在这个练习中，你将用 Photoshop 编辑图像的背景。

注意： Dreamweaver 和 Photoshop 只能利用图像的现有品质工作。如果初始图像品质不可接受，也许不能在 Photoshop 中修正它。你将不得不重新创建图像或者选择另一幅图像。

2. 右键单击 lin.jpg，并从上下文菜单中选择"原始文件编辑方式" > "Photoshop"，如图 8.29 所示。

图8.29

如果在计算机上安装了 Photoshop，将启动 Photoshop 并加载文件 1。

3. 在 Photoshop 中，如有必要，可选择"窗口" > "图层"，显示"图层"面板。观察任何现有图层的名称和状态。

这幅图像具有两个图层：Lin 和 New Background。New Background 图层是关闭的。

4. 单击 New Background 图层的眼睛图标（👁），以显示其内容。图像的背景将变成显示公园的景色，如图 8.30 所示。

图8.30

5. 保存 Photoshop 文件。

6. 切换回 Dreamweaver。

片刻之后，图像左上角的"智能对象"图标改变，指示原始图像已被更改，如图 8.31 所示。图标只出现在 Dreamweaver 中；访问者在浏览器中看到的是常规的图像。此时，不必更新这幅图像。可以根据需要在布局中保存过时的图像，只要它还在布局中，Dreamweaver 就会继续监视其状态。但是，在这个练习中我们更新图像。

7. 右键单击图像，并从上下文菜单中选择"从源文件更新"。这个"智能对象"及其任何其他的实例也会改变，以反映新的背景，如图 8.32 所示。

Lin manages our research for sustain
products and services of every local
business that we recommend to our
comments on our recommendations

You can expect to hear from Lin wh

图8.31

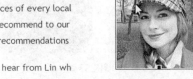

Lin manages our research for sustain
products and services of every local
business that we recommend to our
comments on our recommendations

You can expect to hear from Lin wh

图8.32

8. 保存文件。

可以看到，"智能对象"具有超过更典型的图像工作流程的优点。对于频繁更新的图像，使用"智能对象"可以在将来简化更新 Web 站点的工作。

8.9 从 Photoshop 和 Fireworks 复制和粘贴图像

在构建 Web 站点时，在站点中使用图像之前，需要编辑和优化许多图像。Adobe Fireworks 和 Adobe Photoshop 都是执行这些任务的优秀软件。常见的工作流程是：在完成图像处理时，手动把完成的 GIF、JPEG 或 PNG 导出到站点中默认的 images 文件夹中。但是 Dreamweaver 允许从任一程序中直接把图像复制并粘贴到你的布局中。对于这两种软件，操作步骤几乎完全相同。在这个练习中，可以自由地使用你最熟悉的软件。

1. 如有必要，启动 Adobe Fireworks 或 Adobe Photoshop，从 lesson08 > resources 文件夹中打开 matthew.tif，观察"图层"面板。

这幅图像只有一个图层。在 Fireworks 中，可以选择多个图层，并把它们复制并粘贴到 Dreamweaver 中。在 Photoshop 中，在复制并粘贴图层之前将不得不合并（merge）或拼合（flatten）它们，或者使用"编辑" > "复制合并"来复制具有多个活动图层的图像。

2. 按下 Ctrl+A/Cmd+A 组合键选取整个图像，然后按下 Ctrl+C/Cmd+C 组合键复制图像，如图 8.33 所示。

图8.33

3. 切换到 Dreamweaver。在 contact_us.html 中向下滚动到 Information Systems 区域，并在这个区域中的第一个段落的开始处插入光标。

4. 按下 Ctrl+V/Cmd+V 组合键，从剪贴板中粘贴图像。这时图像出现在布局中，并显示"图像优化"对话框。

5. 选择"用于照片的 PNG 24"预置，从"格式"菜单中选择"PNG 24"，单击"确定"按钮，如图 8.34 所示，出现"保存 Web 图像"对话框。

6. 将图像命名为 matthew.png。如果有必要，选择默认站点 images 文件夹。单击"保存"按钮，显示"图像描述（Alt 文本）"对话框。

7. 在"图像描述（Alt 文本）"框中输入"Matthew, Information Systems Manager"，并单击"确定"按钮。

Matthew.png 图像出现在布局中。正如前面的练习，这个 PNG 图像比其他图像大。

8. 在"属性"检查器中，将尺寸改为 150px×150px。单击"提交图像大小"图标（✔），永久应用尺寸。

 注意：可以缩小光栅图像的大小，而不会损失品质，但是反之则不然。除非图形具有高于 72 ppi 的分辨率，否则也许不可能放大它而又不会导致显著的降级。

9. 对 Matthew.png 应用 flt_rgt 类。

图像出现在布局中，尺寸与其他图像相同且向右对齐，如图 8.35 所示。尽管这幅图像来自于 Fireworks 或 Photoshop，但它并不像 Photoshop"智能对象"那样"聪明"，不能自动更新。不过，如果你以后想编辑它，它确实会记录原始图像的位置。

图8.34

图8.35

 注意："原始文件编辑方式"选项对于没有安装 Photoshop 或者 Fireworks 的用户来说可能无法使用。

10. 在布局中，右键单击 matthew.jpg 图像，并从上下文菜单中选择"原始文件编辑方式">"浏览"。

11. 在计算机的硬盘驱动器上导航并选择 Fireworks 或 Photoshop 的程序文件，如图 8.36 所示，并单击"打开"按钮。

程序将启动并显示原始 TIF 文件。可以更改图像，并且通过重复执行第 2～9 步的操作，复制并把它粘贴到 Dreamweaver 中。尽管无法像"智能对象"那样自动替换图像，但是也有一种比使用复制和粘贴更高效的方式。Photoshop 用户应该跳到第 13 步。

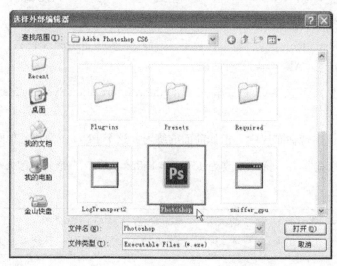

图8.36

> **Dw** 提示：可执行程序通常保存在 Windows 的 Program Files 文件夹和 Macintosh 的 Applications 文件夹中。

12. 在 Fireworks 中，选择"文件">"图像预览"，在"选项"模式中，从"格式"菜单中选择"PNG 24"。在"文件"模式中，把"宽"字段和"高"字段改为"150px"。然后单击"导出"按钮，如图 8.37 所示。

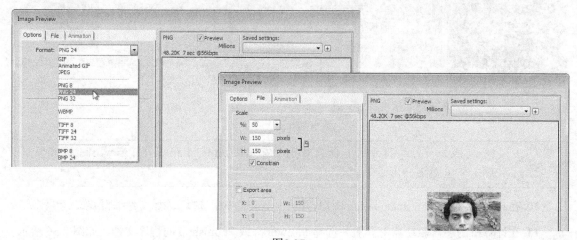

图8.37

"图像预览"对话框允许你指定图像的导出尺寸。Fireworks 将在你保存和关闭文件时记住你在这个对话框中选择的规格。Fireworks 用户可以跳到第 15 步。

13. 在 Photoshop 中，选择"文件">"存储为 Web 和设备所用格式"。在打开的对话框中，从"预 设"

菜单中选择"PNG-24",并在"图像大小"区域中把"W"字段改为"150px"。然后单击"存储"按钮。

显示"存储为 Web 和设备所用格式"对话框,如图 8.38 所示。

图8.38

14. 导航到站点默认的 images 文件夹,并单击 matthew.png 文件,这时名称"matthew.jpg"会出现在对话框的"文件名"框中。

 提示:通过单击名称插入现有的文件名可以避免任何拼写或输入错误,对于基于 Unix 的 Web 服务器是至关重要的。

15. 单击"导出" / "保存"按钮。

16. 切换回 Dreamweaver。在 Information Systems 区域中向下滚动,以查看 matthew.png。

无须执行进一步的动作以更新布局中的图像,因为你在原始文件上保存了新图像。只要文件名不变,Dreamweaver 就不会在意,也没有必要进行其他操作。这种方法节省了多个步骤,并且避免了任何潜在的输入错误。

 注意:尽管 Dreamweaver 自动重新加载任何修改后的文件,但是大部分浏览器不会这么做。你必须刷新浏览器显示才能够看到变化。

17. 保存文件。

复制和粘贴只是用于插入图像的许多方便的方法之一。Dreamweaver还允许把图像拖到布局中。

8.10 通过拖放插入图像

Creative Suite 中的大多数程序都提供了拖放能力，Dreamweaver 也不例外。

1. 从站点根文件夹中打开你在上一课中创建的 news.html 文件。

2. 如果有必要，可选择"窗口">"资源"，打开"资源"面板。对于这个练习，应该停靠该面板。选择"窗口">"工作区布局">"重置设计器"，恢复默认面板配置。

3. 单击"资源"面板上的"图像"按钮。

> **Dw** 提示：如果你没有看到特定的图像文件在"资源"面板中列出，单击"刷新"图标（ C ）重新加载站点图像。

4. 从面板中把 city.jpg 拖到标题"Green Buildings earn more Green"下面的第一个段落的开始处，如图 8.39 所示。出现"图像标签辅助功能属性"对话框。

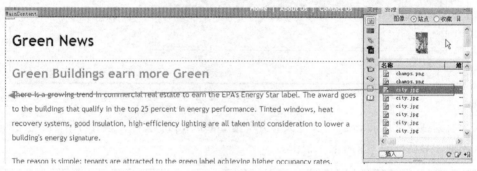

图8.39

5. 在"替换文本"框中，输入"Green buildings are top earners"，并单击"确定"按钮。

6. 对图像应用 flt_lft 类，并保存文件。

> **Dw** 提示：Dreamweaver 还允许你从 Bridge 中将图像拖入页面。

只需动手实践一下即可熟练运用拖放技术，但是它是快速在布局中插入图像的良好方式。

8.11 利用"属性"检查器优化图像

经过优化的 Web 图像可以在图像尺寸和品质与文件大小之间达到一种平衡。有时你需要优化已经放置到页面上的图形。Dreamweaver 具有一些内置的特性，可以帮助你在保持图像品质的同时实现最小的文件尺寸。在这个练习中，将使用 Dreamweaver 中的一些工具为 Web 缩放、优化和裁剪图像。

1. 在标题 "Shopping green saves energy" 下面的第一个段落的开始处插入光标，并选择 "插入" > "图像"。然后从站点的 images 文件夹中选择 farmersmarket.jpg，并单击 "确定" / "选择" 按钮。

2. 在 "图像标签辅助功能属性" 对话框中的 "替换文本" 框中，输入 "Buy local to save energy"，并单击 "确定" 按钮。

3. 对图像应用 flt_rgt 类。

这幅图像太大，可以进行裁剪。为了节约时间，可以使用 Dreamweaver 中的工具修正图像布局。

4. 如果有必要，可选择 "窗口" > "属性"，显示 "属性" 检查器。

无论何时选取图像，都会在 "属性" 检查器的右下角显示图像编辑选项。这里的按钮允许在 Fireworks 或 Photoshop 中编辑图像，或者就地调整多种不同的设置。参见框注 "Dreamweaver 的图形工具"，了解每个按钮的解释。

在 Dreamweaver 中可以用两种方式减小图像的尺寸。第一种方法是通过强加用户定义的尺寸，临时更改图像的大小。

5. 在布局中，选取 farmersmarket.jpg。然后在 "属性" 检查器中，选择 "切换尺寸约束" 图标（🔒），把图像的宽度改为 "300px"。

高度自动根据新宽度调整。Dreamweaver 以粗体显示当前规格，并显示 "重置为原始大小" 图标（🚫）和 "提交图像大小" 图标（✔），表示新尺寸不是永久性的。

6. 单击 "重置为原始大小" 图标（🚫）。图像将恢复它的原始大小，也可以交互式地调整图像大小。

7. 拖动图像的右下角，把图像的宽度缩小到 350 像素。如果你开始缩放的时候按住 Shift 键，高度将成比例变化；否则，在你结束等比例缩放的时候选择 "切换尺寸约束" 图标（🔒）。

在 "属性" 检查器中会显示 "重置为原始大小" 图标（🚫）和 "提交图像大小" 图标（✔），如图 8.40 所示。

图8.40

Dw | 提示：在缩放图像时，"属性" 检查器将给出图像尺寸的实时显示。

---

8. 单击"提交图像大小"图标（✔），将显示一个对话框，指示更改将永久生效，如图 8.41 所示。

9. 单击"确定"按钮。

Dreamweaver 还可以裁剪图像。

10. 在"属性"检查器中单击"裁剪"图标（⊐）。

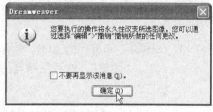

图8.41

显示一个对话框，说明操作将会永久性地改变图像。单击"确定"按钮。图像上将出现裁剪手柄。

11. 裁剪图像，使宽度和高度变为 300 像素，如图 8.42 所示。

图8.42

12. 按下 Enter/Return 键完成最终的更改。

13. 保存文件。

8.11.1　附加练习：完成新闻页面

新闻页面仍然需要几个图像和用于侧栏的说明文字。花几分钟，利用本课中学到的技巧，完成这个页面。

1. 使用你在本课中学到的任何技术，用 sprinkler.jpg 替换侧栏图像占位符。使用如下替换文本：Check watering restrictions in your area。

2. 为侧栏添加如下说明文字：The Meridien city council will address summer watering restrictions at the next council meeting。

3. 在 "Recycling isn't always Green" 文章中，插入 recycling.jpg 图像，替换文本为 "Learn the pros and cons of recycling"。应用 flt_lft 类。

4. 保存所有文件。

在这一课中，你学习了如何在 Dreamweaver 页面中插入图像和"智能对象"、使用 Adobe Bridge、从 Fireworks 和 Photoshop 复制并粘贴图像，以及使用"属性"检查器编辑图像。

可以用许多方式为 Web 创建和编辑图像。本课程中介绍的方法只说明了其中几种，这并不意味着建议或者认可一种方法优于另一种方法。可以依据你自己的情况和专业知识，自由地使用你想要的任何方法和工作流程。

Dreamweaver的图形工具

当选取图像时，可以从"属性"检查器访问Dreamweaver的所有图形工具。一共有7个工具。

- "编辑"——把所选图像发送给定义的外部图形编辑器。可以在"首选参数"对话框的"文件类型"/"编辑器"类别中把图形编辑程序指定给任何给定的文件类型。工具按钮的图像将依据所选的程序而改变。例如，如果Fireworks是图像类型的指定编辑器，就会显示Fireworks图标（**Fw**）；如果Photoshop是编辑器，则会看到Photoshop图标（**Ps**）。

- "编辑图像设置"——在"图像预览"对话框中打开当前图像。你可以为所选图像应用用户定义的优化规格。

- "从源文件更新"——更新置入的智能对象，匹配原始源文件中的更改。

- "裁剪"——永久删除图像中不想要的部分。当选择"裁剪"工具时，在当前图像中将出现一个带有一系列手柄的边界框。可以拖动手柄调整边界框的大小。当该方框包住了图像中想要的部分时，双击图形将会删除图像中位于边界框外面的那些部分。

- "重新取样"——永久调整图像大小。仅当调整了图像的大小之后，"重新取样"工具才是活动的。

- "亮度和对比度"——提供对图像亮度和对比度的用户可选择调整。对话框提供了两个可以独立调整的滑块，分别用于调整亮度和对比度。可以使用实时预览，以便你可以在提交所做的调整之前对它们进行评估。

- "锐化"——通过增加或减小标尺（0～10）上像素的对比度，可以调整图像边缘的清晰度。与"亮度和对比度"工具一样，"锐化"工具也提供了实时预览。

可以通过选择"编辑">"撤销"来撤销所有的图形操作，直到包含文档被关闭或者退出Dreamweaver为止。

复习

复习题

1. 决定光栅图像品质的 3 种因素是什么？

2. 哪些文件格式专门设计用于在 Web 上使用？

3. 描述使用 Dreamweaver 将图像插入到网页中的至少两种方法。

4. 判断正误：所有图形都必须在 Dreamweaver 之外的程序中优化。

5. 与从 Photoshop 复制并粘贴图像相比，使用 Photoshop "智能对象" 的优点是什么？

复习题答案

1. 光栅图像的品质是由分辨率、图像尺寸和颜色深度决定的。

2. 用于 Web 的兼容的图像格式是 GIF、JPEG 和 PNG。

3. 使用 Dreamweaver 把图像插入到 Web 页面中的一种方法是使用 "插入" 面板。另一种方法是将图形文件从 "文件" 面板拖到布局中。也可以从 Photoshop 复制并粘贴图像。最后，可以从 Adobe Bridge 中插入图像。

4. 错误。可以使用 "图像预览" 对话框对图像进行优化，甚至在把它们插入到 Dreamweaver 中之后亦可如此。优化可以包括重调大小、更改格式或者微调格式设置。

5. 可以在站点上的不同位置多次使用一个 "智能对象"。可以给 "智能对象" 的每个实例指定单独的设置，同时仍然使所有副本都连接到原始图像。如果更新原始图像，所有连接的图像也会立即更新。不过，当复制并粘贴 Photoshop 文件的全部或部分内容时，将会得到一幅只能对其应用一组值的图像。

第**9**课 处理导航

课程概述

在这一课中，将通过执行以下任务对页面元素应用多种类型的链接：

- 创建指向同一个站点内的页面的文本链接；
- 创建指向另一个网站上的页面的链接；
- 创建电子邮件链接；
- 创建基于图像的链接；
- 创建 Spry 导航菜单。

完成本课程将需要 2 小时的时间。在开始前，请确定你已经如本书开头的"前言"中所描述的那样，把用于第 9 课的文件复制到了你的硬盘驱动器上。如果你是从零开始学习本课程，可以使用"前言"中的"跳跃式学习"一节中描述的方法。

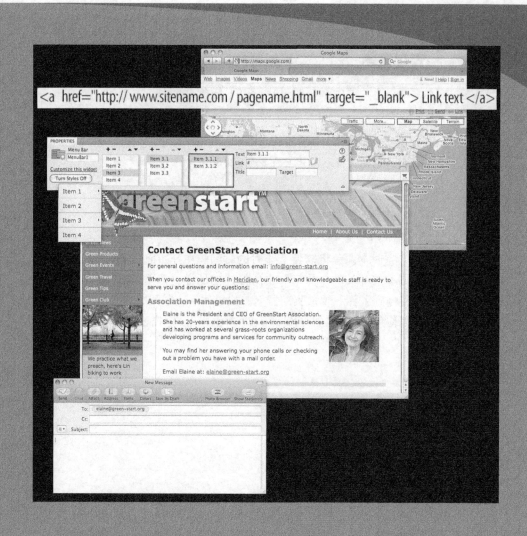

Dreamweaver 能够轻松、灵活地创建和编辑许多类型的链接, 从超链接到电子邮件链接。

9.1 超链接基础知识

如果没有超链接，World Wide Web（万维网）以及通常所说的 Internet 将离我们很遥远。如果没有超链接，HTML 将只是"ML"，即标记语言（Markup Language）。HTML 这个名称中的超文本（hypertext）指的是超链接的功能。那么什么是超链接呢？

超链接（或链接）是对 Internet 上或者你自己的计算机内的可用资源的引用。资源可以是能够存储在计算机上并且被它显示的任何内容，比如网页、图像、影片和声音文件等。超链接创建通过 HTML 或者你使用的程序设计语言指定的交互式行为，并通过浏览器或其他应用程序启用。

图9.1　HTML超链接由锚记元素<a>以及一个或多个属性组成

9.1.1　内部超链接和外部超链接

最简单的超链接是把用户带到相同文档的另一个部分的超链接，或者是把用户带到相同文件夹或硬盘驱动器中存储的另一个文档的超链接。这种类型的超链接称为**内部**（internal）超链接。**外部**（external）超链接设计用于把用户带到硬盘驱动器、网站或 Web 主机之外的文档或资源。

内部超链接和外部超链接的工作方式不同，但是它们有一点相同之处。它们都通过 <a> 锚记元素嵌入在 HTML 中。这个元素指定超链接的目的地的地址（address）或目标，并且可以使用几个属性指定它的工作方式。在下面的练习中将学习如何创建和修改 <a> 元素。

9.1.2　相对超链接和绝对超链接

可以用两种不同的方式书写超链接地址。当引用相对于当前文档存储的目标时，就称之为相对（relative）链接。这就像告诉人们你住在蓝色房子的下一个门一样。如果有人驾车来到你所住的街道并且看见蓝色房子，他们就会知道你住在哪儿。但是，你确实没有告诉他们怎样到达你的房子，或者甚至是你邻居的房子。相对链接往往包括资源名称，也许还包括存储它的文件夹，比如 logo.jpg 或 images/logo.jpg。

有时，你需要准确指出资源所在的位置。在这些情况下，就需要绝对（absolute）超链接。这就像告诉人们你住在 Meridien 的 123 Main Street。在引用网站外面的资源时，通常就是这样。绝对链接包括目标的完整 URL，比如 http://forums.adobe.com/index.jspa，它可以把用户指引到特定的文件或者只是站点内的某个文件夹。

这两种类型的链接都有各自的优、缺点。相对链接书写起来更快、更容易，但是如果包含它们的文档保存在网站中的不同文件夹中或者不同位置，它们可能无法正常工作。不管包含文档保存在什么位置，绝对链接总能正常工作，但是如果移动或者重命名了目标，它们也可能会失败。大多数 Web 设计师遵循的一个简单的规则是，为站点内的资源使用相对链接，并为站点外的资源使用绝对链接。

9.2 预览已完成的文件

为了查看你将在本课程中处理的文件的最终版本，让我们在浏览器中预览已完成的页面。

1. 启动 Adobe Dreamweaver CS6。

2. 如果有必要，可以按下 F8/Cmd+Shift+F 键打开"文件"面板，并从站点列表中选择 DW-CS6。

3. 在"文件"面板中，展开 lesson09 文件夹。

4. 在"文件"面板中右键单击 aboutus_finished.html，选择"在浏览器中预览"，并选择你喜欢的浏览器预览文件。

aboutus_finished.html 文件出现在默认的浏览器中。这个页面只在水平菜单和垂直菜单中具有内部链接，如图 9.2 所示。

图9.2

5. 把光标定位在水平菜单中的 Contact Us 上面。观察浏览器，看看它是否是在屏幕上的任意位置显示链接的目的地。

> **Dw** 提示：Firefox 和 Internet Explorer 通常在屏幕左下角的细条（称为状态栏）中显示超链接目的地。

一般来说，浏览器在状态栏中显示链接目的地，如图 9.3 所示。

图9.3

 提示：如果在 Firefox 中没有看到状态栏，可以选择"查看"＞"状态栏"打开它。在 Internet Explorer 中，可以选择"查看"＞"工具栏"＞"状态栏"打开它。

6. 在水平导航菜单中，单击"Contact Us"链接。

浏览器将加载 Contact Us 页面，替换 About Us 页面。新页面包括内部链接、外部链接和电子邮件链接。

7. 把光标定位在主要内容区域中的"Meridien"链接上面，并观察状态栏。此时状态栏显示链接"http://maps.google.com"。

8. 单击"Meridien"链接。

出现一个新浏览器窗口，并且加载 Google Maps，如图 9.4 所示。该链接旨在为访问者显示 Meridien GreenStart 办公室所在的位置。如果有需要，甚至可以在这个链接中包括地址详细信息或者公司名称，使得 Google 可以加载额外的地图和方位。

图9.4

在单击链接时，注意浏览器怎样打开单独的窗口或文档选项卡。在把访问者指引到站点外面的资源时，这是需要使用的良好行为。由于链接是在单独的窗口中打开的，你自己的站点仍然是打开的，并为使用做好准备。如果访问者不熟悉你的站点，并且在他们单击离开后可能不知道怎样回来，这就是特别有用的。

9. 关闭 Google Maps 窗口。

GreenStart Contact Us 页面仍然是打开的。注意，每位雇员都有一个电子邮件链接。

10. 单击其中一位雇员的电子邮件链接。

在计算机上将启动默认的邮件应用程序。如果你没有设置这种应用程序以发送和接收电子邮件，程序通常将启动一个向导，帮助你设置这种功能。如果设置了电子邮件程序，将会出现一个新的消息窗口，并且会在"收件人"框中自动输入雇员的电子邮件地址。

 注意：许多 Web 访问者没有使用安装在他们的计算机上的电子邮件程序，而是使用基于 Web 的服务，比如 AOL、Gmail 和 Hotmail 等。对于这些类型的访问者，你测试的电子邮件链接将不能正常工作。要了解在不依靠基于客户的电子邮件的情况下怎样接收来自访问者的信息，可参见第 12 课。

11. 关闭新消息窗口，并且退出电子邮件程序。

12. 切换回浏览器。把光标定位在垂直菜单上，使鼠标指针悬停在每个按钮上，并且检查菜单的行为。

该菜单看上去类似于在第 4 课和第 5 课中创建的菜单，但它具有一种以前不存在的新行为。其中一些按钮具有子菜单。

13. 使鼠标指针悬停在"Green Events"链接上，然后单击子菜单链接"Class Schedule"。

浏览器将加载 Green Events 页面，并自动向下跳到包含课程安排的表格上。可以看到，超链接不仅可以把特定的页面作为目标，而且可以把页面上的特定项目作为目标，以帮助访问者在较长的页面上更快地上、下移动。

14. 单击出现在课程安排表上面的"Return to Top"链接，浏览器将跳转回页面顶部。

15. 关闭浏览器，并切换到 Dreamweaver。

9.3 创建内部超链接

用 Dreamweaver 创建各种类型的超链接很容易。在这个练习中，将通过多种方法创建基于文本的链接，它们指向同一个站点中的页面。

1. 在"文件"面板中，双击站点根文件夹中的 about_us.html 文件以打开它。或者，如果你是从零开始学习本课程，可以遵循本书开头的"前言"中的"跳跃式学习"一节中的指导。

2. 在水平菜单中，尝试选取"Home"文本。

注意：如果使用"前言"中的"跳跃式学习"一节中描述的方法，预先存在的文件可能会显示课程编号，比如"mygreen_temp_9.dwt"。

在第6课中没有把水平菜单添加到可编辑区域中，因此它被认为是模板的一部分并且是锁定的，如图 9.5 所示。要给这个菜单项添加超链接，将不得不打开模板。

图9.5

3. 选择"窗口">"资源"。在"资源"面板中，单击"模板"图标（ ）。右键单击列表中的"mygreen_temp"，并从上下文菜单中选择"编辑"。

 提示：编辑或者删除现有超链接时，你不需要选择整个链接；你只需要将光标插在链接文本的任何位置。Dreamweaver 默认假定你希望修改整个链接。

4. 在水平菜单中，选取"Home"文本，此时水平菜单在模板中是可编辑的。

5. 如果有必要，可选择"窗口">"属性"，打开"属性"检查器，并且在"属性"检查器中检查"链接"框的内容。

要创建链接，必须在"属性"检查器中选择 HTML 选项卡。"链接"框中显示了一个超链接占位符"#"。首页还不存在，但是可以通过手动输入文件或资源的名称来创建链接。

6. 选取"链接"框中的磅标记（#）。然后输入"../index.html"，并按下 Enter/Return 键完成链接，如图 9.6 所示。

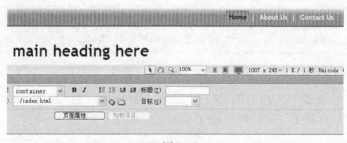

图9.6

 注意：由于你在第 6 课中对这个菜单应用的特殊格式化效果，该链接将不具有典型的超链接外观。

你创建了第一个基于文本的超链接。由于模板保存在子文件夹中，因此需要给文件名添加路径元素"../"，使得更新了模板页面之后，链接可以正确地解析。"../"告诉浏览器或操作系统查找当前文件夹的上一级目录。当把模板应用于页面时，Dreamweaver 将重写链接，这取决于把包含页面保存在什么位置。

如果文件已经存在，Dreamweaver 还提供了创建链接的交互式方式。

7. 在水平菜单中，选取文本"About Us"。

8. 在"属性"检查器中，单击与"链接"框相邻的"浏览文件"图标（▢）。当"选择文件"对话框打开时,从站点的根文件夹中选择"about_us.html"。确保将"相对于"菜单设置为"文档"，如图 9.7 所示，并单击"确定"/"选择"按钮。

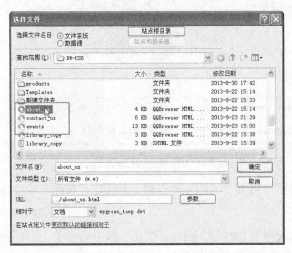

图9.7

超链接占位符将被文本"../about_us.html"所替换。现在，让我们试验一种更形象的方法。

9. 在水平菜单中，选取"Contact Us"文本。

 注意：可以选取任何范围的文本以创建链接，从一个字符到整个段落或更多的内容，Dreamweaver 将给所选的内容添加必要的标记。

10. 单击"文件"选项卡，把该面板调到上面，或者选择"窗口">"文件"。

11. 在"属性"检查器中，把"指向文件"图标（⚙）（在"链接"框旁边）拖到"文件"面板中显示的站点根文件夹中的 contact_us.html，如图 9.8 所示。

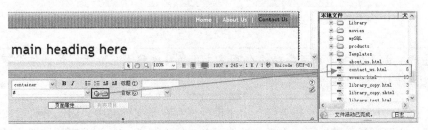

图9.8

提示：如果"文件"面板中的某个文件夹包含你想链接到的页面，但是该文件夹没有打开，可以把"指向文件"图标拖到该文件夹上并且按住它，展开那个文件夹，这样就可以指向想要的文件。

Dreamweaver 将把文件名以及任何必要的路径信息输入到"链接"框中。要对通过这个模板格式化的所有页面应用链接，只需保存页面即可。

12. 选择"文件">"保存"。

出现"更新模板文件"对话框。可以选择现在更新页面，或者等待以后再更新。如果有需要，甚至可以手动更新模板文件。

13. 单击"更新"按钮。

Dreamweaver 将更新通过模板创建的所有页面。出现"更新页面"对话框，并且显示一个报告，其中列出了要更新的所有页面，如图 9.9 所示。

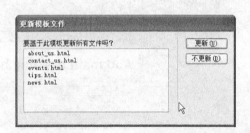
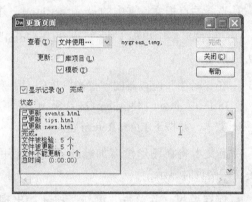

图9.9

 提示：如果没有看到更新报告，可以选择"显示记录"选项。

14. 关闭"更新页面"对话框，然后关闭 mygreen_temp.dwt。

注意 about_us.html 的文档选项卡中的星号。这指示页面已改变，但是没有保存。

15. 保存 about_us.html，并在默认的浏览器中预览它。把光标定位在文本"About Us"和"Contact Us"上面。

在保存模板时，它会更新模板的锁定区域，并且添加超链接。

16. 单击"Contact Us"链接。

"Contact Us"页面将在浏览器中替换 About Us 页面。

17. 单击"About Us"链接。

About Us 页面将替换 Contact Us 页面，甚至还会把链接添加给当时没有打开的页面。

18. 关闭浏览器，并切换到 Dreamweaver。

你学习了利用"属性"检查器创建超链接的 3 种方法：手动输入链接、使用"浏览文件"功能，以及使用"指向文件"工具。

9.4 创建基于图像的链接

链接也可以应用于图像。基于图像的链接像任何其他的超链接那样工作，并且可以把用户指引到内部或外部资源。在这个练习中，你将创建并格式化一个基于图像的链接，它将把用户指引到组织的"About Us"页面。

1. 打开"资源"面板，并且单击"模板"图标（ ）。双击 mygreen_temp 以打开它。

2. 选取页面顶部的蝴蝶图像。在"属性"检查器中，单击"链接"框旁边的"浏览文件"图标。

3. 选择站点根文件夹中的 about_us.html，并单击"确定"/"选择"按钮。

在"链接"框中出现文本"..about_us.html"，如图 9.10 所示。

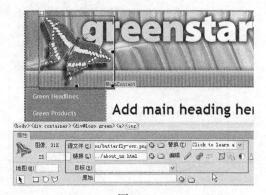

4. 在"属性"检查器的"替换"框中，用"Click to learn about Meridien GreenStart"替换现有文本，并按下 Enter/Return 键。

替换文本将在图形没有加载或者用户使用辅助设备访问网页时显示。

5. 保存模板，并单击"更新"按钮。出现"更新页面"对话框，报告更新了多少个页面。

图9.10

6. 关闭"更新页面"对话框。如果有必要，可打开 contact_us.html，并在默认的浏览器中预览它。把光标定位在蝴蝶图像上，并测试图像链接。

单击图像，将在浏览器中加载 about_us.html。

7. 切换回 Dreamweaver，并关闭模板文件。

注意：通常，利用超链接格式化的图像将显示蓝色边框，类似于加蓝色下划线的文本链接。但是布局中带有的预定义 CSS 包括一个 a img 规则，它把这个默认的边框设置为"无"。

9.5 创建外部链接

在前面的练习中链接的页面都存储在当前站点内。如果你知道完整的 Web 地址或 URL，也可以链接 Web 上存储的任何页面或者其他资源。在这个练习中，将对现有的文本应用外部链接。

1. 单击 contact_us.html 的文档选项卡，把它调到最前面，或者从站点的根文件夹中打开它。

2. 在 MainContent 区域中的第二个 <p> 段落元素中，选取单词 "Meridien"。

你将把该文本链接到站点 Google Maps。如果你不知道特定站点的 URL，可以用一个简单的技巧获得它。

Dw | 提示：对于这个技巧，可以使用任何搜索引擎。

---

3. 启动你喜爱的浏览器。然后在 URL 框中，输入 "google.com"，并按下 Enter/Return 键。或者在搜索框中，输入 "Google Maps"，并按下 Enter/Return 键。在搜索报告中定位 Google Maps 的链接，并单击它。

Google Maps 将出现在浏览器窗口中。

Dw | 注意：在某些浏览器中，你可以直接在 URL 框中输入搜索短语。

---

4. 选取出现在文档窗口顶部的整个 URL，并按下 Ctrl+C/Cmd+C 组合键复制该链接，如图 9.11 所示。

5. 切换到 Dreamweaver。在"属性"检查器中，在"链接"框中插入光标，并按下 Ctrl+V/Cmd+V 组合键复制链接，然后按下 Enter/Return 键，如图 9.12 所示。

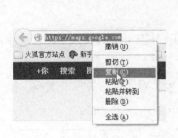

图9.11

图9.12

文本显示了超链接的标准格式化效果。

6. 保存文件，并在默认的浏览器中预览它。然后测试链接。

当单击链接时，浏览器将把你带到 Google Maps 的开始页面（假定你已连接到 Internet）。但是有一个问题：单击链接在浏览器中替换了 Contact Us 页面；它不会像前面的示例中那样打开一个新窗口。要使浏览器打开一个新窗口，需要给链接添加简单的 HTML 属性。

7. 切换到 Dreamweaver。如果有必要，可在"Meridien"链接文本中插入光标。

8. 从"目标"框的菜单中选择"_blank"，如图9.13所示。

图9.13

9. 保存文件，并在默认的浏览器中预览页面。然后测试链接。

这一次将为Google Maps打开一个单独的新窗口。

10. 关闭浏览器窗口，并切换回Dreamweaver。

可以看到，用Dreamweaver很容易创建对内部资源或外部资源的链接。

9.6　建立电子邮件链接

另一种链接类型是电子邮件链接，但它不是把你带到另一个页面，而是打开访问者的电子邮件程序。它可以为访问者创建自动的、预先编写好地址的电子邮件消息，用于接收客户反馈、产品订单或其他重要的通信。你可能已经猜到，电子邮件链接的代码稍微不同于正常的超链接，Dreamweaver可以为你自动创建正确的代码。

1. 如果有必要，可打开contact_us.html。

2. 选取Elaine的电子邮件地址（elaine@green-start.org），并按下Ctrl+C/Cmd+C组合键复制文本。

3. 选择"插入" > "电子邮件链接"，出现"电子邮件链接"对话框，并在"文本"框中自动输入了所选的文本。

提示：如果在访问对话框之前选取了文本，Dreamweaver将为你在框中自动输入文本。

4. 在"电子邮件"框中插入光标，并按下Ctrl+V/Cmd+V组合键复制电子邮件地址，如图9.14所示。

5. 单击"确定"按钮，然后在"属性"检查器中检查"链接"框。

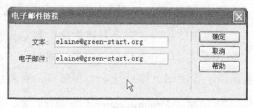

图9.14

Dreamweaver 在"链接"框中插入了电子邮件地址，并且还做了另外一件事。可以看到，它还在地址前面输入了文本"mailto:"，如图 9.15 所示。这个文本把链接变成电子邮件链接，它将自动启动访问者默认的电子邮件程序。

6. 保存文件，并在默认的浏览器中预览它。然后测试电子邮件链接。

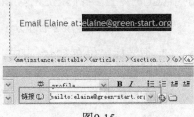

图9.15

将启动默认的电子邮件程序，并创建电子邮件消息。如果没有默认的电子邮件程序，你的计算机的操作系统将启动一个可用的电子邮件程序，或者要求你确定一个电子邮件程序。

7. 关闭任何电子邮件程序或者打开的相关对话框或向导。然后切换到 Dreamweaver。

基于客户的功能与服务器端功能

你刚才创建的电子邮件链接依靠访问者的计算机上安装的软件，比如Outlook、Entourage或Apple Mail。这种应用程序被称为基于客户（client-based）或客户端的功能。不过，如果用户通过Internet应用程序（比如Hotmail或Gmail）发送他或她的邮件并且没有安装桌面电子邮件应用程序，那么电子邮件链接将不会工作。

这种方式招致的另一个批评意见是，像这样的开放式电子邮件链接可以被漫游Internet的垃圾邮件虫（spambot）轻松地获得。如果你想确保获得每个用户的反馈，就应该用由服务器提供的功能代替。用于捕获和传递数据的基于Web的应用程序被称为服务器端（server-side）功能。使用服务器端脚本和专有的语言（如ASP、ColdFusion和PHP），可以相对容易地捕获数据并通过电子邮件返回它，甚至直接把它插入到托管的数据库中。在第12课和第14课中将学习其中一些技术。

9.7 把页面元素作为目标

当你在页面上添加更多的内容时，它将变得更长并且更难以导航。通常，当你单击一个指向页面的链接时，浏览器窗口将从页面的开始处显示它。只要有可能，就为用户提供方便的方法以链接到页面上的特定位置是一个好主意。

在 HTML4.01 中，有两种方法用于把特定的内容或页面结构作为目标：一种方法使用命名锚记（named anchor），另一种方法使用 ID 属性。但是，在 HTML5 中命名锚记已经被弃用，而 ID 得到支持。这并不意味着，在 HTML5 被正式采用的时候，命名锚记会突然停止运作，但是你现在就应该开始实践。在这个联系中，你将只使用 ID 属性。

1. 打开 events.html。

2. 向下滚动到包含课程安排的表格。

当用户在页面上向下移动较远的距离时，将看不到并且不能使用导航菜单。他们越往下阅读页面，就离主导航系统越远。在用户可以导航到另一个页面之前，他们不得不使用浏览器滚动条或者鼠标滚轮返回页面顶部。添加一个链接用于把用户带回页面顶部，可以极大地改进他们在你的站点上的体验。我们把这种类型的链接称为内部目标（targeted）链接。

内部目标链接具有两个部分：链接本身和目标元素。至于你先创建哪个部分是无关紧要的。

3. 把光标定位在 Class 表中，并选取 <table> 标签选择器。然后按下左箭头键，把光标移到 <table> 开始标签之前。

4. 输入 "Return to Top" 并选取该文本。在 "属性"检查器中，从 "格式" 菜单中选择 "段落"。

在两个表格之间插入文本，并将其格式化为 <p> 元素，如图 9.16 所示。现在我们让文本居中对齐。

5. 在 "CSS 样式" 面板中，单击 "新建 CSS 规则" 图标。

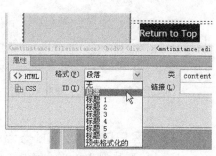

图9.16

6. 从 "选择器类型" 菜单中选择 "类"。在 "选择器名称" 框中输入 "ctr"。单击 "确定" 按钮。

7. 在打开的对话框中，在 "区块" 类别中从 "Text-align" 框的菜单中选择 "center"，然后单击 "确定" 按钮。

8. 选取段落元素 "Return to Top" 的标签选择器。在 "属性" 检查器中的 "类" 菜单中选择 "ctr"。

文本 "Return to Top" 将居中对齐。标签选择器现在显示 "<p.ctr>"，如图 9.17 所示。

9. 在 "链接" 框中，输入 "#top"，并按下 Enter/Return 键。保存所有文件，如图 9.18 所示。

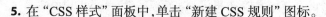

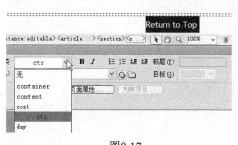

图9.17

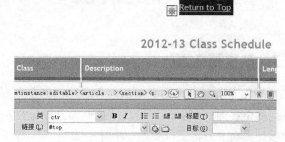

图9.18

通过使用 #top，就创建了指向当前页面内的目标的链接。当用户单击 "Return to Top" 链接时，浏览器窗口将跳转到目标位置。为了使这个链接正确地工作，需要把它插入在页面上尽可能高的位置。

> **提示**：在一些浏览器中，只需要输入磅标记（#）以启用该功能。无论何时引用未命名锚记，浏览器都将跳转到页面顶部。不幸的是，其他浏览器将完全忽略它们。因此，使用目标元素也很重要。

10. 滚动到 events.html 页面顶部，并把光标定位在标题元素上。

鼠标图标指示页面的这个部分（及其相关代码）是不可编辑的，因为标题和水平导航菜单基于站点模板。把命名锚记置于页面顶部很重要，否则，当浏览器跳转到目标时，页面的一部分可能会变得模糊不清。在这种情况下，最佳的解决方案是将目标直接添加到模版。

9.7.1 用 ID 创建一个链接目标

通过给模板添加唯一的 ID，无论你想在哪里添加一个返回页面顶部的链接，都能够在整个站点内自动访问。

1. 打开"资源"面板，并单击"模板"类别图标（▤），然后双击 mygreen_temp 以打开它。

2. 单击 <header> 标签选择器。在"属性"检查器中的"ID"框中输入"top"，按下 Enter/Return 键完成 ID。

标签选择器变为 <header#top>，如图 9.19 所示。页面中没有其他可见的差异，最大的差异是页面对内部超链接的响应。

图9.19

3. 保存文件，并更新所有模板页面。然后关闭模板。

4. 如果有必要，可切换到 events.html。保存文件，并在默认的浏览器中预览它。

5. 向下滚动到 Class 表，然后单击"Return to Top"链接，浏览器将跳转回到页面顶部。

既然通过模板在站点的每个页面中都插入了 ID，就可以复制"Return to Top"链接，并把它粘贴到你想要的任何位置以添加这种功能。

6. 切换到 Dreamweaver。在"Return to Top"链接中插入光标，并选取 <p.ctr> 标签选择器，然后按下 Ctrl+C/Cmd+C 组合键。

7. 向下滚动到 events.html 页面底部。在 Class 表中插入光标，并选取 <table> 标签选择器。然后按下右箭头键，把光标移到 </table> 封闭标签之后，并按下 Ctrl+V/Cmd+V 组合键。

<p.ctr> 元素和链接将出现在页面底部，如图 9.20 所示。

图9.20

8. 保存文件，并在浏览器中预览它。然后测试两个"Return to Top"链接。

两个链接都可用于跳转回文档顶部。在下一个练习中，你将学习怎样把元素属性用作链接目标。

9.7.2 为 HTML 表格添加 ID

可以在你想创建链接的任何地方使用命名锚记。但是，如果附近有一个方便的元素可以给它添加 ID 属性，就不需要添加额外的代码。

1. 如果有必要，可打开 events.html。在 Events 表中的任何位置插入光标，并选取 <table> 标签选择器。"属性"检查器将显示 Events 表的属性。

2. 在"属性"检查器中打开 ID 框的菜单。

Dreamweaver 将显示 CSS 定义但是目前在页面中没有使用的任何 ID。菜单中没有显示任何可以应用到表格的 ID，但是很容易创建一个新的。

Dw | 注意：可以把 ID 应用于任何 HTML 元素。在样式表中根本不必引用它们。

---

3. 在 ID 框中插入光标，然后输入"calendar"，并按下 Enter/Return 键。

标签选择器现在将显示 <table#calendar>，如图 9.21 所示）。由于 ID 是唯一标识符，它们可用于定位页面上的特定内容。不要忘记为 Class 表也创建一个 ID。

Dw | 注意：在创建 ID 时，记住它们必须是唯一的名称。ID 是大小写敏感的，所以要注意输入。

---

4. 像第 1 步中那样选取 Class 表，在 ID 框中插入光标。然后输入"classes"，并按下 Enter/Return 键。

标签选择器现在将显示 <table#classes>。你将在下一个练习中学习如何链接到这些 ID。

5. 保存文件。

图9.21

9.8 插入 Spry 菜单栏

目前现有的垂直菜单把站点内的页面作为目标。它是一个良好的起点，但是还可以变得更好。在本课程开头的示例中，完成的页面中的菜单可以直接导航到站点中的特定内容。这些链接被显示为垂直菜单中的子菜单。

尽管当前的菜单没有这种功能，但是如果你熟悉 JavaScript 和 CSS，也可以自己把它添加到现有代码中。但是当 Dreamweaver 在预建构件中提供了所需的一切时，为什么还要那么麻烦呢？构件在浏览器中执行一组特定的功能，通过结合有 HTML 代码、CSS 和 JavaScript 的程序设计（也称为 Ajax 和 Adobe 的 Spry 框架）来支持它们。

要创建你以前体验过的菜单和行为，你将不得不利用 Dreamweaver 的 Spry 构件之一替换现有的垂直菜单。Spry 菜单栏是用于在站点中插入高级功能的轻松、强大的方式，它无须手工执行所有的编码任务。因为垂直菜单保存在一个不可编辑的区域，所以你必须打开站点模板替换它。

1. 在"资源"面板中，双击"模板"类别中的 mygreen_temp 打开该文件。如果你使用"跳跃式学习"方法，模板的名称将包含课程编号，如 mygreen_temp_09。

了解Ajax和Spry

早期的Internet是由简单地在线重建现有产品和服务的站点和应用程序支配的。Web 2.0开创了Internet可用性和交互性方面的新纪元。Web 2.0背后的概念是打破客户与服务之间的现有屏障，产生一种无缝的在线体验。

驱动Web 2.0的首要技术被称为Ajax，它代表Asynchronous JavaScript and XML（异步JavaScript和XML）。如果你曾经浏览过Google地图或者Flickr上的图库，就会体验到Ajax的强大功能。

Ajax这个首字母缩写词中的关键术语是**异步**（asynchronous）。从字面上讲，它意指"并非同时"。通常，查看Web上的页面是一个非常线性的过程：你加载一个页面，浏览器显示它，并且所有的一切都将保持不变，直到你重新加载页面或者加载一个新页面为止。换句话说，如果你没有重新加载整个页面，就不能更改页面上的任何信息。

Ajax抛弃了这些旧规则。通过使用JavaScript和XML数据，Ajax驱动的页面实际上可以动态更新数据，而不必重新加载整个页面。这使得用户体验更流畅、更具交互性。数据随时可以改变，可以在服务器上更新它们，或者通过用户提醒来进行更新。

Ajax的大多数实现都需要JavaScript的高级知识以及大量的手工编码。为了使之更容易学习，Adobe开发了Spry框架，它把Ajax与Dreamweaver CS6无缝地集成在一起。下面列出了4组Spry工具。

- "Spry 数据"——将 HTML 或 XML 数据纳入到任何网页中，并且允许交互式地显示数据。在第 13 课 "处理在线数据" 中将使用 "Spry 数据集"。
- "Spry 效果"——利用高级功能扩展 Dreamweaver 行为库，以交互式地影响页面元素。"Spry 效果" 包括渐隐、显示、滑动、高亮显示以及晃动目标页面组件的能力。
- "Spry 表单构件"——把表单元素（如文本框和列表）与 JavaScript 验证功能和用户友好的错误消息相结合。在第 12 课 "处理表单" 中将使用 "Spry 表单构件"。
- "Spry 布局构件"——提供了一系列先进的布局控件，包括选项卡式面板和折叠式面板。在第 10 课 "添加交互性" 中，将使用 "Spry 折叠式" 面板。

如果你喜欢寻根究底以及更多地了解Spry的工作方式，可访问Adobe Labs（http://labs.adobe.com/technologies/spry）。

2. 在垂直菜单中插入光标，并单击 <nav> 标签选择器，按下 Delete 键。

3. 选择 "插入" > "Spry" > "Spry 菜单栏"。

4. 在 "Spry 菜单栏" 对话框中，选中 "垂直" 单选按钮，并单击 "确定" 按钮，如图 9.22 所示。

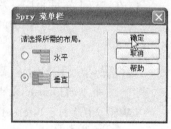

图9.22

侧栏中将出现新的垂直菜单。注意出现在菜单上面的蓝条，其中显示了名称 "Spry Menu Bar: MenuBar1"。该菜单具有 4 个项目和一组默认的 CSS 格式化效果。你将在下一个练习中调整菜单的宽度和外观。Dreamweaver 提供了适合于 Spry 构件的特殊格式化能力。

5. 单击 Spry 菜单上方的蓝条。

"属性" 检查器将显示一个特殊的界面，可以使用它添加、删除和修改菜单内的链接，如图 9.23 所示。

6. 在自定义菜单栏前，选择 "文件" > "保存"。如果 Dreamweaver 要求你复制相关文件，可单击 "确定" 按钮，如图 9.24 所示。

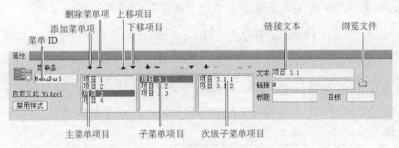

图9.23

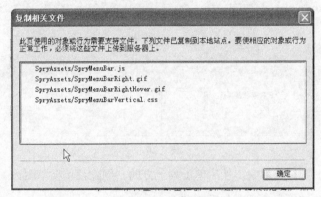

图9.24

Dreamweaver 将在站点的根文件夹中插入一个名为"SpryAssets"的文件夹,其中包含用于任何 Spry 构件的必要组件。菜单栏所需的自定义 CSS 和 JavaScript 文件也将被添加到这个文件夹中。当把文件添加到文件夹中时,Dreamweaver 自动把网页链接到它们。

可以直接在"属性"检查器中修改 Spry 菜单栏。

7. 在"属性"检查器的第一列中,单击"项目 1"以选取它。在"文本"框中,选取文本"项目 1",并输入"Green News"替换它,然后按下 Enter/Return 键完成更改,如图 9.25 所示。

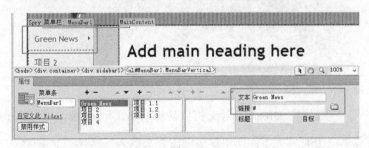

图9.25

文本"Green News"出现在屏幕上和"属性"检查器中的第一个菜单项中。"属性"检查器还提供了给项目添加超链接的方式。

8. 在"属性"检查器中,单击"浏览"图标( )。

9. 选择站点根文件夹中的 news.html，并单击"确定" / "选择"按钮。

在框中输入文本"../news.html"。在这里，Dreamweaver 不会在链接中插入文本"../"。这是由于你此时处理的文件存储在站点的根文件夹中。记得在你手工创建的任何链接中添加这个标记。

注意：Green News 按钮在"属性"检查器中具有 3 个子项目。注意菜单中的按钮上的三角形图标，这个图形指示该按钮包含子菜单，如图 9.26 所示。Dreamweaver 使得很容易添加或删除子项目。

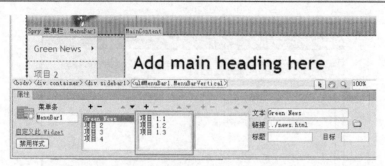

图9.26

10. 单击"项目 1.1"以选取它。然后单击列上方的"删除菜单项"图标（ **–** ），删除子项目。

这将从列表中删除"项目 1.1"，如图 9.27 所示。

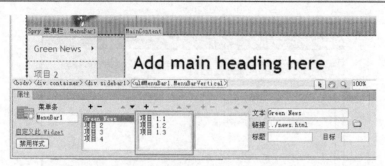

图9.27

11. 删除"项目 1.2"和"项目 1.3"。

当删除最后一个子项目时，Dreamweaver 将自动从 Green News 按钮中删除子菜单图标。

12. 选取"项目 2"，并把"文本"框中显示的内容更改为"Green Products"。

还没有要链接的 Products 页面，但是这并不会阻止你手动在"链接"框中输入文件名。

13. 在"链接"框中选取磅标记(#)，并输入"../products.html"。然后按下 Enter/Return 键完成更改。

14. 选取"项目 3"，然后把"文本"框更改为显示"Green Events"，并把项目链接到站点的根文件夹中的 events.html。

注意：Green Events 按钮具有 3 个子项目和 2 个次级子项目。你将使用子菜单链接到 Events 表和 Class 表，如图 9.28 所示。

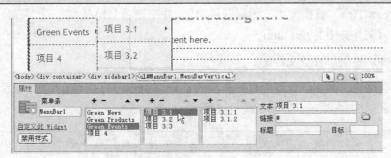

图9.28

15. 选取"项目 3.1"，并把"文本"框更改为显示"Events Calendar"。在"链接"框中，浏览并从站点的根文件夹中选择 events.html。

此时，该链接将像通常那样只从顶部打开并显示页面。为了把 Events 表作为目标，需要向链接代码中添加你在前面创建的 ID。

16. 在"链接"框中，在文件名"events.html"末尾插入光标。然后输入"#calendar"，并按下 Enter/Return 键。

"链接"框中的文本现在将显示"../events.html#calendar"。注意，Events Calendar 项目具有它自己的两个子项目，如图 9.29 所示。

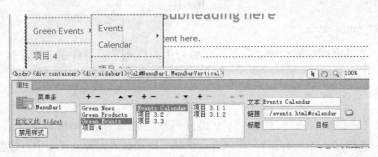

图9.29

17. 在"属性"检查器中选取并删除"项目 3.1.1"和"项目 3.1.2"。

18. 把"项目 3.2"更改为显示"Class Schedule"，并在"链接"框中输入"../events.html#classes"。

在测试链接功能之前，让我们完成其余的菜单。

19. 删除"项目 3.3"。

20. 把"项目 4"更改为"Green Travel",并在"链接"框中输入"../travel.html"。

你重新创建了原始菜单中的 5 个项目中的 4 个项目,但是仍然有一个遗漏了。"属性"检查器使得很容易添加新的菜单项。

21. 单击第一列上面的"添加菜单项"图标(+),以添加新项目。

在列表底部将出现新的"无标题项目",如图 9.30 所示。

图9.30

22. 用"Green Tips"替换文本"无标题项目",并把该项目链接到站点的根文件夹中的 tips.html。

23. 保存文件。更新所有子文件。

24. 保存所有文件,并在浏览器中打开和预览 events.html。检查菜单行为,并测试指向 Events Calendar 和 Class Schedule 的子项目链接。

 注意:子项目的宽度不足以在一行上显示链接文本。在下面的练习中将调整子项目的宽度。

菜单行为类似于你在本课程开始处测试的菜单的行为。当把鼠标悬停在 Green Events 项目上时,将弹出子菜单,显示指向事件日历和课程安排的链接。当单击链接时,浏览器将自动向下跳转到每个表格上,如图 9.31 所示。

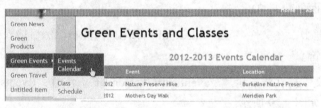

图9.31

25. 切换回 Dreamweaver。

完成的 Spry 菜单出现在侧栏中。在下一个练习中,你将学习怎样手工修改这个菜单。

9.8.1 直接修改 Spry 菜单

尽管看起来可能像魔术一样,但是 Spry 组件仍然是利用平常的 HTML 和 CSS 构建的,并用 JavaScript 增添一些趣味。如果有需要,可以在"代码"视图或"设计"视图中直接修改大多数构件。不要害怕深入代码,手工创建或者编辑菜单。

1. 如果有必要,切换到或者打开站点模板。在 Spry 菜单中插入光标。在"属性"检查器中,单击 <ul#MenuBar1.MenuBarVertical> 标签选择器显示 Spry 菜单。

2. 在"属性"检查器中,单击"关闭样式"按钮。

在"设计"视图中，你看到显示的列表不具有 CSS 格式化效果，如图 9.32 所示。注意列表是怎样以不同的方式格式化的，从而使菜单的主级项目与子级项目相关联。有些人可能发现在文档窗口中工作比在"属性"检查器中更容易。现在可以像任何其他的 HTML 列表一样编辑菜单。添加新的链接也是一件简单的事情。

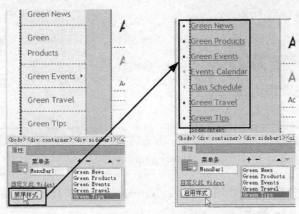

图9.32

3. 在项目编号文本"Green Tips"末尾插入光标，并按下 Enter/Return 键插入一个新行。

这个新行被格式化为列表项。让我们添加一个链接，指向站点中试验性的新页面。

4. 输入"Green Club"并选取文本。该文本是列表的一部分，但它不是超链接文本。

5. 在"属性"检查器中的"链接"框中，输入"#"并按下 Enter/Return 键，创建链接占位符，如图 9.33 所示。

甚至可以使用这种方法添加子项目。既然俱乐部只针对会员，就让我们添加一个登录页面作为子项目。

图9.33

6. 在文本"Green Club"末尾插入光标，并按下 Enter/Return 键插入一个新行。输入"Member Login"并选取文本。然后在"属性"检查器中的"链接"框中输入"#"。

注意其格式化方式与主级项目完全相同。

7. 在"属性"检查器中，单击"内缩区块"按钮缩进文本。

尽管在这个视图中很难看出，但是文本"Member Login"实际上已经缩进，如图 9.34 所示。但是，列表项目之间的差异非常微小，采取的方式是不同类型的项目符号。如果观察标签选择器并仔细检查项目符号，将看到"Member Login"的格式化方式与子项目"Events Calendar"和"Class Schedule"相同。

8. 单击 <ul#MenuBar1.MenuBarVertical> 标签选择器显示 Spry 菜单。在"属性"检查器中，

单击"启用样式"按钮，返回编排过样式的外观，如图 9.35 所示。

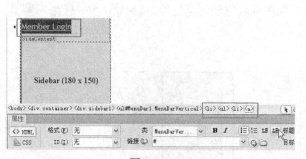

图9.34   图9.35

 提示：如果没有看到"启用样式"按钮，就在基于 Spry 的菜单中的任意位置插入光标，并单击它上面的蓝条再次选取它。

当重新启用格式化效果时，你可能注意到"Green Club"项目并没有像"Green Events"那样显示子菜单图标，如图 9.36 所示。

9. 在"Green Club"项目中插入光标，并检查标签选择器。

标签选择器显示用于正常超链接元素的 <a>。

10. 在"Green Events"项目中插入光标，并检查标签选择器。

标签选择器显示"<a.MenuBarItemSubmenu>"。由于你没有使用 Spry 界面添加子项目，Dreamweaver 将不会对"Green Club"的父元素应用所需的类。这个类为子菜单应用 CSS 格式化效果，包括子菜单图标。可以使用"属性"检查器应用类。

11. 在"Green Club"项目中插入光标，并选取 <a> 标签选择器，然后从"类"菜单中选择"MenuBarItemSubmenu"，如图 9.37 所示。

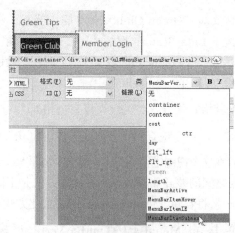

图9.36   图9.37

现在将正确地格式化按钮，并显示子菜单图标。可以看到，Spry 界面提供了多种优于手工编码的优点。

12. 保存文件。

无论何时 Dreamweaver 保存包含 Spry 组件的文档，它都会为你自动在 SpryAssets 文件夹中插入相关的 CSS 和 JavaScript 文件。如果删除一个组件并且不再需要相关的文件，Dreamweaver 将从文档代码中删除对它们的任何链接引用。Spry 界面和自动文件管理是你希望在任何基于 HTML 的工作流程中使用 Dreamweaver 的另外两个原因。

9.8.2　自定义 Spry 菜单栏的外观

可以看到，Spry 菜单栏提供了一种方式，用于快速、轻松地创建复杂的、具有专业外观的菜单。给 Spry 组件编排样式与给它所替换的原始 HTML 菜单编排样式并无二致。你需要修改这个菜单的宽度和样式，使之符合布局和站点颜色模式。Spry 元素通常是由它们自己的 CSS 文件编排样式的，记住这一点很重要。

1. 如果有必要，可打开 events.html。然后打开 "CSS 样式" 面板，并滚动到样式表的底部。

Dreamweaver 添加了一个新样式表——SpryMenuBarVertical.css，如图 9.38 所示。

2. 展开 SpryMenuBarVertical.css 样式表。

这个样式表包括用于 Spry 垂直菜单的格式化指导。此时，你应该对自己的 CSS 技能感到足够的自信，无需任何帮助即可修改样式表。你可以自由地试验，或者简单地遵循下面的指导。

3. 在 Spry 菜单中的 "Green News" 项目中插入光标，然后按下 Ctrl+Alt+N/Cmd+Opt+N 组合键打开 "代码导航器"，或者当 "代码导航器" 图标（ ✸ ）出现时单击它。

出现 "代码导航器" 窗口，其中列出了格式化这个项目的样式表和规则。

图9.38

4. 检查格式化这个项目的 CSS 规则的列表。要特别注意 SpryMenuBarVertical.css 中的规则。

5. 使用光标，悬停在这个样式表中的每个规则上，直至确定了你需要修改的属性为止，如图 9.39 所示。

你所寻找的是专门应用于宽度、颜色和超链接行为的规则。

6. 在 "CSS 样式" 面板中，单击 ul.MenuBarVertical 规则，并检查它的属性。

这个规则把 <ul> 元素的宽度设置为 8 em。由于当前站点基于固定宽度的布局，应该更改这些设置以与之匹配。新的垂直菜单是侧栏元素的一部分，该元素的宽度原来设置为 180 像素。

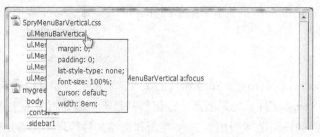

图9.39

注意：无论何时使用绝对度量系统（比如像素或点）设置容器的宽度，都应该预料到当访问者重写你所选的设置以增大文本时，容器以及布局可能会破坏。幸运的是，大多数现代浏览器现在都会放大网页，而不仅仅是增大文本。

em还是ex？都是相对的

em是图形设计中使用的一种相对度量系统，它基于站点的当前默认字体中大写字母M的宽度。ex是基于小写字母x的大小的度量系统。设计师在希望格式化文本容器以保留某些换行符时使用em和ex。以em指定的容器宽度在文本变大时将随着文本一起缩放。设置为固定宽度的容器在文本变大时将不会缩放；为了适应容器，将不得不使文本换行。

| Four score and seven years ago our fathers brought forth, up on this continent, a new nation, conceived in Liberty, and dedicated to the proposition that all men are created equal. | Four score and seven years ago our fathers brought forth, up on this continent, a new nation, conceived in Liberty, and dedicated to the proposition that all men are created equal. | Four score and seven years ago our fathers brought forth, up on this continent, a new nation, conceived in Liberty, and dedicated to the proposition that all men are created equal. | Four score and seven years ago our fathers brought forth, up on this continent, a new nation, conceived in Liberty, and dedicated to the proposition that all men are created equal. |

图9.40　固定宽度的容器：文本重排　　　　图9.41　em宽度的容器：不进行重排

这是由于em度量系统基于字体的大小，而不是任意的像素或其他固定的度量系统。这意味着如果用户选择覆盖你在浏览器中选择的字体大小，基于em或ex的任何Web结构将成比例地放大或缩小以适应新的字体大小。这样，将保留换行符，而且在文本变大时基于文本的菜单将不会换行或重排，而在使用像素或者固定的度量系统的设计中则不然。

图9.42　以像素设置的宽度：文本换行

图9.43　以em设置的宽度：一切都会缩放

7. 把"width"值改为"180px"，如图9.44所示。

注意，菜单的宽度没有变化。ul.MenuBarVertical 规则确定了菜单的最大尺寸，但是由于 <ul> 不是块级元素，菜单的宽度实际上是由不同的规则控制的。只有另外一条规则指定了第一级项目的宽度设置，即 ul.MenuBarVertical li。

8. 在"CSS 样式"面板中，选择"ul.MenuBarVertical li"，并在"属性"区域中把"width"改为"180px"。

图9.44

图9.45

Spry 菜单假定 <div.sidebar1> 的全宽度匹配你所替换的前一个垂直菜单的尺寸。在这个例子中，一切都似乎很好，但是并不意味着总是如此。替换 Web 模板中的现有结构可能很危险。新元素可能与现有的布局冲突，并且可能破坏它，正如第 4 课中发生的情况。注意布局中其他元素的大小。记住，整体包装器或者容器元素有固定的尺寸——这里是 950 像素。边框、边距或者填充设置可能有意料之外的相互影响，可能搞乱你精心创建的布局。

例如，你有没有注意到样式表中有两条 ul.MenuBarVertical 规则？其中一条在菜单上添加 1 像素的边框，这是没有必要的，让我们来删除它。

9. 选择第二条 ul.MenuBarVertical 规则，该规则包含如下规格：1px solid #CCC。在"CSS 样式"面板中，单击"删除 CSS 规则"图标（🗑）删除该规则。

第二条"ul.MenuBarVertical"规则只有一个属性——边框规格，可以在不影响布局其他部分的情况下删除。我们继续格式化 Spry 菜单，以遵循网站的设计主题。

10. 双击 ul.MenuBarVertical li 规则以编辑它。

11. 在"类型"类别中，把"Font-size"框更改为"90%"。在"背景"类别中，将"Background-color"框改为"#090"。在"方框"类别中，将所有"Padding"框修改为"0.5em"。效果如图 9.46 所示。

12. 在"边框"类别中，为边框的 3 个"Top"框分别输入"solid"、"1px"、"#0C0"。

图9.46

为边框的 3 个 "Right" 框分别输入 "solid"、"1px"、"#060"，为边框的 3 个 "Bottom" 框分别输入 "solid"、"1px"、"#060"，为边框的 3 个 "Left" 框分别输入 "solid"、"1px"、"#0C0"，然后单击 "确定" 按钮。

注意为每个菜单项添加 1 像素的边框造成的任何问题，它可能破坏布局。如果出现问题，你必须调整页面结构化元素之一的宽度进行补偿。

13. 保存模板并更新所有子页面。选择 "文件" > "保存全部"，保存所有打开的文件。单击 "实时视图" 按钮，把光标定位在每个 Spry 菜单项上，并且观察它们的行为。

菜单差不多完成了。菜单的初始状态看上去不错，但是超链接的 a:hover 状态不符合站点颜色模式，如图 9.47 所示）。要调查情况，甚至可以在 "实时" 视图中访问 "代码导航器"。

14. 在把鼠标悬停在菜单项上时，右键单击 Spry 菜单，并从上下文菜单中选择 "代码导航器"。确定影响菜单超链接的 a:hover 状态的任何规则。

有两条规则对 a:hover 状态应用文本和背景颜色，如图 9.48 所示。

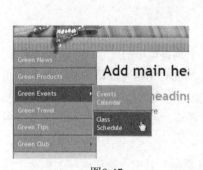

图9.47

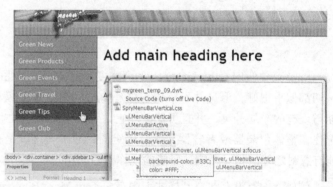

图9.48

15. 再次单击 "实时视图" 按钮，关闭 "实时" 视图。

16. 在 "CSS 样式" 面板中，单击 "ul.MenuBarVertical a:hover, ul.MenuBarVertical a:focus" 规则。然后在 "属性" 区域中，把 "color" 值更改为 "#FFC"，并把 "background-color" 值更改为 "#060"，如图 9.49 所示。

17. 在 "CSS 样式" 面板中，单击 "ul.MenuBarVertical a.MenuBarItemHover, ul.MenuBarVertical a.MenuBarItemSubmenuHover, ul.MenuBarVertical a.MenuBarSubmenuVisible" 规则。然后在 "属性" 区域中，把 "color" 值更改为 "#FFC"，并把 "background-color" 值更改为 "#060"。单击 "确定" 按钮。

18. 保存所有文件。在 "实时" 视图或者默认的浏览器中测试菜单行为，如图 9.50 所示。

颜色和行为与你在本课程开头测试的菜单相匹配。但是，子项目在一行上看起来更好一些。怎样校正这个问题呢？两个明显的修正方法是，缩短文本或者使按钮变得更宽一些。

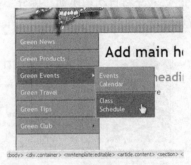

图9.49

图9.50

9.8.3 使用"代码导航器"编辑 CSS

"代码导航器"不仅仅是用于检查 CSS 代码的工具，它还可以帮助你编辑它们。

1. 在 Spry 菜单中插入光标。单击垂直菜单上面的蓝条，在"属性"检查器中访问 Spry 菜单界面。在界面第一列中选择"Green Events"项目。在第二列中选取项目"Events Calendar"。

Spry 界面和"设计"视图文档窗口中显示"Green Events"按钮的子项目，如图 9.51 所示。

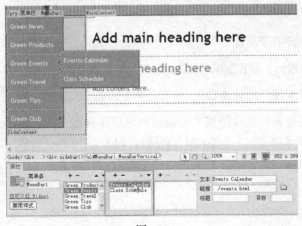

图9.51

> **提示**：只要在"属性"检查器中选取了 Events 或 Class 子项目，就会保持显示子菜单项。要隐藏子菜单项，可选取一个父元素。

2. 在 "设计" 视图中，在子项目 "Events Calendar" 中插入光标。然后按下 Ctrl+Alt+N/ Cmd+Opt+N 组合键激活 "代码导航器"，并检查规则，找出格式化子项目宽度的规则。

与第 1 级项目一样，有两个规则对子项目应用宽度：ul.MenuBarVertical ul 和 ul.MenuBar-Vertical ul li。

3. 在 "代码导航器" 窗口中，单击 ul.MenuBarVertical ul 规则。

Dreamweaver 将自动切换到 "拆分" 视图，在代码中部分加载 SpryMenuBarVertical.css，并且自动把光标定位在文件 "ul.MenuBarVertical ul" 中所在的那一行上，如图 9.52 所示。

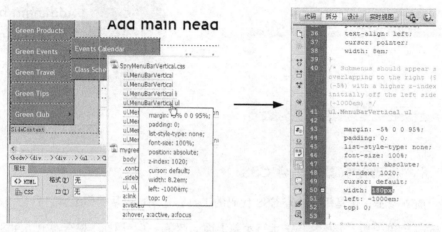

图9.52

4. 把 "width" 值改为 "180px"。

5. 像第 2 和 3 步中那样，使用 "代码导航器" 访问 ul.MenuBarVertical ul li 规则，并把 "width" 值改为 "180px"。

6. 保存文件，更新所有子页面。

你可能需要刷新 "设计" 视图窗口，以便查看更改的结果。

7. 单击 "刷新设计视图" 图标（ C ），或者按下 F5 键。

子项目现在将变得更宽，允许链接文本像期望的那样放在一行上。但是你可能注意到子菜单上有 1 个像素的灰色边框，如图 9.53 所示。灰色的边框不适合于站点主题，较深的灰色边框更为合适。和基本菜单一样，有一条重复的规则，只应用灰色的边框。

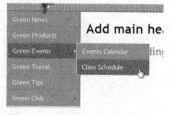

图9.53

8. 将第 2 条 ul.MenuBarVertical ul 规则中的边框颜色改成 #060，如图 9.54 所示。

9. 保存文件。更新所有子页面，刷新 "设计" 视图显示。

Spry 菜单完成，样式也很合适，如图 9.55 所示。

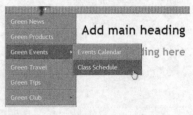

图9.54   图9.55

10. 关闭模板。

如果你不需要检修模板组件本身，应该可以从任何常规的网站页面中对CSS进行大部分未来的更改。由于CSS文件处于模板外部，修改不需要打开模板，即使修改的是每个页面不可编辑部分的项目，也是如此。

9.9 检查页面

Dreamweaver 将为浏览器兼容性、可访问性和断掉的链接自动检查页面。在这个练习中，将检查链接，并了解万一出现浏览器兼容性问题时可以做什么。

1. 如果有必要，可打开 contact_us.html。

2. 选择"文件">"检查页">"链接"。

将打开"链接检查器"面板。"链接检查器"面板报告有一个指向 index.html 的断掉的链接以及你为并不存在的页面创建的其他链接，如图 9.56 所示。你以后将创建这些页面，因此现在无须关心修复这个断掉的链接。"链接检查器"还会发现指向外部站点的断掉的链接（如果有任何这样的链接的话）。

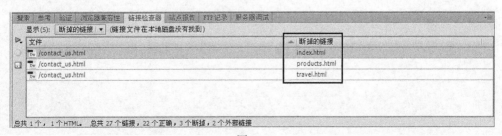

图9.56

提示：你也可以从"检查链接"图标（▷）中选择"检查整个当前站点中的链接"或者选择"站点">"检查站点范围的链接"，检查整个站点的链接。

3. 右键单击"链接检查器"选项卡，并选择"关闭标签组"1。

4. 选择"文件">"检查页">"浏览器兼容性"，如图 9.57 所示。

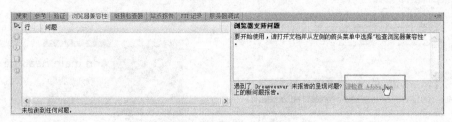

图9.57

打开"浏览器兼容性"报告面板，其中列出了一些确定的兼容性问题，以及包含错误及其描述的文件。现在没有发现任何问题，如果发现问题，你可以单击面板右下角的"请检查 Adobe.com"链接，直接从 Adobe.com 接收到关于问题的更多信息。

5. 双击"浏览器兼容性"选项卡关闭它。

在这一课中，通过添加菜单栏以及创建指向页面上的特定位置、电子邮件和外部站点的链接，对页面的外观做了重大的改变。还创建了一个链接，它使用图像作为可单击的项目，并且使用 Spry 菜单栏重新创建了主导航菜单。最后，为断掉的链接和浏览器兼容性检查页面。

复习

复习题

1. 描述向页面中插入链接的两种方式。

2. 在创建指向外部网页的链接时，需要什么信息？

3. 标准页面链接与电子邮件链接之间的区别是什么？

4. 使用 Spry 菜单栏有什么好处？

5. 怎样检查链接是否在正确地工作？

复习题答案

1. 一种方法是选取文本或图形，然后在"属性"检查器中，选择"链接"框旁边的"浏览文件"图标，并导航到想要的页面。另一种方法是拖动"指向文件"图标，使其指向"文件"面板内的一个文件。

2. 通过在"属性"检查器的"链接"框中输入或者复制并粘贴完整的 Web 地址（完整形式的 URL），链接到外部页面。

3. 标准页面链接将打开一个新页面，或者把视图移到页面上的某个位置。如果用户使用电子邮件应用程序，电子邮件链接则会打开一个空白的电子邮件消息窗口。

4. 在建立样式规则使列表显示为水平或垂直菜单栏时，它会为你做所有的工作，因此它还会编写 JavaScript 代码，以使弹出式子菜单正常地工作。

5. 运行"链接检查器"，测试每个页面上或者站点范围内的链接。

第**10**课 添加交互性

课程概述

在这一课中，将通过执行以下任务，向 Web 页面中添加 Web 2.0 功能：

- 使用 Dreamweaver 行为创建图像翻转效果；
- 插入"Spry 折叠式"构件。

完成本课程将需要 1 小时的时间。在开始前，请确定你已经如本书开头的"前言"中所描述的那样，把用于第 10 课的文件复制到了你的硬盘驱动器上。如果你是从零开始学习本课程，可以使用"前言"中的"跳跃式学习"一节中描述的方法。

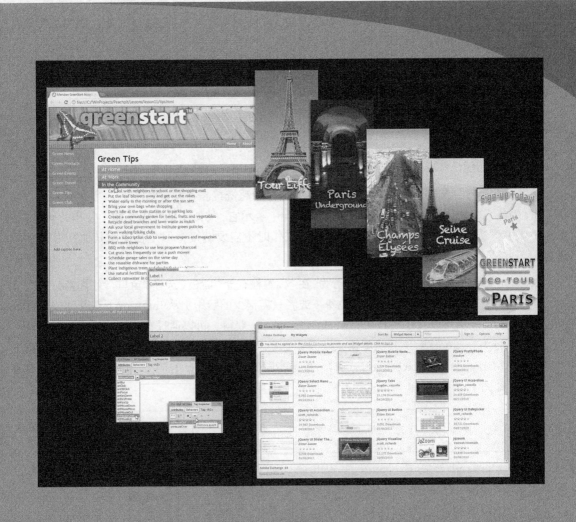

Dreamweaver 可以使用 Adobe 的 Spry 框架，利用行为和"折叠式"面板创建高级的交互式效果。

10.1　了解 Dreamweaver 行为

"Web 2.0"这一术语描述的是网页上（具备文本、图形和简单链接）用户体验的一项重大变革，从具备文本、图形和简单链接，基本为静态的页面，成为充满视频、动画和交互式内容的动态网页。从经过考验的 JavaScript 行为集合和 Spry 构件到对 jQuery Mobile 甚至 PhoneGap 的最新支持，Dreamweaver 在提供各种工具推动这一运动方面处于业界的领先地位。在本课程中，我们将研究两种这类功能：Dreamweaver 行为和 Spry 折叠式构件。

Dreamweaver 行为是预先定义的 JavaScript 代码。当某个事件（比如鼠标单击）触发它时，它将执行一个动作，比如打开浏览器窗口，或者显示/隐藏页面元素。应用行为的过程包含 3 个步骤。

1. 创建或选择想要触发行为的页面元素。

2. 选择要应用的行为。

3. 指定行为的设置或参数。

触发元素通常涉及应用于一段文本或者一幅图像的超链接。在某些情况下，行为不需要加载新页面，因此它将使用一个虚拟链接，用磅符号（#）表示它，类似于你在第 9 课中使用的磅符号。在这一课中将使用的"Spry 交换图像"行为在工作时不需要链接，但是在使用其他行为时要牢记它。

Dreamweaver 提供了 20 多种内置的行为,在"标签检查器"面板(选择"窗口">"标签检查器")中可以访问所有这些行为。另外还可以免费（或者只需很少的费用）从 Internet 下载其他数百种有用的行为。许多行为可以从在线 Dreamweaver Exchange 获得,可以通过在"标签检查器"面板中单击"添加行为"图标(+.)并从弹出式菜单中选择"获取更多行为"来访问它。当在浏览器中加载 Adobe Marketplace & Exchange 站点时,单击指向 Dreamweaver 的链接,以获取插件和行为的完整列表,如图 10.1 所示。

 注意：要访问"行为"面板和菜单，必须先打开一个文件。

Adobe Marketplace & Exchange 为 Web 设计师和开发人员提供了大量的资源，包括给 Dreamweaver 及其他 Creative Suite 应用程序提供免费和付费附件。

通过使用内置的 Dreamweaver 行为，可以使用以下一些功能：

• 打开浏览器窗口；

• 交换一幅图像与另一幅图像，创建所谓的翻转效果（rollover effect）；

• 淡入和淡出图像或页面区域；

• 增大或收缩图形；

• 显示弹出式消息；

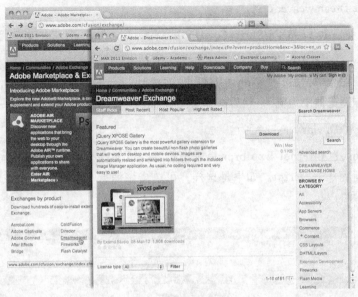

图10.1

- 更改给定区域内的文本或其他 HTML 内容；

- 显示或隐藏页面区域；

- 调用自定义的 JavaScript 函数。

并非所有的行为都是一直可用的。仅当存在(并且选择了)某些页面元素(比如图像或链接)时，才可以使用某些行为。例如，除非存在一幅图像，否则将不能使用"交换图像"行为。

每种行为都会调用它自己独有的对话框，用于提供相关的选项和规格。例如，"打开浏览器窗口"行为的对话框允许打开新的浏览器窗口，设置它的宽度、高度及其他属性，以及设置所显示资源的 URL。在定义了行为之后，就会在"标签检查器"面板中列出它以及它所选的触发动作。与其他行为一样，可以随时修改这些规范。

行为极其灵活，并且可以对同一个触发事件应用多种行为。例如，可以将一幅图像交换为另一幅图像，然后更改伴随的图像标题的文本，通过单击一次鼠标即可完成所有这些操作。虽然效果似乎是同时发生的，但是行为实际上是按顺序触发的。在应用多种行为时，可以选择处理行为的顺序。

10.2 预览已完成的文件

在这一课的第一部分中，将为 GreenStart 的旅行服务创建一个新页面。让我们在浏览器中预览完成的页面。

> **Dw** 注意：如果你从头开始这个练习，可以参见本书开始的"前言"部分中的"跳跃式学习"指南。然后，按照本练习的步骤进行。

1. 启动 Adobe Dreamweaver CS6。

2. 如果有必要，可以按 F8/Shift+Cmd+F 键打开"文件"面板，并从站点列表中选择 DW-CS6。

3. 在"文件"面板中，展开 lesson10 文件夹。右键单击 travel_finished.html，并从上下文菜单中选择"在浏览器中预览"，然后选择主浏览器。

该页面包括一些 Dreamweaver 行为。

4. 如果 Microsoft Internet Explorer 是主浏览器，可能会在浏览器窗口上方显示一条消息，指示阻止运行 JavaScript。如果是这样，可单击该消息，并选择"允许阻止的内容"，如图 10.2 所示。

图10.2

> **Dw** **提示**：在你这样插入图像时，"图像标签辅助属性"对话框不会自动出现。要添加图像替换文本，可使用"属性"检查器的"Alt"框。

5. 把光标定位在标题"Tour Eiffel"上，并且观察文本右边的图像。

现有的图像将交换为一幅埃菲尔铁塔的图像。

6. 把指针移到标题"Paris Underground"上，并且观察文本右边的图像。

当把指针移开标题时，图像将交换回 Eco-Tour 广告图像，直到它悬停在 Paris Underground（佛罗伦萨）标题上为止，如图 10.3 所示。然后，广告图像将交换为一幅巴黎地下的图像。

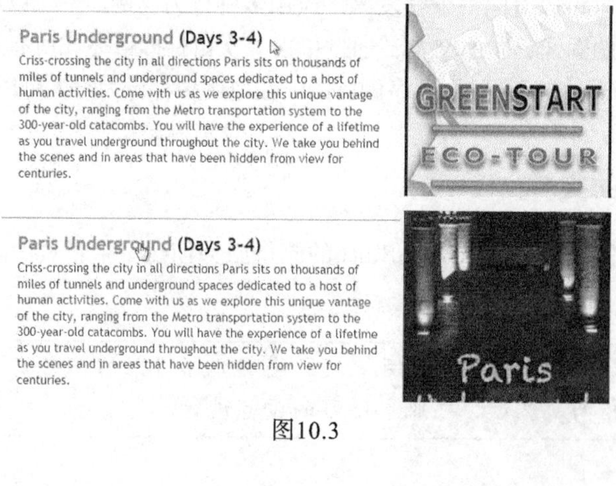

图10.3

7. 使指针经过每个标题，观察图像行为。

将交替显示 Eco-Tour 广告图像与每个城市的图像。这种效果就是"交换图像"行为。

8. 完成后，关闭浏览器窗口，并返回 Dreamweaver。

在下一个练习中，你将学习如何使用 Dreamweaver 行为。

10.3　使用 Dreamweaver 行为

向布局中添加 Dreamweaver 行为只是简单的指向 / 单击操作。但是，在添加行为之前，你必须创建旅行页面。

1. 打开"资源"面板，并单击"模板"类别图标。右键单击站点模板，并从上下文菜单中选择"从模板新建"，将打开一个基于模板的新文档窗口。

2. 将新文档另存为"travel.html"。

3. 双击侧栏中的图像占位符，导航到站点的 images 文件夹。然后选择 train.jpg，并单击"确定" / "选择"按钮，火车图像将出现在侧栏中。

4. 在"属性"检查器中的"替换"框中，输入"Electric trains are green"，并按下 Enter/Return 键。

5. 打开"文件"面板，并且展开 lesson10 > resources 文件夹，然后双击 travel-caption.txt 文件，即在 Dreamweaver 中打开标题文本。

6. 按下 Ctrl+A/Cmd+A 组合键选取所有文本，并按下 Ctrl+C/Cmd+C 组合键复制文本。然后关闭 travel-caption.txt 文件。

7. 选取侧栏中的标题占位符，并按下 Ctrl+V/Cmd+V 组合键粘贴新的标题文本，如图 10.4 所示。

8. 在"文件"面板的 resources 文件夹中，双击 travel-text.html。

travel-text.html 文件包含用于旅行页面的表格和文本。注意，文本和表格没有进行格式化。

9. 在"设计"视图中，按下 Ctrl+A/Cmd+A 组合键选取所有的文本，并按下 Ctrl+C/Cmd+C 组合键复制内容。然后关闭 travel-text.html 文件。

Hurry up and jump on the train. Join us for an exciting tour of Paris this year! Sign up here.

图10.4

10. 选择 travel.html 中的主标题占位符"Add main heading here"，输入"Green Travel"替代文本。

11. 选择标题占位符"Add subheading here"，输入"Eco-Touring"代替。

12. 选择文本"Add content here"的 <p> 标签选择器。然后按下 Ctrl+V/Cmd+V 组合键粘贴旅行文本。

将显示来自 travel-text.html 文件中的内容。假定通过你在第 7 课中创建的样式表为文本和表格应用默认的格式化效果，如图 10.5 所示。

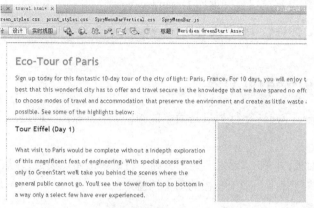

图10.5

让我们插入 Eco-Tour 广告图像，它将是用于"交换图像"行为的基础图像。

13. 双击 SideAd 图像占位符，导航到站点的 images 文件夹，并选择 ecotour.jpg。然后单击"确定" / "选择"按钮。

图像占位符被 Eco-Tour 广告图像替换，如图 10.6 所示。但是，在可以应用"交换图像"行为之前，必须确定你想交换的图像，通过给图像提供一个 ID 来执行该任务。

14. 如果有必要，可以选取布局中的 ecotour.jpg。然后在"属性"检查器中选取现有的 ID "SideAd"，输入 "ecotour"，并按下 Enter/Return 键，在"替换"框中输入 "Eco-Tour of Paris"，如图 10.7 所示。

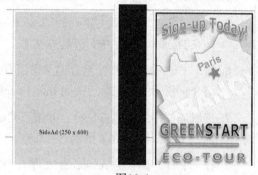

图10.6

图10.7

 提示：尽管要花费更多的时间，但是给所有的图像都提供唯一的 ID 是一个良好的习惯。

15. 保存文件。

接下来，将为 ecotour.jpg 创建"交换图像"行为。

10.3.1　应用行为

如前所述，许多行为是上下文敏感的，它们基于存在的元素或结构。"交换图像"行为可以应用于任何文档文本元素。

 注意：Dreamweaver 以前版本的用户可能在寻找"行为"面板，它现在称为"标签检查器"。

1. 选择"窗口">"行为"，打开"标签检查器"。

2. 在文本"Tour Eiffel"中插入光标，并选取 <h3> 标签选择器。

3. 单击"添加行为"图标（ **+.** ），并从行为列表中选择"交换图像"，如图 10.8 所示。

出现"交换图像"对话框，其中列出了页面上可用于该行为的任何图像。这种行为可以一次替换其中的一幅或多幅图像。

4. 选择项目"图像 "ecotour.jpg""，并单击"浏览"按钮。

5. 在"选择图像源文件"对话框中，从站点的 images 文件夹中选择 tower.jpg。然后单击"确定"/"选择"按钮。

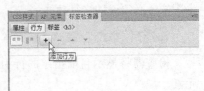

图10.8

6. 在"交换图像"对话框中，如果有必要，可选择"预先载入图像"选项，如图 10.9 所示，并单击"确定"按钮。

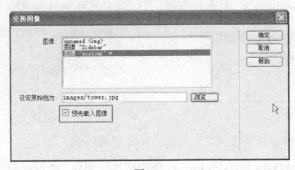

图10.9

 注意："预先载入图像"选项强制浏览器在页面加载前下载该行为必需的所有图像。这样，当用户单击触发元素时，图像交换就会发生，而不会有任何延迟或者故障。

这就把"交换图像"行为添加到"标签检查器"面板中，并且它具有 onMouseOver 属性。如果有需要，可以使用"标签检查器"更改属性。

7. 单击 onMouseOver 属性，打开弹出式菜单，并检查选项，如图 10.10 所示。

菜单提供了触发事件的列表，其中大多数是不言自明的。但是现在，保留属性 onMouseOver。

8. 保存文件，并单击"实时视图"按钮测试行为。把光标定位在文本"Tour Eiffel"上。

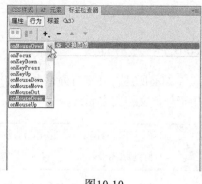

图10.10

当光标经过该文本时，Eco-Tour 广告图像就会被埃菲尔铁塔的图像替换。但是有一个小问题，当光标从该文本上移开时，原始图像不会恢复。这是由于你没有告诉它这样做。为了恢复原始图像，必须给同一个元素添加另一个命令——"恢复交换图像"。

10.3.2 应用"恢复交换图像"行为

在一些情况下，特定的操作需要多种行为。为了在鼠标一离开触发元素时就恢复 Eco-Tour 广告图像，必须添加恢复功能。

1. 返回"设计"视图。在文本"Tour Eiffel"中插入光标，并检查"标签检查器"。

检查器将显示目前指定的行为。你不必选取整个元素，Dreamweaver 假定你想修改整个触发元素。

2. 单击"添加行为"图标（ **+** ），并从弹出式菜单中选择"恢复交换图像"。然后在"恢复交换图像"对话框中单击"确定"按钮，完成交换，如图 10.11 所示。

"恢复交换图像"行为出现在"标签检查器"中，并且具有 onMouseOut 属性，如图 10.12 所示。

图10.11

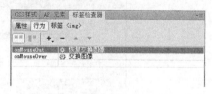

图10.12

3. 切换到"代码"视图，并检查用于文本"Tour Eiffel"的标记。

将触发事件 onMouseOver 和 onMouseOut 作为属性添加到 <h3> 元素中，如图 10.13 所示，其余的 JavaScript 代码插入在文档的 <head> 区域中。

```
>h3 onMouseOver="MM_swapImage('ecotour','','images/tower.jpg',1)" onMouseOut="MM_swapImgRestore()">
```

图10.13

4. 保存文件，并单击"实时视图"按钮测试行为。测试文本触发元素"Tour Eiffel"。

当指针经过该文本时，Eco-Tour 图像将被一幅埃菲尔铁塔的图像替换，然后当移开指针时，Eco-Tour 图像将重新出现。行为像期望的那样工作，但是如果用户在标题上晃动指针，关于指示神秘事件发生的文本并没有任何明显的"区别"。既然大多数 Internet 用户都熟悉通过超链接提供的交互性，对标题应用链接占位符就将鼓励访问者探索这种效果。

10.3.3　删除应用的行为

在可以对超链接应用行为之前，需要删除当前的"交换图像"和"恢复交换图像"行为。

1. 如果有必要，打开"标签检查器"，然后在文本"Tour Eiffel"中插入光标。

"标签检查器"将显示两个应用的事件，至于你先删除哪个事件是无关紧要的。

2. 选择"交换图像"事件，并在"标签检查器"中单击"删除事件"图标（−），如图 10.14 所示。然后选择"恢复交换图像"事件，并在"标签检查器"中单击"删除事件"图标。

两个事件都删除了。Dreamweaver 还将删除任何不需要的 JavaScript 代码。

图10.14

3. 保存文件，再次在"实时"视图中检查文本。

文本不再触发"交换图像"行为。为了对链接应用行为，首先必须给标题添加链接或链接占位符。

10.3.4　给超链接添加行为

可以给超链接添加行为。即使它们没有加载新文档，亦可如此。在这个练习中，你将为标题添加一个链接占位符，支持所需的行为。

1. 选取文本"Tour Eiffel"。在"属性"检查器中的"链接"框中输入"#"，并按下 Enter/Return 键创建链接占位符，如图 10.15 所示。

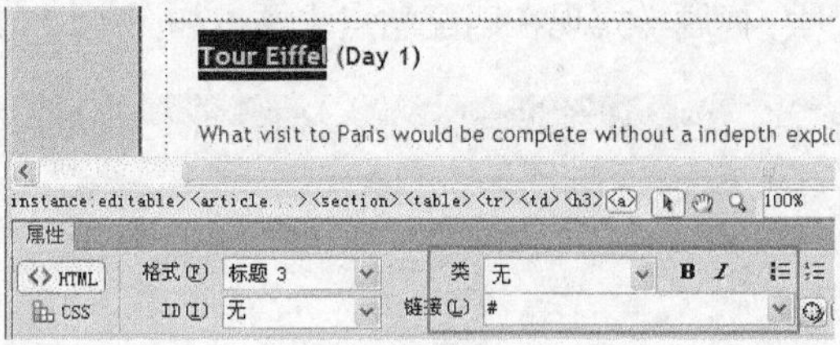

文本显示使用默认的超链接样式。

图10.15

2. 在链接中插入光标。然后在"标签检查器"中单击"添加行为"图标，并从弹出式菜单中选择"交换图像"。

只要光标仍然插入在链接中的任意位置，整个链接标记就会被应用行为。

3. 在"交换图像"对话框中，选择项目"图像"ecotour.jpg""。然后单击"浏览"按钮，从站点的 images 文件夹中浏览并选择 tower.jpg，并单击"确定"/"选择"按钮。

4. 在"交换图像"对话框中，选择"预先载入图像"和"鼠标滑开时恢复图像"选项，并单击"确定"按钮。

"交换图像"事件和"恢复交换图像"事件一起出现在"标签检查器"中，如图 10.16 所示。由于行为是突然应用的，因此 Dreamweaver 提供了恢复功能来作为一种提高效率的方法。

5. 选取文本"Paris Underground"并应用链接(#)占位符。然后对该链接应用"交换图像"行为。从站点的 images 文件夹中选择图像 underground.jpg。

6. 为文本 "Seine River Dinner Cruise" 重复第 5 步的操作。选择图像 cruise.jpg。

7. 为文本 "Champs élysées" 重复第 5 步的操作。 选择图像 champs.jpg。

交换图像行为现在已经完成，但是文本和链接外观与站点颜色模式不匹配。让我们创建自定义的 CSS 规则以格式化它。你将创建两条规则：一条用于标题元素，另一条用于链接本身。

8. 在任何翻转效果的链接中插入光标。然后在 "CSS 样式" 面板中，在 mygreen_styles.css 样式表中选择 .content section h2 规则，并单击 "新建 CSS 规则" 图标。

9. 如果有必要，从 "选择器类型" 菜单中选择 "复合内容"。在 "规则名称" 框中输入 ".content section h3"，并单击 "确定" 按钮创建规则。

10. 在 "方框" 类别中，输入如下规格：

Top-margin: **0px**
Bottom-margin: **5px**

11. 单击 "确定" 按钮完成规则。

12. 创建名为 ".content section h3 a" 的规则并输入如下规格：

Font-size: **140%**
Color: **#090**

13. 单击 "确定" 按钮完成规则。

标题样式现在匹配站点主题，如图 10.17 所示。

图10.16

图10.17

14. 保存文件，并在 "实时" 视图中测试行为。

"交换图像" 行为在所有链接上都会成功地工作。

15. 关闭 travel.html。

除了引人注目的效果之外，Dreamweaver 还提供了结构组件（如 Spry 构件）。它们可以节省空间，给站点添加更多的交互式风格。

10.4 使用"Spry折叠式"构件

"Spry折叠式"构件允许把许多内容组织进一个紧凑的空间中。在"折叠式"构件中，各个选项卡是堆叠起来的。在打开时，它们将垂直展开，而不会并排显示。当单击一个选项卡时，将用一个流畅的动作滑动打开面板。面板被设置为特定的高度,如果面板内的内容高于或宽于面板本身,将自动出现滚动条。让我们预览完成的布局。

1. 在"文件"面板中，从 lesson11 文件夹中选择 tips_finished.html，并在主浏览器中预览它。

页面内容划分在"Spry折叠式"构件中的 3 个面板中。

2. 依次单击每个面板，打开并关闭它们，如图 10.18 所示。

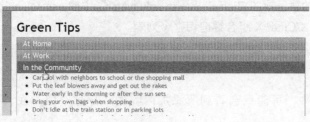

图10.18

 注意：如果你在这个练习中是从零开始学习的，可以参见本书开头的"前言"中的"跳跃式学习"一节中的指导。然后，遵循这个练习中的步骤。

3. 关闭浏览器，并返回 Dreamweaver。

10.4.1 插入"Spry折叠式"构件

在这个练习中，将把"Spry折叠式"构件纳入到布局中。

1. 打开 tips.html。

该页面由 3 个以 <h2> 标题分隔的项目列表组成。我们从在第一个 <h2> 之前插入 Spry 折叠式构件开始。

2. 在标题"At Home"中插入光标，并选择 <h2> 标签选择器，按下左箭头键一次，将光标移到 <h2> 开始标签之前。

3. 在"插入"面板的 Spry 类别中，单击"Spry 折叠式"按钮。

Dreamweaver 将插入"Spry 折叠式"构件元素。初始元素是包含两个面板的"折叠式"构件，并且会打开上方的面板。像第 9 课所创建的 Spry 菜单栏一样，带有标签"Spry 折叠式：Accordion1"的蓝色选项卡出现在新对象上方，如图 10.19 所示。

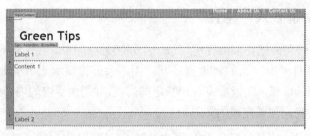

图10.19

4. 选取占位符文本"标签1"，并输入"At Home"替换该文本。

向下滚动并在 <h2> 标题"At Home"中插入光标，选择 <h2> 标签选择器，按下 Delete 键。

5. 在项目列表中的第一项"Wash clothes in cold water"中插入光标，并选择 <ul> 标签选择器。然后按下 Ctrl+X/Cmd+X 组合键剪切整个列表。

6. 选取上面的"折叠式"构件面板中的文本"内容1"，然后按下 Ctrl+V/Cmd+V 组合键粘贴项目列表。

在"设计"视图中，可能只会看到所添加内容的一部分，因为在"设计"视图中没有启用滚动。

7. 要查看或编辑所有的内容，可以右键单击选项卡，并从上下文菜单中选择"元素视图" > "完整"，如图 10.20 所示。此时整个提示列表都将显示。

图10.20

8. 右键单击内容窗口，从上下文菜单中选择"元素视图" > "隐藏"，重置面板大小。

9. 删除 <h2> 标题"At Work"。然后选取并剪切后面包含"Work"提示的 <ul> 元素。

10. 把光标定位在显示文本"标签2"的横条上。如果有必要，可单击眼睛图标（👁）打开面板2，如图 10.21 所示。

11. 选取文本"标签2"，并输入"At Work"。

图10.21

12. 选取文本"内容 2",并粘贴 <ul> 元素。

两个面板都完成了,但是需要插入一个新面板,以完成"Spry 折叠式"构件。

10.4.2 添加额外的面板

可以使用"属性"检查器向"Spry 折叠式"构件中添加面板,或者从中删除面板。

1. 在文档窗口中选取 Accordion1 上方的蓝色选项卡。

"属性"检查器将显示"折叠式"构件的设置。

2. 在"属性"检查器中,单击"添加面板"图标。

向"折叠式"构件中添加了一个新面板,如图 10.22
所示。

图10.22

3. 在文档窗口中,删除 <h2> 标题"In the Community",然后选取并剪切后面包含"Community"
提示的 <ul> 元素。

4. 把文本"标签 3"改为"In the Community",并把项目编号文本粘贴进新内容区域中。

5. 保存文件,并在其他对话框中单击"确定"按钮。

你创建了一个"Spry 折叠式"构件,并且添加了内容和额外的面板。尽管在这个练习中添加的内容已经在页面上,但是如果有需要,也可以直接在"内容"面板中输入和编辑内容。你还可以从其他源复制内容,比如 Microsoft Word、TextEdit 和 Notepad 等。在下一个练习中,你将自定义用于"Spry 折叠式"构件的 CSS。

10.4.3 自定义"Spry 折叠式"构件

像其他构件一样,"Spry 折叠式"构件通过它们自己的 CSS 文件进行格式化。在这个练习中,你将修改组件,并使其颜色模式与 Web 站点相适应。我们从跟踪格式化水平选项卡的格式开始。

1. 在选项卡标签"At Home"中插入光标,并检查标签选择器的名称和顺序。

选项卡是由 .AccordionPanelTab 类格式化的。

2. 在"CSS 样式"面板中,展开 SpryAccordion.css 样式表。双击 .AccordionPanelTab 以编辑它。

3. 在"类型"类别中,输入如下规格。

```
Font-size: 120%
Color: #FFC
Background-color: #090
Background-image: background.png
```

```
Background-repeat: repeat-x
Left Padding: 15px
Top Border Color: #060
Bottom Border Color: #090
```

4. 保存所有文件，并在"实时"视图中预览文档。然后测试并检查"折叠式"构件的行为。

水平选项卡显示鼠标悬停行为。文本变成灰色，但是与背景结合时，效果不太吸引人，如图 10.23 所示。我们修改文本颜色，提供一些对比，并且完全删除背景图像。

图10.23

5. 返回"设计"视图。检查"折叠式"构件的样式表，寻找应用悬停行为的规则。

有两条规则应用悬停效果。一条规则（.AccordionPanelTabHover）是在关闭面板时应用的，另一条规则（.AccordionPanelOpen .AccordionPanelTabHover）是在打开面板时应用的。

6. 双击 .AccordionPanelTabHover 以编辑它。

7. 为 .AccordionPanelTabHover 规则输入如下规格。

```
Color: #FFC
Background-color: #060
Background-image: none
```

8. 对于 .AccordionPanelOpen .AccordionPanelTabHover 规则，重复第 7 步的操作。

9. 保存所有文件，再次测试鼠标悬停行为。

选项卡去掉了背景图形，颜色变得更深，如图 10.24 所示。

图10.24

注意"折叠式"构件的样式表底部包含单词"focused"的两个规则，它是与悬停效果完全相同的超链接行为，只不过它是在用户使用 Tab 键或箭头键（而不是鼠标）导航页面时激活的。这些规则可能会干扰悬停格式化效果，因此给它们也提供相同的设置是一个好主意。

10. 编辑 .AccordionFocused .AccordionPanelTab 规则和 .AccordionFocused .AccordionPanelOpen .AccordionPanelTab 规则，输入如下规格。

```
Color: #FFC
Background-color: #060
Background-image: none
```

在面板打开时，它们的高度不足以同时显示列表中的所有项目。在 CSS 内也可以调整面板的高度。

11. 在项目列表中插入光标，并且检查标签选择器的名称和顺序。

面板内容区域是由 .AccordionPanelContent 类格式化的。

12. 在"CSS 样式"面板中选择 .AccordionPanelContent 规则。在面板的"属性"区域中，把 "height"值更改为"450px"。

新高度设置使大部分内容可见。最后一步是，从两侧移动 Spry 折叠式构件，避免触及内容窗口的边缘。

13. 编辑 .Accordion 规则，输入如下规格。

```
Left-margin: 15px
Right-margin: 15px
```

14. 保存所有文件，并在默认的浏览器中测试文档。

你成功地为"折叠式"构件应用了格式化效果以匹配网站的颜色模式，并且调整了组件高度以允许显示更多的内容。折叠式构件只是 Dreamweaver 所提供的 16 个 Spry 构件和组件中的一个，你可以用这些构件和组件在网站中加入高级功能，只需要少数（甚至完全不需要）编程技巧。所有构件和组件都可以通过"插入"菜单或者面板访问。在后面的课程中，你将学习如何使用更多的 Dreamweaver 内建 Spry 组件。

Adobe Exchange 上还可以找到几十个构件。你可以手工搜索并安装它们，但是 Adobe 提供自己的构件浏览器，如图 10.25 所示。这个 Air 使能应用可以从 http://tinyurl.com/widgets-browser 上下载。

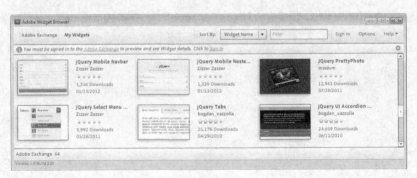

图10.25

一旦安装，构件浏览器就可以简单地找到可用的构件，将它们用于 Dreamweaver。

复习

复习题

1. 使用 Dreamweaver 行为有什么好处?

2. 必须使用哪 3 个步骤来创建 Dreamweaver 行为?

3. 在应用行为之前给图像分配 ID 的目的是什么?

4. "Spry 折叠式"构件可以做什么?

5. 怎样给"Spry 折叠式"构件添加新面板?

复习题答案

1. Dreamweaver 行为可以快速、轻松地给 Web 页面添加交互式功能。

2. 要创建 Dreamweaver 行为,需要创建或选择触发元素,选择想要的行为, 以及指定参数。

3. 在应用行为的过程中,用 ID 更容易选择特定的图像。

4. "Spry 折叠式"构件包括两个或更多的可折叠面板,它们在页面上的一个 紧凑的区域中隐藏和显示内容。

5. 在文档窗口中选择面板,然后在"属性"检查器的 Spry 界面中单击"添 加面板"图标。

第11课 处理Web动画和视频

课程概述

在本课程中，你将学习如何在网页中加入 Web 兼容的动画和视频组件，完成如下任务：

- 插入基于 Flash 的动画；
- 插入 Web 兼容动画；
- 插入基于 Flash 的视频；
- 插入 Web 兼容的视频。

 完成本课程将需要大约 35 分钟的时间。在开始前，请确定你已经如本书开头的"前言"中所描述的那样，把用于第 11 课的文件复制到了你的硬盘驱动器上。如果你是从零开始学习本课程，可以使用"前言"中的"跳跃式学习"一节中描述的方法。

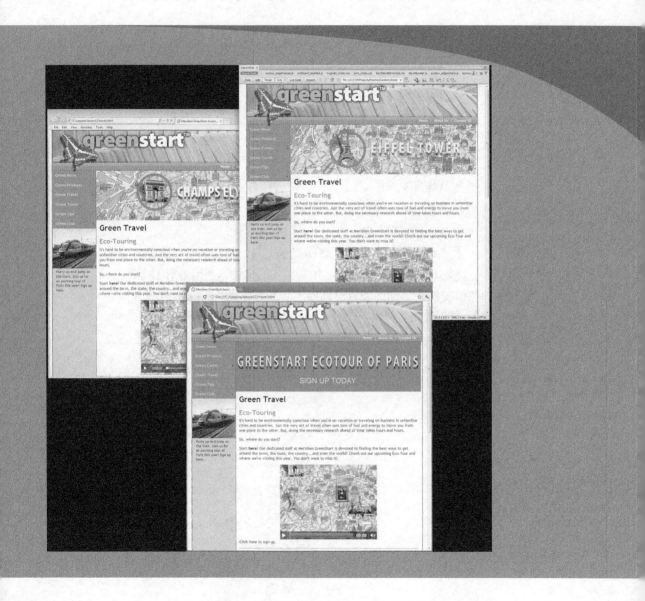

Dreamweaver 能集成 HTML5 兼容的动画和视频。

11.1 理解 Web 动画与视频

Web 能够为普通用户提供各种不同的体验。在一秒钟里，你还在下载和阅读一本畅销小说，下一秒你就在聆听最喜爱的广播电台或者艺术家的演奏。然后，你可以聆听实况电视报道或者电影的片花。在 Adobe Flash 出现之前，动画和视频很难加入到网站中。大部分这种内容用各种不同的格式提供，使用的应用、插件和编码 / 解码器（codec）也五花八门。这些程序能跨越互联网将数据传播到你的计算机和浏览器，其中会遇到巨大的困难和兼容性问题。在一个浏览器中正常工作的格式往往在另一个浏览器中不能兼容。在 Windows 中能够工作的应用程序在 Mac 中无法工作。大部分格式需要专用的播放器或者插件。

在一段时间内，Adobe Flash 为这种混乱状态带来了秩序。它提供了创建动画和视频的单一平台。Flash 最初是作为一个动画软件，彻底地改变了 Web。几年以前，它将为网站添加视频变成了一项简单的任务，再次带来了行业的变革。将视频插入 Flash，保存为 SWF 或者 FLV 文件，Web 设计师和开发人员就能利用几乎无处不在的 Flash Player——在 90% 的桌面电脑上都安装了这一播放器。不用再担心格式和编码 / 解码器——Flash Player 就能搞定一切。

遗憾的是，2007 年，iPhone 的推出给 Flash 的成功和流行带来了一个意外的结局。Apple 决定，新的移动操作系统难以支持 Flash Player 的所有好处和功能。在 Apple 的带领下，其他手机和平板电脑制造商都宣布也将在未来的产品中去掉 Flash 的支持。

尽管批评者们如此希望，但是 Flash 并没有消亡。在多媒体能力和功能上，它仍然无法匹敌。Flash Player——播放 Flash 的 SWF 和 FLV 文件所必需的应用程序——仍然是浏览器插件中最广为安装的产品之一。但是今天，在动画和视频方面，原来的预测都不算数了。创建基于 Web 视频的技术正在重新开发。你可能已经猜到，远离 Flash 的潮流宣告着 Web 媒体迎来了一个新的混乱时期。6 种甚至更多的编码 / 解码器正在竞争 Web 媒体分发和播放的"至高无上"的地位。

HTML5 的开发中包含了内建的动画和视频支持，为这一困境带来了一线曙光。使用原生 HTML5 和 CSS3 功能代替基于 Flash 媒体格式的大部分功能的工作已经迈出了一大步。视频的状态还不明朗。目前，还没有出现单一的标准，这意味着，为了支持所有流行的桌面和移动浏览器，你不得不生成多个不同的视频文件。在本课程中，你将学习如何在站点中加入不同类型的 Web 动画和视频。

11.2 预览完成的文件

为了了解在本课程中的工作，在浏览器中预览完成后的文件。这是你在前几课中组合的旅行网站的旅行页面。

1. 启动 Adobe Dreamweaver CS6。

2. 如果有必要，按下 Ctrl+Shift+F/Cmd+Shift+F 组合键打开，"文件"面板，从站点列表中选择 DW-CS6。

3. 在"文件"面板中，展开 lesson11 文件夹。

4. 选择 travel_finished.html 文件，在你的主浏览器中预览，如图 11.1 所示。

图11.1

该页面包含两个媒体元素：MainContent 区域顶部的横幅动画和侧栏中插入的视频。根据你查看页面所用的浏览器，视频可能从 4 种不同格式中生成：MP4、WebM、Ogg 或者 Flash Video。

5. 注意，横幅广告在页面完全加载时播放一次。

6. 为了查看视频，将指针移到侧栏中的视频上，单击显示的"播放"按钮。

根据浏览器支持的视频格式，你可能注意到如果你的光标离开视频，播放控件会消失，一旦光标再次放到视频上，控件又会显示。

7. 完成媒体的预览之后，关闭浏览器，返回 Dreamweaver。

11.3　在页面中添加 Web 动画

在这个练习中，你将在网页的 MainContent 区域中插入一个基于 HTML5 的横幅动画。创建原创的 Web 动画超出了本书的范围，可以通过阅读电子书《Introduction to Adobe Edge Preview 6》（Peachpit, 2012）学习创建这些类型（以及其他类型）的项目。我们从打开包含样板动画的文件开始。

1. 从 ecotour 文件中打开 ecotour.html。

当你第一次打开这个文件时，你可能看不到任何视频内容；Dreamweaver 的"设计"视图无法预览 Edge 动画。

Adobe Edge简介

Edge是Adobe开发的一个新程序——不是用于替换Flash，而是用HTML5、CSS3和JavaScript创建原生的Web动画和交互式内容。在本书编写的时候，该程序处于Beta测试阶段，可以免费地从Adobe Labs网站（www.labs.adobe.com）上下载。该产品的第一个完整版本的价格和发行日期在本书付印的时候还不明了，但是即使是Beta程序，Edge也已经是一个具备惊人能力的实用工具。实际上，本课中使用的动画都是在Edge中建立的。

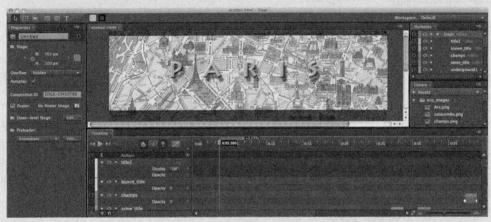

图11.2

2. 选择"代码"视图。

你可能惊讶于文档中出现的代码如此之少。大部分动画实际上已经启用，保存在外部链接指向的文件中。要获得你自己的站点中使用的动画，你只需移动两个代码块。

3. 选择并复制从 <!--Adobe Edge Runtime--> 开始，到 <!--Adobe Edge Runtime End--> 结束（第 6～8 行）的代码，如图 11.3 所示。注意代码在当前文件结构中的位置。

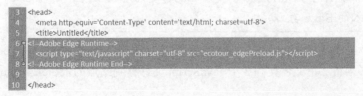

图11.3

这段代码出现在 <title>…</title> 元素的后面，链接到加载所有动画的 JavaScript 文件。这个链接定位站点文件夹中的一个文件。这时，该文件还不存在；你将在本课程后面移动它和其他必要的组件。

4. 从站点根文件夹中打开 travel.html。如果你在本练习中从头开始，则可参见本书开头"前言"部分的"跳跃式学习"指南。

横幅需要插入到任何文本元素的外面。

5. 如果有必要，选择"代码"视图。定位 </title> 封闭元素，并在元素尾部插入光标。

6. 按下 Enter/Return 键创建一个新行。按下 Ctrl+V/Cmd+V 组合键粘贴代码。现在你需要插入 stage 元素。

7. 切换到 ecotour.html。

8. 在"代码"视图中，在 <div id="Stage" class="EDGE-10410789"> </div> 元素中插入光标。选择"<div#stage>"标签选择器。

9. 按下 Ctrl+C/Cmd+C 组合键复制元素。

10. 切换到 travel.html。stage 元素必须插入任何文本元素之外。

11. 在标题文本"Green Travel"中插入光标，并选择 <h1> 标签选择器。按左箭头键将光标移出 <h1> 元素。

12. 在"代码"视图中，按 Ctrl+V/Cmd+V 组合键，粘贴 Stage 元素代码，如图 11.4 所示，保存所有文件。

```
80    <!-- InstanceBeginEditable name="MainContent" -->
81    <article class="content">
82    <div id="Stage" class="EDGE-10410789">
83    </div> <h1>Green Travel</h1>
84    <section>
```

图11.4

你已经接近完成了，但是在动画播放之前，你必须将其他文件移到站点的根文件夹。

13. 如果有必要，选择"窗口" > "文件"。打开"文件"面板。

14. 在"文件"面板中，单击"展开"图标（ ）。显示 ecotour 文件夹的内容。

Dw | 注意：需要某些 JavaScript 文件来实现特定的动画功能，而其他文件支持在站点中插入的 Edge 动画。

该文件夹包含 2 个子文件夹，3 个 JavaScript 文件，1 个 .html 文件和 1 个 .edge 文件。为了动画正常运作，你必须将 2 个文件夹和 3 个 JavaScript 文件移到站点的根目录。.html 和 .edge 文件没有必要。

15. 选择 eco_images、edge_includes 文件和 JavaScript 文件（.js）。按 Ctrl+C/Cmd+C 组合键复制各个组件，如图 11.5 所示。

16. 在"文件"面板中，选择站点根文件夹。按 Ctrl+V/Cmd+V 组合键粘贴文件和文件夹。

17. 选择"实时"视图。

在"实时"视图中，代码处理之后横幅动画自动播放一次，但是动画和水平的导航菜单之间有一个令人讨厌的间隙。要确定起因，你可以使用代码浏览器。

18. 将光标放在横幅动画之上。右键单击，从上下文菜单中选择"代码导航器"。

"代码导航器"窗口出现，列出影响横幅动画的所有 CSS 规则。

19. 从底向上，确定导致间隙的规则。

.content 规则为 div.content 应用 10 像素的填充，如图 11.6 所示。

图11.5　　　　　　　　　　　　　　　　图11.6

20. 在 CSS 面板中，选择 .content 规则。在面板的"属性"区域，将"Top Padding"从"10px"改为"0px"。

21. 保存所有文件，刷新"实时"视图显示。

横幅动画与页面内容区域的顶部平齐。祝贺你，你已经成功地在页面中加入一个基于 HTML5 和 CSS3 的动画。

11.4　在页面中添加 Web 视频

在站点中实现 HTML5 兼容的视频比插入单个基于 Flash 的文件更为复杂。遗憾的是，目前没有一个视频格式得到所有浏览器的支持。为了确保你的视频内容在任何地方都能播放，你必须提供多个不同的格式。现在，Dreamweaver 没有提供一种内建的技术，所以你必须自己完成所有编码。在这个练习中，你将学习在站点的一个页面上插入 HTML5 兼容视频的一种流行方法。

1. 如果有必要，打开 travel.html。

你将在页面的 MainContent 区域中插入视频。

2. 将光标插入到"Click here to sign up"段落。单击 <p> 标签选择器。按左箭头键将插入点移到 <p> 开始标签之前。

3. 切换到"代码"视图。输入如下代码，如图 11.7 所示。

```
<video width="400" height="300" controls="controls"></video>
```

	upcoming Eco-Tour and where we're visiting this year. You don't want to miss it!</p>
89	<video width="400" height="300" controls="controls"></video>
90	<p>Click here to sign up.</p>

图11.7

这行代码创建视频元素。注意，没有对实际视频文件的引用。你应该在这个元素中添加 src 属性，以调用视频文件，但是你只能添加一个文件名。要调用超过一个视频，你将使用新的 HTML5<source> 元素。

4. 在 <video></video> 标签之间插入光标。

5. 按 Enter/Return 键创建一个新行。在新行上输入 "<source src="">。当你输入 "src=""" 时，Dreamweaver 将提示你浏览文件。

6. 单击激活 "浏览" 命令。导航到 movies 文件夹，选择 paris.mp4 文件。单击 "确定" / "选择" 按钮。

MP4 也称为 MPEG-4，是基于 Apple QuickTime 标准的一种视频格式。iOS 设备对该格式有原生支持。许多专家建议首先加载 MP4 文件——否则，iOS 可能完全忽略视频元素。

7. 完成元素：<source src="movies/paris.mp4"type="video/mp4" />。

下一个加载的格式是 WebM，这是一种开源、无版权的视频格式，得到 Google 的赞助。它与 Firefox 4、Chrome 6、Opera 10.6 和 Internet Explorer 9 以及更新版本的浏览器兼容。

8. 按 Enter/Return 键创建一个新行。

在新行上输入 <source src="movies/paris.webm" type="video/webm" />。

为了充实我们的 HTML5 视频选择，下一个加载的格式是有损的开源格式 Ogg。它专门设计用于分发无版权和其他媒体限制的多媒体内容。

9. 按 Enter/Return 键创建一个新行。

在新行上输入 <source src="movies/paris.theora.ogv" type="video/ogg" />，如图 11.8 所示。

89	<video width="400px" height="300" controls="controls">
90	<source src="movies/paris.mp4" type="video/mp4"/>
91	<source src="movies/paris.webm" type="video/webm"/>
92	<source src="movies/paris.theora.ogv" type="video/ogg" /></video>
93	<p>Click here to sign up.</p>

图11.8

提示：你将使用 FLV 视频作为 HTML5 视频的备用内容。同样，你可以插入一个 FLV 视频，用 HTML5<video> 元素和 <source> 引用作为备用内容。那样，如果浏览器或者设备不支持 Flash，将显示 HTML5 视频。

这 3 种格式应该支持所有现代桌面和移动浏览器。但是为了支持旧的软件和设备，可能必须使用忠实的老朋友：Flash 视频。最后添加它，我们就能确保只有不支持其他三种格式的浏览器会加载 Flash 内容。虽然 Flash 已经被许多人放弃，但 Dreamweaver 仍然提供插入 FLV 和 SWF 文件的支持。

10. 按 Enter/Return 键创建一个新行。选择"插入" > "媒体" >FLV。

11. 当"插入 FLV"对话框出现时，确认"视频类型"弹出菜单设置为"累进式下载视频"。

12. 单击"浏览"按钮，导航到站点根目录中的 movies 文件夹。选择 paris.flv，并单击"确定" / "选择"按钮。

要允许用户启动、停止视频和"倒带"，你应该添加控件。一定要选择不超过视频本身宽度的控件。

13. 从"外观"弹出菜单中，选择"Corona Skin 3"。

这个视频的宽度为 400 像素，任何可用控件都适合。视频控件将在访问者移动光标到视频上时，自动出现和消失。

14. 单击"检测大小"按钮，自动输入视频高度和宽度，或者手工输入宽度：400 和高度：300。选择"限制高宽比"和"自动重新播放"选项。单击"确定"按钮，如图 11.9 所示。

Dreamweaver 在布局中插入一个占位符，这个占位符可以用"属性"检查器自定义。FLV 文件在"设计"视图中无法预览，必须在"实时"视图或者浏览器中查看。

15. 保存文件。

当你保存文件时，"复制相关文件"对话框出现，如图 11.10 所示，显示解释相关文件 expressInstall.swf 和 swfobject_modified.js 文件将被放入新的 Scripts 文件夹的信息。这些文件对于在浏览器中运行 FLV 文件是必要的，必须上传到你的 Web 服务器以支持 Flash 功能。如果这个对话框显示，单击"确定"按钮。

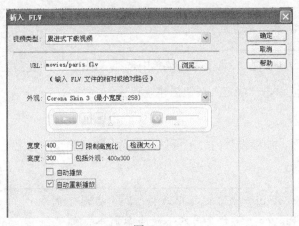

图11.9

图11.10

Dw 注意：Travel 页面现在包含两个通知，提醒用户注册 Eco-Tour。在第 12 课中，你将创建一个新页面，包含注册表单，并将这些文本链接到该表单。

16. 切换到"设计"视图。

如果你使用 <video> 元素而不使用 FLV，Dreamweaver 不会生成视频内容的预览。幸运的是，它将为 FLV 组件生成一个占位符。实际的视频文件只会出现在兼容的浏览器中。布局中的占位符与 <div.content> 的左侧平齐。我们将其居中。

17. 单击 FLV 占位符。选择 <video> 标签选择器。在"CSS 样式"面板中，单击"新建 CSS 规则"图标。

<video> 标签默认是一个内联元素。通过指定其 block 属性，你可以控制视频在页面上的对齐方式以及和其他块元素的关联。

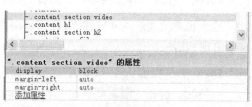

图11.11

18. 创建一条新的 CSS 规则，名为 .content section video，输入如下规格，如图 11.11 所示。

```
Display: block
Margin-right: auto
Margin-left: auto
```

这条规则居中插入 <div.content> 的所有 <video> 元素。但是该元素还包含一个 FLV 组件，这个组建不使用 <video> 标签——而是使用 <object> 标签。为了确保 FLV 内容居中，我们还要为这个标签也创建一条规则。

提示：在必要时，创建自定义类控制单独元素的位置。

19. 在 CSS 样式面板中，右键单击 .content video 规则，从上下文菜单中选择"编辑" > "复制"。

20. 将规则名称改为 .content section object。单击"确定"按钮创建规则。

现在，所有 <video> 和 <object> 元素都居中。

21. 在"实时"视图或者浏览器中预览页面。如果视频内容不可见，将光标移到静止图像之上显示它们。单击"播放"按钮查看视频。

注意：有些版本的 Microsoft Internet Explorer 可能阻止活动内容，直到你允许浏览器运行它。如果你没有 Flash Player，或者使用的不是当前版本，你可能被要求下载最新版本。

根据你预览页面的地方，可能看到 4 种视频格式之一，如图 11.12 所示。例如，在"实时"视图中你将看到基于 FLV 的视频。控件根据显示的格式也各有不同。这个视频中没有声音，但是控件仍然包含一个"喇叭"按钮，可以调整音量或者静音。

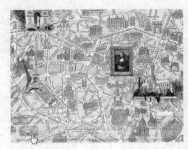  

Dreamweaver   Chrome   Inernet Explorer

图11.12

22. 结束后，切换回"设计"视图。

你已经嵌入了 3 个 HTML5 兼容视频和一个 FLV 备用视频，这应该能够支持大部分浏览器和互联网访问设备。但是你只使用了支持这种发展中标准的一种方法。要了解更多关于 HTML5 视频及实现方法的知识，可以访问如下链接：

http://tinyurl.com/video-1-HTML5

http://tinyurl.com/video-2-HTML5

http://tinyurl.com/video-3-HTML5

复习

复习题

1. HTML5 和 HTML4 相比，在基于 Web 的媒体上有何优势？

2. 本课程使用何种编程语言创建 HTML5 兼容动画？

3. 判断正误：你可以选择单一视频格式支持所有浏览器。

4. 支持旧浏览器的建议视频格式是什么？

5. "相关文件" 在 FLV 文件操作中起什么作用？

复习题答案

1. HTML5 对 Web 动画和视频有内建支持。

2. 这个课程中的动画用 Adobe Edge，以原生的 HTML5、CSS3 和 JavaScript 创建。

3. 错误。还没有出现支持各种浏览器的单一格式。开发人员建议加入 4 种视频格式，支持主流浏览器：MP4、WebM、Ogg 和 FLV。

4. FLV（Flash 视频）是旧浏览器的建议备用格式，因为 Flash Player 的安装很普遍。

5. 相关文件为互联网上播放 Flash 组件提供必不可少的功能，必须和相关 HTML 和视频一起上传到你的服务器。

第12课 处理表单

课程概述

在这一课中，将为网页创建表单，并执行以下任务：

- 插入表单；
- 包括文本字段；
- 使用"Spry 表单"构件；
- 插入单选按钮；
- 插入复选框；
- 插入列表菜单；
- 添加表单按钮；
- 纳入字段集和图注；
- 创建电子邮件解决方案用于处理数据；
- 利用 CSS 编排表单的样式。

　　完成本课程大约需要 2 小时的时间。在开始前，请确定你已经如本书开头的"前言"中所描述的那样，把用于第 12 课的文件复制到了你的硬盘驱动器上。如果你是从零开始学习本课程，可以使用"前言"中的"跳跃式学习"一节中描述的方法。

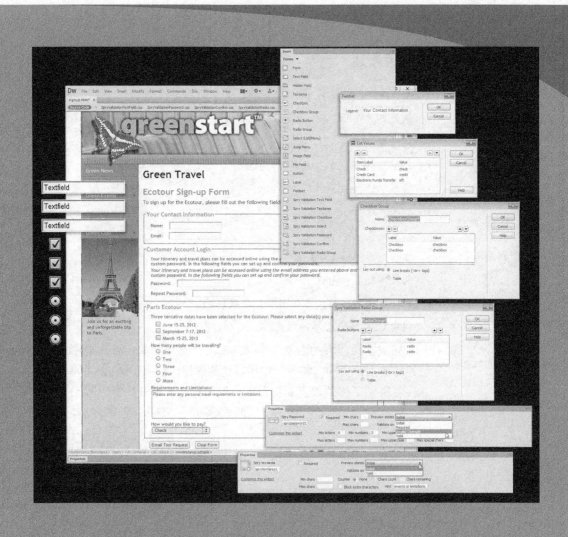

对于许多人来说，当他们填写表单时，是他们第一次在 Web 上遇到交互性。表单是现代 Internet 上必不可少的工具，你可以用它捕获重要的信息和反馈。

12.1 预览已完成的文件

为了了解你将在本课程中处理的项目，可以在浏览器中预览已完成的 Paris Eco-Tour 页面。

1. 启动 Dreamweaver CS6。

2. 如果有必要，可以打开"文件"面板，并从站点列表中选择 DW-CS6。然后展开 lesson12 文件夹。

3. 选择 **signup_finished.html** 文件，并在主浏览器中预览它。

该页面包括多个表单元素。可以试试它们，观察它们的行为。

4. 在"Name"框中单击，并输入一个名字。然后按下 Tab 键，名字将出现在数据字段中。

5. 在"Email"框中单击，并输入一个电子邮件地址，然后按下 Tab 键。

"Spry 表单"构件提供了对这个字段的验证，如果该字段保持为空，就会显示一条错误消息，如图 12.1 所示。

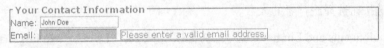

图12.1

 注意：如果 Microsoft Internet Explorer 是你的主浏览器，并且在浏览器窗口顶部出现一条消息，指示将阻止脚本运行，可以单击消息条，并从出现的菜单中选择"允许阻止的内容"。

6. 在"Email"框中输入"**jdoe@mycompany**"，然后按下 Tab 键。

由于你省略了".com"部分，"Spry 表单"构件将显示一条错误消息，提示你校正输入的内容，如图 12.2 所示。

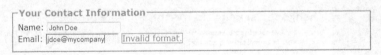

图12.2

7. 在"jdoe@mycompany"条目末尾输入"**.com**"，然后按下 Tab 键。

既然输入的内容代表完整的电子邮件地址，错误消息就会消失。

8. 在"Password"框中输入"**mypassword**"，然后按下 Tab 键。

此时，将会出现一条错误消息，指示输入的密码没有满足所描述的最低要求，如图 12.3 所示。

图12.3

9. 在"Password"框中输入"**mypassword12**",然后按下 Tab 键。

10. 在"Repeat Password"框中输入"**mypass12**",然后按下 Tab 键。

"Spry 验证确认"构件检测到两个密码不匹配,会显示一条错误消息,如图 12.4 所示。

Password: ••••••••••
Repeat Password: •••••••   The values don't match.

图12.4

11. 在"Repeat Password"框中输入"**mypassword12**",然后按下 Tab 键。

12. 选择一个或多个选项,指示你计划何时旅行。

13. 使用单选按钮选择旅行者的人数。

14. 在"Requirements and Limitations"框中单击,并输入"**I prefer window seats.**",然后按下 Tab 键。

如果在 Web 服务器上加载这个表单,你通常会单击 Email Tour Request 按钮提交表单。此时,将出现一个如图 12.5 所示的感谢页面,它将替换签约页面。

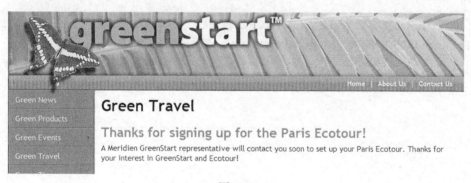

图12.5

15. 完成这些操作后,关闭所有浏览器窗口,并返回 Dreamweaver。

在开始利用各种表单元素构造你自己的表单之前,让我们先看看表单如何工作。

12.2 了解表单

无论是纸质表单还是 Web 表单,都是收集信息的工具。在这两种情况下,信息都会被输入到交互式的表单元素或字段（field）中，使信息更容易查找和理解。

纸质表单通常使用单独的页面或图形边框区分字段，而 Web 表单则使用 <form> 标签及其他特定的 HTML 元素指定和收集数据。

与纸质表单相比，在线表单具有决定性的优点，因为用户输入的数据可以自动传输进电子数据表或数据库中，从而减少了与纸质表单关联的人工成本和出错几率。

基于 Web 的表单由一个或多个 HTML 元素组成，其中每种元素都用于特定的目的。

- 文本字段——允许输入有限字符数的文本或数字，如果将文本字段指定为密码字段，则在输入字符时将会把它们遮蔽起来。

- 文本区域——与文本字段相同，但是用于输入更长的文本，比如多个句子或段落。

- 单选按钮——允许用户从一组选项中选择一个选项的图形元素，在组中只能选择一个选项。在组中选择一个新选项将会取消选择当前所选的任何选项。一旦选择了一个选项，就不能取消选择它，除非重置表单或者选择另一个项目。

- 复选框——允许用户指定 yes（是）或 no（否）选择的图形元素。可以把复选框组织在一起。不过，与单选按钮不同，它们允许在一组内选择多个选项。同样，与单选按钮不同的是，复选框可以根据需要取消选择。

- 列表 / 菜单——以弹出式菜单格式显示条目。列表也称为选择列表（select list），可能强制选择单个元素，也可能允许选择多个选项。

- 隐藏域——将信息传递给用户看不到的表单处理机制的预定义数据字段。隐藏的表单元素广泛用于动态页面应用中。隐藏的数据可能包括从站点前一个页面传递的信息，或者你不想让用户在提交之前看到的默认数据——例如表单提交的真实日期和时间。

- 按钮——用于提交表单，或者执行某种其他单一目的的交互，比如清理或打印表单。

使用纸质表单，一旦填写完毕，就可以邮寄或者交给某个人来处理。Web 表单则通常以电子方式进行邮寄或处理。<form> 标签包括一个 action 属性，当提交表单时将触发 action 属性的值。通常，action 是另一个页面的 Web 地址，或者是实际地处理表单的服务器端脚本。

12.3　向页面中添加表单

对于这个练习，你将创建一个新页面，用于签约参加第 11 课中完成的旅行页面中描述的 ParissEco-Tour 旅游。

 注意：如果你在这个练习中是从零开始学习的，可以参见本书开头的"前言"中的"跳跃式学习"一节中的指导。然后，遵循这个练习中的步骤即可。

1. 打开"资源"面板，并单击"模板"类别图标。右键单击 mygreen_temp，并从上下文菜单中选择"从模板新建"，如图 12.6 所示。

2. 在站点的根文件夹中将文件另存为"**signup.html**"。

3. 在 MainContent 区域中，选取占位符标题"Add main heading here"，并输入"**Green Travel**"替换该文本。

4. 在 MainContent 区域中，选取占位符标题"Add subheading here"，并输入"**EcoTour Sign-up Form**"替换该文本。

图12.6

5. 选取占位符段落"Add content here"。输入"**To sign up for the EcoTour, please fill out the following fields:**"，然后按下 Enter/Return 键，创建一个新段落。

所有的表单字段都必须包含在 <form> 元素内，因此通常最好的做法是，在插入任何字段元素之前就把它添加到页面中。在提交和处理表单时，插入在 <form> 元素外面的任何字段都将被忽略。

6. 打开"插入"面板，并从类别列表中选择"表单"。在"表单"类别中，单击"表单"图标（▢）。

 注意：如果你尝试在没有 <form> 标签的情况下插入表单元素，Dreamweaver 将提示你添加它。

Dreamweaver 将在插入点处插入 <form> 元素，利用红色框线形象地指示它。表单总是应该具有唯一的 ID。如果你没有创建自己的 ID，Dreamweaver 将添加它。

7. 如果有必要，可选择 <form#form1> 标签选择器。在"属性"检查器的 ID 框中插入光标。然后输入"**ecotour**"，并按下 Enter/Return 键创建自定义的 ID，如图 12.7 所示。

图12.7

<form#ecotour> 元素向左、右扩展到 <div.content> 的边缘。

一个控制所有元素的标签

文本字段、复选框、单选按钮、列表菜单和文本区域至少具有一点共同之处：它们都是使用HTML <input>标签创建的。只需更改type属性和一个或多个其他的设置，就可以把复选框转换成单选按钮、文本字段或列表菜单。其他任何HTML元素都没有如此灵活而强大的功能。在本课程中插入表单字段时，可以自由地查看代码，看看这种魔法是怎样实现的。

你可能看到类似于以下示例的内容。

Textfield   <input type="text" name="color" id="color" />

☑ <input type="checkbox" name="color" id="color" value="red" />

⊙ <input type="radio" name="color" id="color" value="red" />

8. 如果有必要,可打开"CSS 样式"面板。在 **mygreen_styles.css** 样式表中选择 .content 规则。在"CSS 样式"面板中,单击"新建 CSS 规则"图标(➕）。

9. 选择"复合内容",并把新规则命名为".**content section #ecotour**",然后单击"确定"按钮。

10.在"方框"类别中,只在 Margin 区域中的"Left"和"Right"框中输入"**15px**",然后单击"确定"按钮,如图 12.8 所示。

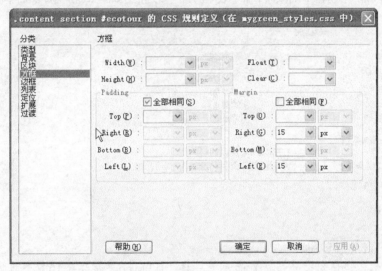

图12.8

新规则".content section #ecotour"将出现在"CSS 样式"面板中。表单的红色框线从 MainContent 的左、右边缘各缩进了 15 像素。

11.保存所有文件。

你创建了一个表单元素。接下来,将插入一些表单字段。

12.4 插入文本表单元素

文本字段是所有表单元素的骨干。文本字段是用于收集非结构化文本和数字数据的基本工具,难以想象如果没有它们,表单将会是什么样子。事实上,许多表单只由文本输入字段组成。

在接下来的练习中,将插入一些基本的文本字段、Spry 文本字段、密码文本字段、密码确认文本字段和文本区域。不过，在可以开始前，请确认 Dreamweaver 被配置成以其最容易访问的方式添加表单元素。

12.4.1　设置可访问表单的首选参数

可访问性技术对表单元素提出了特殊的要求。辅助技术设备（比如屏幕阅读器）需要精确的代码，使它们能准确地读取表单以及各个表单元素。Dreamweaver 提供了一个选项，用于以正确的格式输出表单代码。这些首选参数可能被设置为默认配置，如果是这样，就只需确认这些选项是为可访问的表单而设置的。

1. 选择"编辑" > "首选参数"（Windows）或 Dreamweaver > Preferences（Mac）。

2. 当"首选参数"对话框出现时，从"分类"列表中选择"辅助功能"。

3. 在"辅助功能"类别中，确保选中了"表单对象"复选框，如图 12.9 所示，然后单击"确定"按钮。

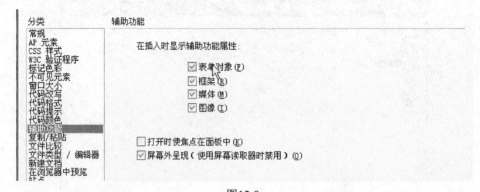

图12.9

有趣的HTML5字段

　　和我们已经使用过的语义页面元素一样，HTML5还提供了10多个非常有趣的新表单元素、字段类型和属性。<datalist>和<keygen>等新元素和日期、时间、电子邮件、电话等字段类型可以提供更好的输入控制和验证功能。换句话说，字段本身知道应该输入什么类型的数据，并提供验证和标记不正确输入项的功能。

　　遗憾的是，HTML5字段及其令人惊叹的功能没有得到某些主流浏览器、手机和移动设备的支持。因为数据字段在信息收集中所起的关键作用，我们还不推荐普遍使用这些表单。你可以自由地试验它们，但是在本课程中我们将坚持使用经过考验的HTML字段类型。如果你使用这些字段类型且浏览应用没有原生的支持，在大部分情况下，它们的表现会和常规的文本字段类似。但是，在某些手机和移动设备上，HTML5字段或者属性可能完全不起作用。

　　要了解更多关于新字段类型的知识，可以访问 ***tinyurl.com/HTML5-input***。

在下面的练习中将会看到，如果启用了表单对象的辅助功能，那么在插入表单元素之前将会出现一个对话框。这个对话框具有许多选项，用于包括表单元素标签，以及其他的特殊属性。你将在以后学习关于这些属性的更多知识。

12.4.2　使用文本字段

文本字段接受字母数字型字符——包括字母和数字。除非另外指定，否则文本字段可以显示大约 20 个字符。如果输入的字符超过了这个数量，那么文本将在字段内滚动。为了在屏幕上显示更多或更少的字符，可以在"属性"检查器中的"字符宽度"框中设置特定的字段大小。尽管对文本字段元素中可以输入的文本数量没有内在的限制，但是你更可能遇到所选的数据应用程序强加的限制。

电子数据表和数据库字段往往会限制可以输入的数据量。如果在某个字段中输入太多的数据并提交它，数据应用程序通常会简单地忽略或丢弃超过其最大容量的任何内容。为了防止这种情况发生，如果有需要，可以通过使用"属性"检查器中的"最多字符数"属性把 HTML 文本字段限制为特定的字符数量。

1. 如果有必要，从站点的根文件夹中打开 **signup.html**。

2. 在红色表单框线内插入光标，标签选择器应该显示 <form#ecotour>。

3. 在"插入"面板的"表单"类别中单击"文本字段"图标（ ）。

出现"输入标签辅助功能属性"对话框。该对话框可以为 <input> 元素指定特定的属性和标记。在插入表单字段时，Dreamweaver 可以轻松地立即定义其中的一些选项。

例如，最重要的属性是 id，因为它给字段提供了唯一的名称，有助于以后处理表单数据。如果没有给每个表单字段提供唯一的 ID，Dreamweaver 将为你创建普通的 ID，如 textfield、textfield2 和 textfield3 等。由于普通的 ID 难以使用，因此你自己创建描述性的自定义名称是很重要的。

4. 在"ID"框中输入"**name**"，并按下 Tab 键。

文本字段也可以包括用于将出现在网页中的描述性标签的标记。这种标记是可选的，如果在对话框中选择"无标签标记"选项，Dreamweaver 将完全忽略 <label> 标记。

另一方面，如果你希望使用 <label> 元素，Dreamweaver 将为你插入 HTML 标记，并且提供用于插入它的两种方法：通过把标签环绕在文本字段元素周围，或者通过把它作为使用"for"属性的单独元素插入。虽然这个属性对普通用户来说不可见，但是你可以用它标识用于视力有残疾的访问者的字段。在这些情况下，"for"选项为表单设计提供了最大的灵活性，同时仍然遵循 Section 508 残疾标准。

5. 在"标签"框中输入"**Name:**"，并按下 Tab 键。

ID 是小写的，因为它只出现在代码中。标签是大写的，因为它在表单中的文本字段元素之前或之后实际地显示。

6. 选择"使用'for'属性附加标签标记"选项。如果有必要，可选择"在表单项前"选项，如图 12.10 所示，然后单击"确定"按钮。

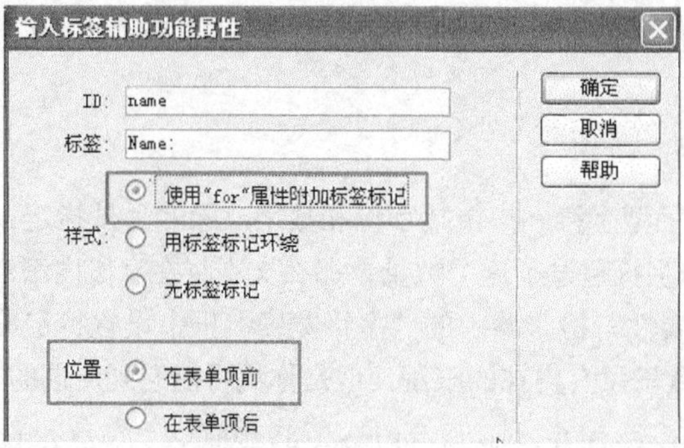

图12.10

当选择了"使用'for'属性附加标签标记"选项时，Dreamweaver 将会插入如下代码：

```
<label for="name">Name:</label><input type="text" id="name" />
```

这个代码段允许表单设计中具有最大的灵活性。例如，可以把两个元素保持在同一行上、把它们放在两行上，或者使用 CSS 单独格式化每个元素。在某些情况下，你可以使用一个表格创建表单布局。使用独立的标签元素，你可以将每个项目放在单独的单元格和表格列中。

7. 保存文件。

第一个表单对象现在已经就绪。可以利用类似的操作插入其他的标准文本字段。在下一个练习中，将添加"Spry 验证文本域"，它是一个利用 Ajax 功能自定义的特殊版本的文本字段。

12.4.3 包含 Spry 文本域

在第 10 课"添加交互性"中，学习了用于 Ajax 的 Adobe Spry Framework，并且使用了"Spry 折叠式"面板。Dreamweaver 还包括一大批用于表单的 Spry 对象。每个"Spry 表单"构件都把表单元素与先进的 JavaScript 结合起来，用于创建带有内置验证（validation）功能的易于使用的表单字段。

验证是检验在表单元素中是否输入了合适数据的过程。这可以维持在表单中输入并且传递给数据应用程序的数据的完整性和质量。例如，如果站点访问者在电子邮件文本字段中输入了不完整或者无效的电子邮件地址，表单数据可能就是无价值的。验证还可以确保在提交表单之前已经填完了所有必需的字段。

"Spry 表单"构件可用于多种类型的任务，包括文本字段、文本区域、复选框、密码字段、密码确认字段、单选按钮组和选择列表。每种构件的工作方式基本相同:插入构件，然后使用"属性"检查器中的 Spry 界面指定其属性。

在这个练习中，将插入一个"Spry 验证文本域"对象，以确保用户将会提交正确结构的电子邮件地址。

1. 如果有必要，打开 **signup.html** 文件。

2. 在前一个练习中插入的 Name 文本字段末尾插入光标，并按下 Shift+Enter/Shift+Return 组合键，插入一个强制换行符。

3. 在"插入"面板的"表单"类别中，单击"Spry 验证文本域"图标（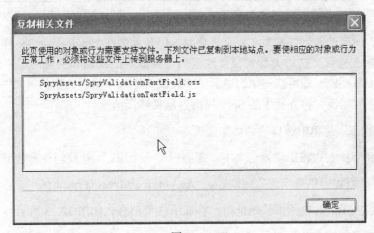），出现"输入标签辅助功能属性"对话框。

4. 在 ID 框中输入"**email**"，在"标签"框中输入"**Email:**"，然后选择"使用'for'属性附加标签标记"选项，并选择"在表单项前"选项，然后单击"确定"按钮。

Dw | 提示：可以按下 Tab 键，从一个字段快速移到下一个字段。

---

5. 保存文件。如果 Dreamweaver 提醒你使用了外部 JavaScript 文件，单击"确定"按钮即可，如图 12.11 所示。

图12.11

一旦把元素插入到页面上，就可以自定义它的 Spry 功能。

6. 如果蓝色的"Spry 文本域"选项卡不可见，可以把鼠标指针定位于电子邮件文本字段之上，并等待它出现。单击该选项卡可选取元素。如果有必要，可打开"属性"检查器。

"属性"检查器将会显示普通的 Spry 文本域的属性和设置。注意，"预览状态"菜单中显示的文本为"初始"。

7. 在"属性"检查器中，从"类型"弹出式菜单中选择"电子邮件地址"，如图 12.12 所示。

注意，"预览状态"菜单中现在显示"无效格式"，警告文本显示在字段的右边。

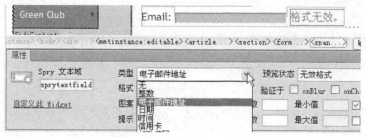

图12.12

"电子邮件地址"字段类型将检查输入的内容中是否包含"@"字符,其后接着域名。在"属性"检查器中检查可用的触发器。Blur 选项是当用户在表单中按下 Tab 键从一个字段移到下一个字段时激活的触发器。在字段中输入或改变数据时,将激活 Change 选项。当表单由浏览器和 Web 应用程序处理时,将激活 Submit 选项。

> **Dw** 注意:当一个字段是必需的时候,在提交表单之前,用户必须填好它。

8. 在"属性"检查器中,选择"验证于 onBlur"选项,并确保选择了"必需的"选项。

默认情况下,所有的验证都发生在提交表单时。但是就像在 Email 字段中一样,可以添加触发器以便更早一点检查验证。这种类型的交互性提供了更及时的反馈和更好的用户体验。用户不必等待整个表单都填写完成,即可获得他们遗漏了字段或者输入了错误数据的通知。在 Dreamweaver 中可以轻松地使用"属性"检查器中的 Spry 界面自定义错误消息。

9. 从"预览状态"菜单中选择"必填"选项。

在 Spry Email 字段右边将出现警告文本"需要提供一个值"。 让我们使警告不那么晦涩。

10. 选取文本"需要提供一个值",并输入"**An email address is required.**"。

当在字段中输入无效的电子邮件地址时,将显示这条消息,如图 12.13 所示。

图12.13

11. 从"预览状态"菜单中选择"无效格式"选项,在 Spry Email 字段右边将出现警告文本"格式无效"。

12. 选取文本"格式无效",并输入"**Please enter a valid email address.**",如图 12.14 所示。

图12.14

13. 保存文件。

12.4.4　创建字段集

使表单对用户更友好的一种方式是把字段组织为逻辑组（称为字段集）。HTML <fieldset> 元素就设计用于此目的，它甚至还带有一个有帮助的描述元素，称为图注（legend）。

1. 如果有必要，可打开 **signup.html** 文件。

2. 在 Email 标签中插入光标。单击蓝色选项卡，选取 Spry 文本字段。然后按下右箭头键，把光标移到 Spry 组件之后，并按下 Enter/Return 键创建一个新段落。

3. 在 Name 标签中插入光标，并选择 <label> 标签选择器。按住 Shift 键，并在 Email 文本字段末尾单击，选取这两个字段及其关联的标记。

在"设计"视图中选取相关代码可能有一点棘手。为了确保选取所需的一切内容，可切换到"代码"视图或"拆分"视图。

4. 确保你选取了下面整个代码块，如图 12.15 所示。

图12.15

5. 在"插入"面板的"表单"类别中，单击"字段集"图标（□），把所选的代码插入到 <fieldset> 元素中。

6. 在"标签"框中，输入"**Your Contact Information**"，然后单击"确定"按钮。

7. 切换到"设计"视图。

在"设计"视图中不会准确地呈现字段集，不过，它确实清楚地显示了图注。

8. 保存所有文件，并在"实时"视图中预览页面。

9. 字段集把两个字段整洁地封装在一个带有标签的容器中，如图12.16所示。

图12.16

10. 切换回"设计"视图。

在下一个练习中，将创建密码字段和密码确认字段。

12.4.5　创建密码文本字段

在 Web 上经常可以看到密码字段。通常，文本字段会显示其中输入的字符，但是这并不是密码字段所想要的。作为替代，密码字段将在输入字符时遮蔽它们，并且显示一系列星号或黑点（取决于浏览器）。这被设计成一种安全措施，它可以阻止不经意间路过的人在你输入密码时看到它们。

1. 在你刚才创建的字段集中的任意位置插入光标，并选择 <fieldset> 标签选择器。然后按下右箭头键，把光标移到元素之后，并按下 Enter/Return 键创建一个新段落。

2. 输入以下文本：

Your itinerary and travel plans can be accessed online using the email address you entered above and a custom password. In the following fields you can set up and confirm your password.

3. 按下 Enter/Return 键创建一个新段落。输入"**Your password must contain at least 8 characters, at least two of them numbers, such as "password12.""**。选取该段落，在"属性"检查器中单击 I 按钮，应用 <em> 标签。

4. 按下 Enter/Return 键，创建一个新段落。然后在"插入"面板的"表单"类别中，单击"Spry 验证密码"图标（ ），出现"输入标签辅助功能属性"对话框。

5. 在"ID"框中输入"**password**"。在"标签"框中输入"**Password:**"。选择"使用'for'属性附加标签标记"和"在表单项前"选项。然后单击"确定"按钮。

6. 单击蓝色的"Spry 密码"选项卡，"属性"检查器将显示"Spry 密码"字段的设置和属性。

> **注意**：如果不希望在设计窗口中显示默认的错误消息，可以在"属性"检查器中从"初始状态"菜单中选择"初始"选项。

7. 选择"必填"和"验证时间 onBlur"选项。 在"最小字母数"框中输入"8",在"最小数字数"框中输入"2",如图 12.17 所示。

图12.17

8. 单击蓝色的"Spry 密码"选项卡。按下右箭头键,把光标移到密码字段之后。然后按下 Shift+Enter/Shift+Return 组合键,在密码字段后面创建一个换行符。

9. 在"插入"面板的"表单"类别中,单击"Spry 验证确认"图标( ),创建一个密码确认文本字段,出现"输入标签辅助功能属性"对话框。

10. 在"ID"框中输入"**confirm_pw**"。在"标签"框中输入"**Password:**",选择"使用'for'属性附加标签标记"和"在表单项前"选项,然后单击"确定"按钮。

11. 单击蓝色的"Spry 确认"选项卡,选择"必填"和"验证时间 onBlur"选项,从"验证参照对象"弹出式菜单中选择""**password**"在表单"**ecotour**""选项,如图 12.18 所示。

图12.18

此时,可以把在第 2 步和第 3 步中创建的两个 Spry 验证字段封装在它们自己的字段集中。

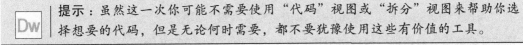

提示:虽然这一次你可能不需要使用"代码"视图或"拆分"视图来帮助你选择想要的代码,但是无论何时需要,都不要犹豫使用这些有价值的工具。

12. 选取指导性段落以及两个 Spry 字段。

13. 在"插入"面板的"表单"类别中,单击"字段集"按钮。在"标签"框中输入"**Customer Account Login**",然后单击"确定"按钮。

注意：文本缩进，但是字段集与内容元素的边缘平齐，如图 12.19 所示。缩进是由原始布局中预先存在的 CSS 规则之一应用的。你将在本课程末尾校正这种不一致性，并且通过创建只用于表单的自定义的 CSS 样式表来应用额外的样式效果。

14. 保存所有文件。

"复制相关文件"对话框出现，说明特定的 Spry 资源正在复制到你的站点文件夹。这个对话框每当你添加新型的基于 Spry 表单元素时出现。

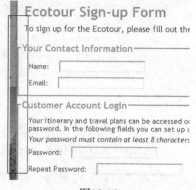

15. 单击"确定"按扭，关闭"复制相关文件"对话框。

你添加的密码字段允许网站用户在你设置的规则内创建密码。密码确认字段要求以完全相同的形式重新输入密码。由于密码在输入时是遮蔽的，这可以帮助网站用户检测输入的内容，使得他们不会意外地提交一个不是他们打算输入的密码。

图12.19

12.5 插入复选框

复选框提供了一系列选项，可以以任意组合选择它们。像文本字段一样，每个复选框都有它自己唯一的 ID 和值属性。Dreamweaver 提供了两种方法用于向页面中添加复选框。可以单独插入每个复选框，或者一次插入整个复选框组。也可以选择插入正常的 HTML 复选框，或者是由 Spry 增强的复选框。Spry 复选框允许添加自定义的错误消息及其他功能。在这个练习中，将插入一个"复选框组"。

1. 如果有必要，可打开 **signup.html** 文件。

2. 在 Customer Account Login 字段集中插入光标，并选择 <fieldset> 标签选择器。按下向下的箭头键，把光标移到元素外面。然后按下 Enter/Return 键，插入一个新段落。

3. 在字段中输入 "**Three tentative dates have been selected for theEcoTour. Please select any date(s) you prefer:**"。

4. 按下 Enter/Return 键，插入一个新段落。

5. 在"插入"面板的"表单"类别中，单击"复选框组"图标（ ）。

出现"复选框组"对话框，显示两个预先定义的选项，如图 12.20 所示。

6. 把"名称"框改为"tourdate"。

注意，对话框提供两列："标签"和"值"。像文本字段一样，复选框提供了预先定义的选项，其中的标签可能不同于实际提交的值。这种方法提供了几个超过用户可填写字段的优点。

图12.20

首先，预先定义的选项可以传送想要的特定值，它们可能对用户没有任何意义。例如，标签可以显示产品的名称，而值可以传递库存单位（或 SKU）数量。其次，复选框和其他预先定义的字段极大地减少了许多形式的常见的用户输入错误。

7. 在"复选框组"对话框中，单击文本"复选框"旁边的"添加"按钮（＋），在列表中创建第三个项目。

8. 在"复选框组"对话框中，输入如下值，如图 12.21 所示。

- 标签 1: June 15-25, 2012   值 1: tour1
- 标签 2: September 7-17, 2012   值 2: tour2
- 标签 3: March 15-25, 2013   值 3: tour3

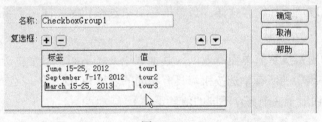

图12.21

Dw | 提示：可以按 Tab 键，在标签和值之间快速移动，以填写整个列表。

---

9. 对于"布局，使用"选项，可选择"换行符（
 标签）"。然后单击"确定"按钮。

复选框组出现在文档中在第 3 步中输入的文本下面。使用复选框组消除了在"属性"检查器中输入任何设置的需要。快速查看一下代码，它展示了使用复选框组的优点。

Dw | 注意：默认情况下，用于复选框和单选按钮的标签出现在元素后面。

---

10. 在任何复选框标签中插入光标，并切换到"拆分"视图，检查相关的 <input> 元素的

代码。

组中的每个复选框都显示 name="tourdate" 属性。注意 ID 属性是自动递增的，比如 tourdate_0、tourdate_1 和 tourdate_2，如图 12.22 所示。使用复选框组，Dreamweaver 通过自动执行添加多个复选框元素的过程，为你节省了许多时间。

```
      <input type="checkbox" name="tourdate" value="tour1" id="tourdate_0">
      June 15-25, 2012 </label>
    <br>
    <label>
      <input type="checkbox" name="tourdate" value="tour2" id="tourdate_1">
      September 7-17, 2012</label>
    <br>
    <label>
      <input type="checkbox" name="tourdate" value="tour3" id="tourdate_2">
      March 15-25, 2013</label>
```

图12.22

11. 保存文件。

你已经创建了一个复选框组。可以在一个组中选择多个复选框。在下一个练习中，你将学习如何使用单选按钮。

12.6　创建单选按钮

有时，你希望用户从多个选项中选择一个选项。在这种情况下，选择的元素就是单选按钮。单选按钮在两个方面不同于复选框。当选择了某个单选按钮时，除非通过单击组中的另外一个单选按钮，否则将不能取消选择它。这样，当单击一个单选按钮时，同一个组中的任何其他选项都会自动被取消选择。

这种行为背后的支持机制简单而有效。与其他表单元素不同，每个单选按钮并没有唯一的名称和 ID，相反，同一组中的所有单选按钮都具有相同的名称和 ID。为了区分同一组中的不同单选按钮，给每个单选按钮赋予一个与众不同的值。

与复选框一样，可以使用两种方法向页面中添加单选按钮。可以单独插入每个单选按钮，或者一次插入整个单选按钮组。也可以选择插入正常的 HTML 单选按钮，或者是由 Spry 增强的单选按钮。如果选择 HTML 单选按钮，你将完全负责手动插入并命名每个单选按钮。如果选择“Spry 验证单选按钮组”，Dreamweaver 将负责所有的命名任务，以及自定义的错误消息和样式所需的关联的 JavaScript 和 CSS 文件。在这个练习中，将插入“Spry 验证单选按钮组”构件。

1. 如果有必要，打开 **signup.html** 文件，并切换到“设计”视图。

2. 在最后一个复选框标签中插入光标。选择 <p> 标签选择器，并按下右箭头键把光标移到元素之后。然后按下 Enter/Return 键插入一个新段落。

3. 输入“**How many people will be traveling?**”，按 Shift+Enter/Shift+Return 键插入一个

换行符。

4. 在"插入"面板的"表单"类别中，单击"Spry 验证单选按钮组"图标（▦）。

5. 把"名称"框更改为"**travelers**"。

6. 单击 3 次"单选按钮"旁边的"添加"按钮（+），总共创建 5 个单选按钮。

与复选框一样，可以输入不同于标签的值。

Dw 注意：复选框和单选按钮基本上使用完全相同的代码标记。要把单选按钮转换为复选框，只需给每个项目提供唯一的 ID 和名称即可。要把复选框更改为单选按钮，只需给每个项目提供相同的名称和 ID 即可。

7. 在"Spry 验证单选按钮组"对话框中输入如下值，如图 12.23 所示。

*   标签 1: One   值 1: 1
*   标签 2: Two   值 2: 2
*   标签 3: Three   值 3: 3
*   标签 4: Four   值 4: 4
*   标签 5: More   值 5: contact

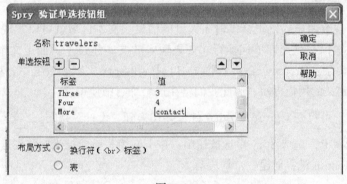

图12.23

Dw 提示：如果你想在这个对话框中重排单选按钮的顺序，可以使用向上和向下的箭头。

8. 从"布局，使用"选项中，选择"换行符（
 标签）"，然后单击"确定"按钮。

"Spry 单选按钮组"出现在第 3 步中输入的文本下面。

9. 如果有必要，可以单击蓝色选项卡，选取"Spry 单选按钮组"构件。在"属性"检查器中，选择"必填"选项。

10. 从"预览状态"菜单中，选择"必填"选项。

检查 Spry 错误文本，如图 12.24 所示。

图12.24

让我们自定义普通的错误文本。

11. 选取 Spry 错误文本"请进行选择"。输入 **"Please choose the number of travelers."**，如图 12.25 所示。

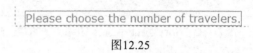

图12.25

12. 保存所有文件。

你已经创建了一组单选按钮。通过使用"Spry 验证单选按钮组"构件，可以轻松地使之成为必需的表单字段，并且自定义了错误文本。如果用户没有选择其中一个单选按钮，当提交表单时就会出现一条错误消息。

12.7 加入文本区域

你可能常常希望给用户提供机会以输入大量的信息。文本区域就可以实现这个目标。文本区域允许输入多行文本，并且允许单词换行。如果输入的文本超过了页面上文本区域的物理空间，它就会自动出现滚动条。Dreamweaver 提供了 HTML 和 Spry 文本区域组件。基于 Spry 的文本区域组件允许包括自定义的用户提示，因此我们将在这个练习中使用它。

1. 如果有必要，可打开 **signup.html** 文件，并切换到"设计"视图。

2. 单击蓝色选项卡，选取 Spry 单选按钮组。按下右箭头键，把光标移到这个元素之后。然后按下 Enter/Return 键，创建一个新段落。

3. 在"插入"面板的"表单"类别中，单击"Spry 验证文本区域"图标（ ）。
出现"输入标签辅助功能属性"对话框。

4. 在"ID"框中输入 **"requirements"**。在"标签"框中输入 **"Requirements and Limitations:"**。如果有必要，可选择"使用'for'属性附加标签标记"和"在表单项前"选项。然后单击"确定"按钮。

此时，将显示注释文本区域，它与标签出现在一行中，这看起来不是非常吸引人，如图 12.26 所示。因此，让我们把文本区域移到它自己的行上。

5. 在文本区域标签"Requirements and Limitations:"中插入光标。选择 <label> 标签选择器，并按下向右的箭头键。按下 Shift+Enter/Shift+Return 组合键创建一个换行符。

图12.26

文本区域标签"Requirements and Limitations:"的意思十分模糊，需要更多一点的说明以产生想要的响应。在基于 HTML 的文本区域中，可以插入一些默认的文本或者一个初始值（initial value），以请求正确的数据。

基本上，它的工作方式如下：在"属性"检查器的"初始值"框中输入文本并保存页面。当浏览器呈现表单时，这段文本将自动出现在文本区域中。

不幸的是，如果用户没有输入自己的响应，就会把"初始值"框中的文本传递给数据应用程序。这可能在数据库中填塞许多重复性的无用数据。由于许多用户没有特殊的旅行需求，因此往往会跳过这个字段。此时，"Spry 验证文本区域"构件就派上用场了。它提供了一种不同的技术，用于提供不会传递不想要的数据的初始值。

6. 单击蓝色选项卡，选取"Spry 文本区域"。在"属性"检查器中的"提示"框中，输入"**Please enter any personal travel requirements or limitations.**"。

当网站用户开始在这个字段中输入内容时，初始值将自动消失，但是由于提示文本并没有存储在字段自身中，因此不能把它传递给数据应用程序。

默认情况下，"Spry 文本区域"被格式化成一个必需的字段。由于这将是一个可选字段，因此需要取消选择这个复选框。

7. 单击"必需的"选项，取消选择它，如图 12.27 所示。

默认的文本区域相当小，并且应该没有更多的空间。

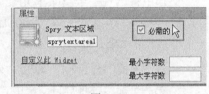

图12.27

8. 单击文本区域以选取它。然后在"属性"检查器中的"字符宽度"框中输入"60"。按下 Enter/Return 键，如图 12.28 所示。

图12.28

> **Dw** **警告**："设计"视图不会精确地呈现文本字段，总是要在"实时"视图或浏览器中测试宽度。

9. 保存所有文件。

你添加的文本区域允许网站用户输入较长的注释，它不限制于单独一行或者复选框。另一个重要的表单元素允许给访问者提供多种选择，但这是在更紧凑的空间中实现的。

12.8 使用列表

列表和菜单表单元素提供了一种灵活的方法，用于以两种不同的格式展示多个选项。当显示为菜单时，元素像单选按钮一样工作；当显示为列表时，元素就表现得像复选框一样。在这个练习中，将插入带有 3 个选项的菜单元素。

1. 如果有必要，可打开 **signup.html** 文件，并切换到"设计"视图。

2. 选择"Spry 文本区域"，并按下右箭头键将光标移到元素之后，然后按 Enter/Return 键。

3. 输入"**How would you like to pay?**"，并按 Enter/Return 键。

4. 在"插入"面板的"表单"类别中，单击"选择（列表 / 菜单）"图标（ ），出现"输入标签辅助功能属性"对话框。

5. 在"ID"框中输入"**payment**"。保持"标签"框为空。选择"无标签标记"选项。然后单击"确定"按钮，如图 12.29 所示。

图12.29

这里不需要标签标记，因为表单元素中的文本将充当这个表单元素的标签文本。

文档中将出现一个空菜单元素。现在准备好添加列表项。Dreamweaver 为这项任务提供了一个单独的对话框，可以从"属性"检查器中访问它。

6. 在"属性"检查器中，单击"列表值"按钮，如图 12.30 所示。出现"列表值"对话框，注意，第一个标签框将被自动选中。

图12.30

> **提示**：列表不一定是按字母排序的，但是这样做将使得选项更容易阅读和查找，尤其是在较长的列表中。

7. 在第一个"项目标签"框中输入"**Check**"，在第一个"值"框中输入"**check**"。为第二个标签输入"**Credit Card**"，为第二个值输入"**credit**"。为第三个标签输入"**Electronic**

Funds Transfer"，为第三个值输入"**eft**"。然后单击"确定"按钮，如图 12.31 所示。

选项出现在"属性"检查器的"初始化时选定"框中。一旦完成了列表菜单，就可以选择默认显示的项目。

8. 在"属性"检查器中，从"初始化时选定"列表中选择"Credit Card"。如果有必要，可以在"类型"区域中选择"菜单"选项，如图 12.32 所示。

 提示：一些开发人员喜爱的策略是，默认选择你最喜欢的选项进行显示。换句话说，如果你喜欢由信用卡提供的方便性和安全性，信用卡选项就应该是所显示的选项。

图12.31

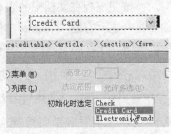

图12.32

当把"列表/菜单"元素格式化为"菜单"时，列表不允许进行多项选择。为了允许多项选择，可以把"类型"更改为"列表"，然后选中"允许多选"复选框。

让我们把最后 4 种组件封装在它们自己的字段集中。

 注意：在一些浏览器中，要选择多个选项，首先必须按住 Ctrl/Cmd 键。如果你的菜单就是这种情况，应该添加一个说明，解释如何执行多项选择。

9. 使用适当的标签选择器以及键盘和鼠标操作，选取你创建的最后 4 种组件。然后在"插入"面板中的"表单"类别中，单击"字段集"按钮，并把新的字段集命名为"**Paris Eco-Tour**"。

10. 保存所有文件。

菜单元素可以包含许多选项（例如，全部 50 个州），因此它们为网站设计师和开发人员提供了一个强大的工具，而这只会在网页上占据很少的空间。使用数据库连接，也可以动态填充列表选项，甚至当管理员或其他用户创建了新条目时可以即时更新它们。

你的表单几乎已经完成了——最后一步是添加一个按钮，用于提交输入的信息以进行处理。

12.9 添加提交按钮

每个表单都需要一个控件来调用想要的动态过程或动作（action），这项工作通常由提交（submit）按钮来完成。默认情况下，Dreamweaver 插入的按钮设置为"提交"（Submit），但是也可以给它们指定"重置"（Reset）或"无"（None）选项。尽管 Internet 上使用的许多按钮都带有文本"提交"（Submit），但它并不是必需的，并且可能无法清楚地反映将执行什么动作。

1. 在最后一个字段集的任何表单元素中插入光标，并选择 <fieldset> 标签选择器。

将在最后一个字段集外面插入"提交"按钮。

2. 按下右箭头键，把光标移到所选的字段集之后。然后按 Enter/Return 键，为按钮创建一个新段落。

3. 在"插入"面板的"表单"类别中，单击"按钮"图标（▢），出现"输入标签辅助功能属性"对话框。

4. 在"ID"框中输入"**submit**"。如果有必要，可选择"无标签标记"选项。然后单击"确定"按钮。

"提交"按钮出现在文档中的表单底部。"属性"检查器显示了特定于这个元素的设置。注意，"按钮名称"框中显示的是"submit"，"值"框中显示的是"提交"，并且选择了用于"提交表单"的"动作"单选按钮。让我们更改按钮中的文本，以便更好地反映将要发生的事情。

5. 在"属性"检查器中，把"值"框更改为"**Email Tour Request**"，如图 12.33 所示。

有些用户在填写表单时可能会改变主意，并且希望从头开始或者清除表单。在这种情况下，将需要给表单也添加一个"重置"按钮。

6. 在"提交"按钮后面插入一个空格。按 Ctrl+Shift+ 空格键 /Cmd+Shift+ 空格键插入一个不可分空格。

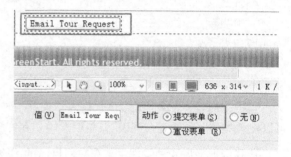

图12.33

使用Tab键的相关知识

　　在线填写表单时，你曾经按过Tab键想从一个表单字段移动到下一个表单字段，但是什么都没发生吗？或者曾经碰到更糟糕的情况——焦点没有按期望的顺序移动到另外某个字段上吗？按Tab键遍历表单的能力是在网站上应该支持的默认过程。在一些情况下，在508节的可访问性要求下，这种能力甚至是必需的。

　　在大多数浏览器中，按Tab键在你创建的不同表单字段之间移动应该是自动发生的。但是一些浏览器可能不会自动支持每种字段类型。因此，要强制执行Tab键顺序，可以给每个字段添加tabindex属性，如下所示。

```
<input type="text" name="name" id="name" tabindex="1" />

<input type="text" name="address" id="add1" tabindex="2" />
```

　　在插入某些表单字段时，你可能注意到对话框中的"Tab键索引"框。可以在这里输入想要的Tab键顺序编号。如果这个框不可用，可以在"代码"视图中手动插入该属性。通过在每个表单元素中插入这个代码属性，将编码Tab键顺序，并使表单更容易被所有用户访问，以及符合Web标准。

7. 重复第 2 ～ 5 步的操作，创建一个"重置"按钮。在"ID"框中输入"reset"，在"值"框中输入"Clear Form"，然后选择"重设表单"选项，如图 12.34 所示。

8. 保存文件。

表单元素全部就位，并且做好了访问和填写的准备，但是只有在添加了一个动作以指定将如何处理数据之后，表单本身才会完成。典型的动作包括通过电子邮件发送数据、把它传递给另一个页面，或者把它插入到部署在 Web 上的数据库中。在下一个练习中，将应用动作，并且创建支持代码以便通过电子邮件发送表单数据。

图12.34

12.10 指定表单动作

如第 9 课的"建立电子邮件链接"练习中所述，发送电子邮件并不像在"动作"框中插入 mailto 命令并且添加电子邮件地址那样简单。许多 Web 访问者没有使用他们的计算机上安装的电子邮件程序，他们使用 Web 邮件系统，比如 AOL、Gmail 和 Hotmail。为了保证你可以接收到表单响应，需要使用基于服务器的应用程序，比如你在这个练习中将要创建的应用程序。第一步是设置将传递数据以生成电子邮件的表单动作。

1. 如果有必要，打开 **signup.html** 文件。

2. 在表单中的任意位置插入光标，并选择 <form> 标签选择器，"属性"检查器将显示表单的设置和规范。

3. 在"属性"检查器的"动作"框中，输入 **"email_form.php"**。如果有必要，可以从"方法"框的菜单中选择 POST，如图 12.35 所示。

图12.35

4. 保存所有文件。

> **注意**：在这个练习中，我们将使用基于 PHP 的代码来生成电子邮件表单。要建立用于 ASP 或 ColdFusion 编码的动作，只需为目标应用程序添加合适的扩展名（.asp 或 .cf）。

HTML 提供了两个内置的方法——GET 和 POST，用于处理表单数据。GET 方法通过把数据追加到 URL 中来传递它。在搜索引擎（如 Google 和 Yahoo）中经常可以看到这种方法的使用。下一次执行 Web 搜索时，可以在结果页面上检查 URL，你将看到搜索项出现在域名后的某个位置，并且通常用特殊字符包围它。使用 GET 方法有两个缺点。第一，搜索项在 URL 中是可见的，这意味着其他人可以看到你正在搜索什么，并能够从浏览器缓存中检索你的搜索内容。第二，URL 的最大长度为 2 000 个字符（包括文件名和路径信息），这限制了你可以传递的数据总量。

POST 方法没有使用 URL。作为替代，它在幕后传递数据，并且不会对数据量施加任何限制。POST 不会缓存数据，因此没有人可以从浏览器历史记录中恢复敏感信息，比如你的信用卡号或者驾驶证编号。大多数高端数据应用程序和在线商店使用这种方法。使用 POST 方法的唯一缺点是，不能像使用 GET 方法那样看到数据是怎样传递给下一个页面的——在查找应用程序错误时，这将是有帮助的。

通过在第 3 步中选择 POST，当单击 Email Tour Request（提交）按钮时，用户在 **signup.html** 文件中的表单中输入的数据将传递给 **email_form.php** 文件。与大多数超链接一样，这个过程将在窗口中加载新页面并重置 **signup.html**，从表单中删除用户数据。如果使用站点菜单或超链接导航回这个页面，表单将是空白的。在一些情况下，可以通过在浏览器中单击"后退"按钮，重新加载带有数据的表单页面。不过，具有安全意识的开发人员有时会在他们的表单页面中添加一些代码，用于在提交页面时自动删除表单数据，以阻止这种情况发生。但是，不管你如何设置表单，关闭浏览器都将不可撤销地从本地计算机中删除数据。

12.11 通过电子邮件发送表单数据

作为表单动作目标的 email_form.php 文件还不存在，因此需要从头开始创建它。尽管 GreenStart 模板是一个 HTML 文件，但也可以使用它创建 PHP 表单邮件程序。

1. 打开"资源"面板，并选择"模板"类别。然后右键单击 **mygreen_temp**，并从上下文菜单中选择"从模板新建"。

2. 将页面另存为"**email_form.php**"。

文件扩展名".php"用于使用基于服务器的脚本语言 PHP 的动态页面。这个扩展名通知浏览器需要以不同于基本 HTML 的方式处理页面。如果文件没有使用合适的扩展名，一些浏览器可能会忽略 ASP、ColdFusion 和 PHP 脚本。

3. 选取文本"*Add main heading here*"，输入"**Green Travel**"代替选取的文本。

 警告：输入代码是一项乏味而又要求严格的工作。PHP——像所有的脚本语言（如 ASP、ColdFusion、JavaScript 等）一样——不会像 HTML 那样容忍错误。虽然网页可能会利用损坏的或者不兼容的代码元素工作，并在浏览器中显示，但是在许多情况下，哪怕只是遗漏了单个需要的字符或者标点符号，PHP 脚本也将完全失败。因此，要小心输入代码。

4. 选取文本 "*Add subheading here*"，输入 "**Thanks for signing up for the Paris Ecotour!**" 代替。

5. 选取文本 "*Add content here*"，输入 "A Meridien GreenStart representative will contact you soon to set up your Paris EcoTour. Thanks for your interest in GreenStart and Ecotour!"，如图 12.36 所示。

图12.36

6. 切换到 "代码" 视图。

该页面目前与基于 HTML 的模板完全相同，并且没有 PHP 标记。用于处理数据并生成基于服务器的电子邮件的脚本将插入在页面上的所有其他代码之前，甚至位于开始 HTML 代码的 <DOCTYPE> 声明之前。

7. 在 "代码" 视图中的第 1 行开始处插入光标。 输入 "**<?php**"，并按 Enter/Return 键创建一个新段落，如图 12.37 所示。

```
1  <?php
2  <!DOCTYPE html PUBLIC "-//W3C//DTD XHTML 1.0 Transitional//EN"
```

图12.37

Dreamweaver 的 "代码提示" 特性开始帮助你输入代码，但是你很快将意识到这种特性不像对 HTML 和 JavaScript 那样支持 PHP，因此如果你喜欢手工编码 PHP，就可以自行编码。

8. 输入 "**$to = "info@green-start.org";**"，并按 Enter/Return 键创建一个新行。

Dw 注意：这个电子邮件地址用于虚拟的 GreenStart Association。对于你自己的网站，可以插入一个你的服务器支持的电子邮件地址。

美元符号（$）在 PHP 中声明一个变量。变量是一份将在代码内创建或者从另一个源（比如表单）接收的数据。在这种情况下，$to 变量声明一个电子邮件地址，所有的表单数据都将发送到这里。如果你想试验 PHP，可以自由地用你自己的个人电子邮件替换示例地址。

9. 输入 "**$subject = "Paris Eco-Tour Sign Up Form";**"，并按 Enter/Return 键创建一个新行，如图 12.38 所示。

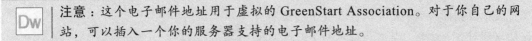

```
1  <?php
2  $to = "info@green-start.org";
3  $subject = "Paris Ecotour Sign Up Form";
4  <!DOCTYPE HTML>
```

图12.38

这一行创建用于电子邮件主题的变量。$subject 变量在 PHP 代码中是必需的。如果有需要，可以把它保持为空白（""），但是主题可以帮助你快速组织和过滤邮件。

10. 输入 "**$message =**" 并按 Enter/Return 键创建新行。

这个变量用于开始电子邮件的主体。你输入的下一个代码元素将列出你希望收集的所有表单字段，以及使电子邮件更容易阅读的一点结构上的技巧。尽管你可以以自己想要的任意顺序列出字段（并且可以列出多次），但是在这个练习中，将以与表单中相同的顺序输入它们。回忆一下，签约表单中的第一个字段是 Name。

11. 输入 "**"Customer name: " . $_POST['name'] . "\r\n" .**"。

这个条目的第一部分是我们刚才提到的"技巧"的一部分。文本 "**"Customer name: ""** 与表单完全无关。把它添加到电子邮件中只是为了标识由 $_POST['name'] 变量插入的原始顾客数据。句点（.）字符把文本和数据变量连接或结合成一个字符串。代码元素 "\r\n" 在顾客名字后面插入一个新段落。在每个表单变量后面都插入这段代码，从而把每一份数据都放置在单独的一行上。

12. 通过输入以下代码，完成电子邮件的主体。在冒号（:）后面插入空格，缩进变量语句，使得它们对齐同一个位置（一些行将获得比其他行更多的空格）。

```
"Email: " . $_POST['email'] . "\r\n" .
"Password: " . $_POST['password'] . "\r\n" . "\r\n" .
"Requested tour: " . $_POST['tourdate_0'] . "\r\n" .
"Requested tour: " . $_POST['tourdate_1'] . "\r\n" .
"Requested tour: " . $_POST['tourdate_2'] . "\r\n" .
"Total travellers: " . $_POST['travellers'] . "\r\n" . "\r\n" .
"Restrictions: " . $_POST['restrictions'] . "\r\n" . "\r\n" .
"Payment type: " . $_POST['payment'];
```

完成后，代码应该如图 12.39 所示。

当把表单数据插入到消息中时，在变量前添加空格应该使它们对齐。注意，某些行显示两个段落回车符的代码（"\r\n" . "\r\n"）。把额外的行放在特定的数据元素之间，有助于使电子邮件更容易阅读。

```
4  $message =
5  "Customer name: " . $_POST['name'] . "\r\n" .
6  "Email:          " . $_POST['email'] . "\r\n" .
7  "Password:       " . $_POST['password'] . "\r\n" . "\r\n" .
8  "Requested tour: " . $_POST['tourdate_0'] . "\r\n" .
9  "Requested tour: " . $_POST['tourdate_1'] . "\r\n" .
10 "Requested tour: " . $_POST['tourdate_2'] . "\r\n" .
11 "Total travelers: " . $_POST['travelers'] . "\r\n" . "\r\n" .
12 "Restrictions:   " . $_POST['restrictions'] . "\r\n" . "\r\n" .
13 "Payment type:   " . $_POST['payment'];
14 <!DOCTYPE HTML>
```

图12.39

13. 按 Enter/Return 键。输入 "**$from = $_POST['email'];**"，并按下 Enter/Return 键。

这段代码创建一个变量，后者使用顾客在表单中输入的信息来填充发件人的电子邮件地址。

14. 输入 "**$headers = "From: $from" . "\r\n";**"，按 Enter/Return 键。

这一行将使用第 13 步中的变量，创建电子邮件的 "From"（发件人）首标。

15. 输入 "**$headers .= "Bcc: lin@green-start.org" . "\r\n";**"，按 Enter/Return 键。

这一行是可选的。它生成发送给 GreenStart 的运输专家 Lin 的电子邮件的密信转发副本。可以通过在这里添加你自己的电子邮件或者同事的电子邮件，自由地自定义代码。

 注意：这个电子邮件地址用于虚拟的 GreenStart Association。可以为你自己的网站插入一个受服务器支持的电子邮件地址。

16. 输入 "mail($to,$subject,$message,$headers);"，按 Enter/Return 键。

这一行创建电子邮件，并使用支持 PHP 的服务器发送它。

 注意：这段代码只能在支持 PHP 的 Web 服务器上工作。它可能无法在本地 Web 服务器上工作。一些特定的命令可能不受你的服务器类型支持。与你的 Internet 主机提供商协商以获得你的服务器支持的代码是一个好主意。

支持其他脚本语言

在每种主要的脚本语言中都提供了你刚才创建的基于服务器的功能。尽管 Dreamweaver 没有提供现成的这种功能，但是快速搜索 Internet 往往可以找到你所需的代码结构。只需输入短语 "form data to email" 或 "web form mail"，就能获得数千个选项。可以把你喜爱的脚本语言添加到搜索短语中（例如 form data to email+ASP），以确定搜索目标或者缩小搜索范围。

下面列出了几个示例。

- **ASP:** tinyurl.com/asp-formmailer
- **ColdFusion:** tinyurl.com/cf-formmailer
- **PHP:** tinyurl.com/php-formmailer

也可以查找下面这些图书，它们也是优秀的资源。

- *Adobe Dreamweaver CS5 with PHP*: Training from the Source, David Powers (Adobe Press, 2010)
- *Adobe Dreamweaver CS3 with ASP, ColdFusion, and PHP*: Training from the Source, Jeffrey Bardzell and Bob Flynn (Adobe Press, 2007)
- *Build Your Own Database Driven Web Site, 4th Edition*, Kevin Yank (SitePoint Pty Ltd., 2009)

17. 输入 "?>"，关闭并完成 PHP 表单电子邮件功能，如图 12.40 所示。

18. 按 Enter/Return 键，插入最后一个段落回车符，然后保存所有文件。

```
12  "Restrictions:    " . $_POST['restrictions'] . "\r\n" . "\r\n" .
13  "Payment type:   " . $_POST['payment'];
14  $from = $_POST['email'];
15  $headers = "From: $from" . "\r\n";
16  $headers = "Bcc: lin@green-start.org" . "\r\n";
17  mail($to,$subject,$message,$headers);
18  ?>
19  <!DOCTYPE HTML>
```

图12.40

12.12 编排表单样式

虽然你在本课程中设计的表单和电子邮件应用程序现在已经可以工作了，但是它完全没有编排样式。样式良好的表单可以增强可读性和理解力，因此更容易使用。在下面的练习中，将通过创建新的自定义的样式表来编排表单样式。

1. 如果有必要，可以打开或切换到 **signup.html** 文件。

2. 打开"CSS 样式"面板。

将只为表单样式创建一个新的样式表，这样就可以把它附加到这个页面及其他表单页面上，但是不需要将它附加到整个站点上。通过把用于表单的 CSS 规则与主样式表分隔开，就可以限制必须下载的代码量，并且创建整体上更高效的站点。更少的代码意味着更快的下载速度和更好的用户体验。

3. 在"CSS 样式"面板底部，单击"附加样式表"图标（ ），出现"链接外部样式表"对话框。

4. 在"文件 /URL"框中输入 **"forms.css"**。并选择"链接"和 screen 选项，然后单击"确定"按钮，Dreamweaver 将提醒你指定的样式表不存在，如图 12.41 所示。

5. 单击"是"按钮以链接到新的样式表。

6. 在图注文本"Your Contact Information"中插入光标，并单击"新建 CSS 规则"图标，出现"新建 CSS 规则"对话框。

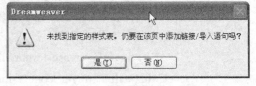

图12.41

7. 在对话框底部，从弹出式菜单中选择"forms. css"样式表，这告诉 Dreamweaver 在 forms. css 页面中定义新规则。从"选择器类型"类型中选择"复合内容"，编辑"选择器名称"，使之显示".content section legend"。然后单击"确定"按钮，如图 12.42 所示。

Dreamweaver 将询问你是否想创建 **forms.css** 样式表，如图 12.43 所示。

8. 单击"是"按钮，创建样式表。

9. 为".content section legend"规则输入如下规格。

- Font-size: **110%**
- Font-weight: **bold**
- Color: **#090**

10. 在 forms.css 中创建新的"复合内容"CSS 规则。把该规则命名为 **".content section fieldset"**。

选择器名称:
选择或输入选择器名称。

```
.content section legend          ▼
```

此选择器名称将规则应用于
任何具有类"content"的 HTML 元素中
任何 〈section〉 元素中
所有 〈legend〉 元素。

[不太具体]   [更具体]

规则定义:
选择定义规则的位置。

```
forms.css                ▼
```

[帮助]

图12.42

图12.43

Dreamweaver

⚠ 文件 forms.css 不存在。要创建它吗?

[是(Y)] [否(N)]

11. 为 ".content section fieldset" 规则输入如下规格。

* 填充: **5px**

* 边框: **pxsolid, 2px,#090**

12. 保存所有文件。

13. 在主浏览器中预览页面, 如图 12.44 所示。

Ecotour Sign-up Form

To sign up for the Ecotour, please fill out the following fields:

┌ Your Contact Information ─────────────

Name: [_____]

Email: [_____]

┌ Customer Account Login ─────────────

Your itinerary and travel plans can be accessed online using the email address you entered above and a custom password. In the following fields you can set up and confirm your password.

Your itinerary and travel plans can be accessed online using the email address you entered above and a custom password. In the following fields you can set up and confirm your password.

Password: [_____]

Repeat Password: [_____]

┌ Paris Ecotour ─────────────

Three tentative dates have been selected for the Ecotour. Please select any date(s) you prefer:

☐ June 15-25, 2012
☐ September 7-17, 2012
☐ March 15-25, 2013

图12.44

在这一课中, 你利用多种 HTML 和 Spry 表单元素构建了一个用户可填写的表单。你创建并附加了自定义的样式表, 使其外观显得有生气。在浏览器中, 你将能够测试所有的表单字段。当单击 Email Tour Request 按钮时, 将把表单数据传递给 **email_form.php** 文件。如果在支持 PHP 的系统中预览页面, 就会生成一封电子邮件, 并把它发送给在 PHP 代码中指定的电子邮件地址。

此时，这个表单只能简单地收集数据，并把它作为标准的、基于文本的电子邮件进行处理。收件人仍然必须手动访问并进一步处理数据。为了使这个过程的自动化程度更高，可以使用 Dreamweaver 修改 **signup.html**，使得它将直接在 Web 上部署的数据库中插入信息。

 注意： 除非所有文件上传到一个 PHP 兼容的测试服务器，否则，如果尝试提交表单，将可能接收到一条错误消息。这是由于你创建的代码设计成在运行 PHP 服务器的虚拟 GreenStart 网站上工作。对于你自己的网站，可以插入你的服务器支持的电子邮件地址，并根据需要修改代码。

复习

复习题

1. <form> 标签的用途是什么？

2. 选择"使用'for'属性附加标签标记"选项有什么作用？

3. "Spry 表单"构件相比标准的表单对象有什么优点？

4. 标准的文本字段与文本区域之间的区别是什么？

5. 单选按钮与复选框之间的主要区别是什么？

6. 如何指定单独的单选按钮属于某一个组？

7. <fieldset> 标签有什么作用？

复习题答案

1. <form> 包围所有的表单元素，并且包括一个 action 属性。它定义了用于执行表单处理的文件或脚本。

2. 它把 <label> 标签连接到表单元素，该表单元素具有匹配的 ID 值。

3. 利用"Spry 表单"构件创建表单元素更容易。它们包括内置的验证，以确保提交的数据具有正确的格式，并且是完整的（如果需要验证这一点的话）。

4. 标准的文本字段用于短字符串，而文本区域则可以存放多个段落。

5. 单选按钮只允许互斥的选择，而复选框则允许用户根据需要选择许多选项。

6. 所有具有相同名称的单选按钮都将位于同一个单选按钮组中。

7. <fieldset> 元素用于把相关的表单字段组织在一起；与之配套的 <legend> 标签则用于标识这个组。它有助于组织表单的布局以及阐明多个表单字段的用途。

第13课 处理在线数据

课程概述

在这一课中，将学习如何处理表格和数据库中存储的信息，以执行以下任务：

- 基于 HTML 表格和 XML 数据集创建动态内容；
- 选择服务器模型；
- 建立测试服务器；
- 连接到数据源。

  完成本课程大约需要 90 分钟的时间。如果有必要，另外还需要 30 ～ 45 分钟创建本地服务器。在开始前，请确定你已经如本书开头的"前言"中所描述的那样，把用于第 13 课的文件复制到了你的硬盘驱动器上。如果你是从零开始学习本课程，可以使用"前言"中的"跳跃式学习"一节中描述的方法。

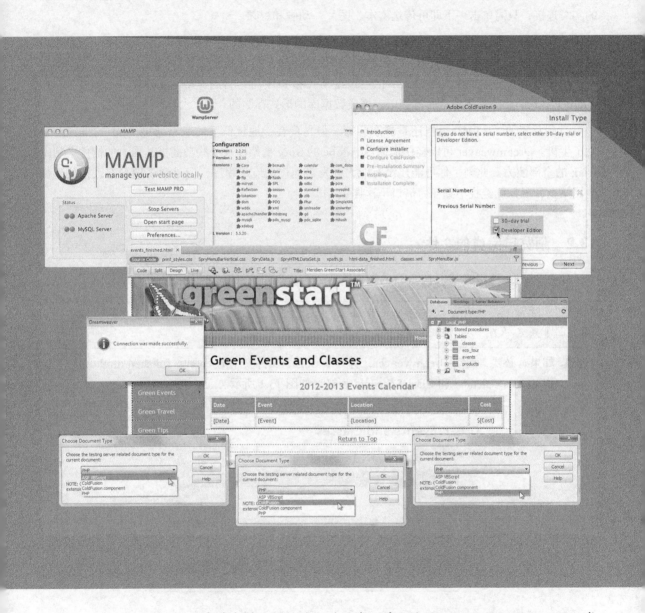

究其本质，Web 是一种动态环境。使用 Spry、ASP、ColdFusion 或 PHP 把 Web 站点连接到实时数据，可以最大限度地利用你的 Web 站点。

13.1 处理动态内容

除了少数几种交互式的 Spry 组件以及少量 Flash 动画和视频之外，你在学习本书的过程中构建的页面主要是静态的，就像纸上的文字和图片一样。然而，Web 是一种动态环境。通往 Internet 的实时连接，只需单击一下即可传送文本、图片、动画和视频。

今天，许多最流行的网站都通过与其访问者之间的双向交互来提供内容。这种"查询和响应"内容传送方法无法由 HTML 单独完成，需要脚本以及多种基于服务器的应用程序，这些脚本和应用得到像 Ajax、ASP、ColdFusion、JavaScript 和 PHP 等语言的支持。这种技术也需要存储在 Internet 上的信息，这些信息通常是以表格或数据库的形式存储的。

直到几年前，HTML 表格还是静态容器。但是现在，地位低下的表格通过 Ajax 的干预而焕发了生机。Dreamweaver 可以轻松地通过 Adobe 的 Spry 框架以及一些功能极其强大的构件来利用 Ajax 的全部能力。此刻，你可能还没有能力开发更先进的应用程序，但是对于把静态表格放到你的网站上，现在已经找不到任何借口不这样做了。

13.2 预览已完成的文件

要查看 Ajax 可以为基于 HTML 的表格做什么，让我们预览完成的文件。

> **Dw** 注意：如果你是从零开始学习本课程，可以参见本书开头的"前言"中的"跳跃式学习"一节中的指导。

1. 如果有必要，启动 Dreamweaver，打开 lesson13 文件夹中的 events_finished.html 文件。检查 Events Calendar 和 Class Schedule 表格，如图 13.1 所示。

Green Events and Classes

2012-2013 Events Calendar

Date	Event	Location	Cost
{Date}	{Event}	{Location}	${Cost}

Return to Top

2012-2013 Class Schedule

Class	Description	Length	Day	Cost
{Class}	{Description}	{Length}	{Day}	${Cost}

Return to Top

图13.1

两张表格都由两行组成：一个标题行和一个数据行。注意每个表格第二行中的占位符文本，例如"{Date}"和"{Event}"。这些占位符是动态生成表格数据的 Spry 构件的组成部分。

2. 在"实时"视图中预览页面。

占位符被来自外部源的数据所替换，并且会自动生成额外的行。注意 Events 表格中的文本是怎样按日期排序的，如图 13.2 所示。

Green Events and Classes

2012-2013 Events Calendar

Date	Event	Location	Cost
Mar 16, 2012	Nature Preserve Hike	Burkeline Nature Preserve	$10
May 09, 2012	Mothers Day Walk	Meridien Park	$0
Jun 05, 2012	Day Hike	East Side Park	$10
Jun 24, 2012	Glacial Park Tour	Meridien Park	$10
Jul 02, 2012	Beginners Backpacking - 3 days	Burkeline Mountains Resort	$125
Jul 17, 2012	East Trail Hike	East Side Park	$10
Sep 10, 2012	3-Day Backpack	Burkeline Mountains Resort	$125
Sep 14, 2012	Book Club	East Side Community Center	$0
Oct 16, 2012	Day hike at the Dunes	Shoreline Park	$10
Oct 18, 2012	Volunteer for Homeless Shelter	North Side Community Center	$0

图13.2

3. 单击每一列的标题单元格。表格数据将根据该列中的数据进行排序。

4. 把光标移到表格中的每一行上。当光标经过每一行时，它会即刻改变颜色。

5. 单击表格中的任意一行，然后把光标从那一行上移开。所选的行将完全改变颜色，并在光标移开时保持高亮显示。

6. 对 Class 表格重复第 3 ～ 5 步的操作。

Class 表格将展示与 Events 表格相同的行为。用于交互式地对表格排序以及创建悬停（hover）和选择（select）效果的功能都是由 Ajax 脚本产生的。

在下一个练习中，你将通过使用 Spry 解放 HTML 表格和 XML 文件中的数据，学习如何深入利用 Ajax 的能力。

13.3 使用 HTML 和 XML 数据

在可以在 Web 页面上显示数据之前，需要建立适当的数据源。在若干年前，这意味着与像 ASP、ColdFusion 和 PHP 这样的专有程序设计语言打交道。它们都是功能强大的语言，今天仍然在数以千计的网站中使用，在本课程后面将学习关于它们的更多知识。但是 Ajax 在许多站点内彻底改变了数据的角色。传统语言尽管功能强大，但是仅当它们重新加载了整个页面之后才能显示数据改变。而 Ajax 可以实时更新数据。

这种能力通过使用 HTML 和 XML 数据集来支持。在 HTML 中，数据存储在表格中。XML（Extensible Markup Language，可扩展的标记语言）数据存储在纯文本文件中，使用标准化的规范来标记文本，如图 13.3 所示。在下面的练习中，将使用 HTML 和 XML 数据集。

```
264  <tr>
265  <td>Choices for Sustainable Living</td>
266  <td>This course explores the meaning of sustainable living
     and how our choices have an impact on ecological systems.
     </td>
267  <td class="length">4 weeks</td>
268  <td class="day">M</td>
269  <td class="cost">$40 </td>
270  </tr>
271  <tr>
272  <td>Exploring Deep Ecology</td>
273  <td>An eight-session course examining our core values and
     how they affect the way we view and treat the earth.</td>
274  <td class="length">4 weeks</td>
275  <td class="day">F</td>
276  <td class="cost">$40 </td>
277  </tr>
278  <tr>
```

```
3   <classes>
4   <Class>Choices for Sustainable Living</Class>
5   <Description>This course explores the meaning of
    sustainable living and how our choices have an impact on
    ecological systems.</Description>
6   <Length>4 weeks</Length>
7   <Day>M</Day>
8   <Cost>40</Cost>
9   </classes>
10  <classes>
11  <Class>Exploring Deep Ecology</Class>
12  <Description>An eight-session course examining our core
    values and how they affect the way we view and treat the
    earth.</Description>
13  <Length>4 weeks</Length>
14  <Day>F</Day>
15  <Cost>40</Cost>
16  </classes>
```

图13.3　HTML（左图）和XML（右图）以不同的方式存储信息，但是它们都可以被Dreamweaver访问

13.3.1　处理 HTML 数据

直到 Ajax 出现之前，HTML 表格中存储的数据都是静态的，并且不能被网站的其余部分使用。换句话说，页面 A 上的表格中的数据不能被页面 B 使用，除非把部分或全部数据也复制并粘贴到那个页面上去。这种工作流程的问题很明显。一旦把数据粘贴到多个页面上，当数据改变时，将不得不频繁地手动更新每个页面，从而导致了更大的工作量和出错的可能性。使用 Adobe Spry 框架，Dreamweaver 现在可以以一种新的、动态的方式进入基于 HTML 表格的数据中。

提示：可以从电子数据表和数据库文件快速、容易地创建 HTML 表格，参见第 7 课。

1. 如果有必要，启动 Dreamweaver，并切换到"设计"视图。然后从站点的根文件夹中打开 **events.html** 文件。

这个页面包含两个填充有数据的基于 HTML 的表格。此刻，这里的数据是静态的，但是通过 Spry 框架使用 Ajax，可以为多种目的利用这些数据。第一步是把表格移到单独的文档中去。

2. 在 Events 表格中插入光标，并选择 <table#calendar> 标签选择器，然后按下 Ctrl+X/Cmd+X 组合键剪切表格。

3. 选择"文件">"新建"。选择"空白页">"HTML>">"<无>"。单击"确定"/"创建"按钮，将创建一个新的空白文档。

4. 如果有必要，可以在"设计"视图窗口中插入光标。按下 Ctrl+V/Cmd+V 组合键粘贴表格。在表格后面插入一个新的空段落。

表格必须具有唯一的 ID，才能用作 Spry 数据集之前。

 提示：如果你在"设计"视图中复制表格，必须在"设计"视图中粘贴它。

5. 在表格中插入光标，并检查标签选择器，此时标签选择器将显示 <table#calendar>。

6. 选择 <table#calendar> 标签选择器，并检查"属性"检查器。

注意 ID 框显示文本 "calendar"，如图 13.4 所示。在第 9 课中对两个表格应用了 ID，在复制并粘贴到这个文件中时将保留 ID。

 注意：你可能注意到任何附加的样式表都不包含 #calendar 规则。尽管 ID 频繁用于创建样式，但是在把 ID 用于此目的时，无须创建 CSS 规则。

7. 在站点的根文件夹中把文件另存为 "**html-data.html**"。

对于一个文件可以保存多少个表格并没有限制，但是不要疯狂。包含许多表格的文件要花更长的时间从 Internet 下载，并且可能会损害用户的总体体验。

8. 单击 **events.html** 文档选项卡，把它调到前面。重复第 2 步的操作，剪切 Class 表格。切换到 **html-data.html**。在 Events 表格下面的空段落中粘贴 Class 表格。

 注意：表格的顺序不会影响你对它们的使用。

9. 保存并关闭文件。

10. 如果有必要，单击 **events.html** 的选项卡，把该文档调到前面。在 "Green Events and Classes" 标题末尾插入光标，并按下 Enter/Return 键，创建一个新的空段落。

11. 打开"插入"面板。从"分类"菜单中选择"Spry"。单击"Spry 数据集"按钮，如图 13.5 所示，出现"Spry 数据集"对话框。

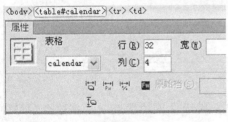

图13.4

图13.5

12. 在"选择数据类型"菜单中，选择"HTML"。

在"数据集名称"框中，输入"**ds_events**"，在"检测"框的菜单中，选择"表格"，单击"浏览"按钮,并从站点的根文件夹中选择 **html-data.html**,然后单击"确定"/"选择"按钮。此时 **html-data.html** 中数据源的预览将出现在"数据预览"窗口中。

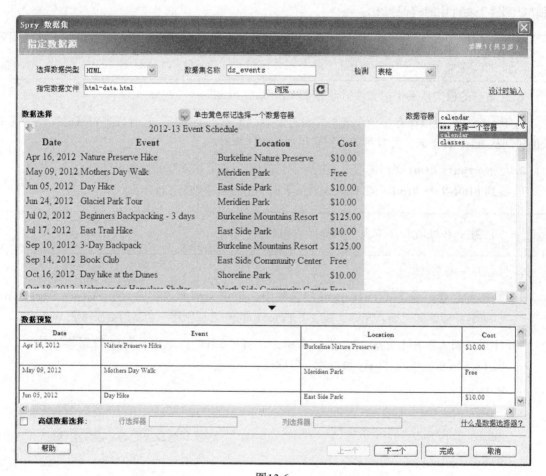

注意:使数据集名称保持简短并且具有描述性,不要在名称中使用空格。

13. 在右上方的"数据容器"菜单中选择"calendar",如图 13.6 所示,然后单击对话框底部的"下一个"按钮。

图13.6

"Spry 数据集"对话框现在将显示一个窗口,用于设置数据选项。在这个窗口中,可以确定特定的数据类型,例如文本(字符串)、数字、日期和 HTML 代码。如果你想按某些值(例如日期或费用)对数据进行排序,或者把数据用于其他特殊的目的,确定数据类型就很重要。

Spry数据类型

适当的数据类型是排序操作所必需的。可用的数据类型如下。

- "字符串"——字母数字型数据。
- "数字"——仅数字数据。
- "日期"——完整的日期，比如 1/1/2011、January 1, 2011 或 Jan 1, 2011。
- "html"——标记文本，比如这个示例中的列表。

14. 从"列名称"菜单中选择"Date"。在"类型"菜单中，选择"字符串"，如图 13.7 所示。

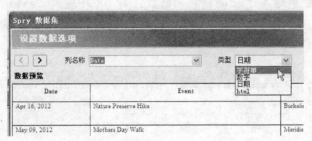

图13.7

注意，"将第一行作为标题"选项被选中。如果使用不包含标题行的表格，就应该取消选择这个选项。

15. 在"对列排序"框中选择"Date"。在"数据预览"窗口中检查数据的顺序。

注意，列基于月份的拼写，它以不正确的方式排序。可以通过更改其数据类型来校正这个问题。

16. 单击 Date 列的第一行，然后在"类型"菜单中选择"日期"。

列现在将基于事件日期正确地排序。

对于 Spry 应用程序，可以用两种基本的格式输入日期：通过月、日和年的拼写，通常是 Jan（或 January）1, 2011；或者通过标准的数字表示法，比如 1/1/2011。不过，"Spry 数据集对话框"将不会识别以下列格式编写的日期：1-1-2011。

17. 单击 Event 列中的第一行。在"类型"菜单中，选择"字符串"。选择 Location 列。在"类型"菜单中，选择"字符串"。

现在是为 Cost 列指定数据类型的时候了。你可能注意到，Events 表格的 Cost 列包含数字和非数字字符。如果一个字段包含该数据类型不能接受的字符，你应该从"类型"菜单中选择。对于这个例子，你将指定数字类型。这在一开始会导致错误，但是你在以后可以调整数据进行补偿。

 注意： 在呈现数据时，为 Cost 列选择"数字"类型将引发错误，因为该列目前包含非数字数据。在可以成功地测试文件之前，必须删除美元符号（$）以及任何其他的非数字字符。

---

18. 选择 Cost 列。然后在"类型"菜单中，选择"数字"，单击"下一个"按钮。

"Spry 数据集"对话框现在将显示用于数据集的选项。

19. 单击"插入表格"选项旁边的"设置"按钮。

出现"Spry 数据集 – 插入表格"对话框。用这个对话框可以指定显示什么数据以及显示方式。可以通过删除数据列、更改数据列的顺序，以及通过指定它们是否有序（sortable），自由地进行各种试验。

20. 如果有必要，可启用"单击标题时将对列排序"选项。

在"奇数行类"框中输入"**odd**"，在"偶数行类"框中输入"**even**"，在"悬停类"框中输入"**rowhover**"，在"选择类"框中输入"**rowselect**"，然后单击"确定"按钮，如图 13.8 所示。

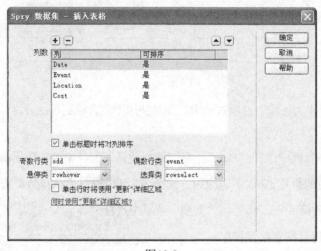

图13.8

该对话框以交互方式指定 CSS 类以编排表格样式，这是由 JavaScript 驱动的。这些类还不存在，否则将可以从菜单中选择它们。你将在下一个联系中创建它们。

21. 单击"完成"按钮。

在布局中将插入一个两行的 Spry 数据表格占位符，如图 13.9 所示。占位符上的一些格式化效果应该与你在第 7 课"处理文本、列表和表格"中创建的默认表格样式效果相匹配。Spry 组件现在差不多完成了，但是还需要为你在第 20 步中指定的类创建自定义的 CSS 规则。

Date	Event	Location	Cost
{Date}	{Event}	{Location}	{Cost}

图13.9

13.3.2 编排 Spry 表格的样式

奇数行 / 偶数行、悬停和选择效果是使用由 JavaScript 调用的 CSS 规则编排样式的。这些规则还不存在，你还必须重新应用在第 7 课中创建的一些表格样式，

1. 在 "CSS 样式" 面板中，选择 **mygreen_styles.css** 中的最后一个规则。在 "CSS 样式" 面板中单击 "新建 CSS 规则" 图标，这将在样式表的末尾插入新规则。

2. 在 "选择器类型" 菜单中选择 "类"。在 "选择器名称" 框中输入 "**odd**"。然后单击 "确定" 按钮。

3. 在 "背景" 类别中的 "Background-color" 框中输入 "**#FFC**"，并单击 "确定" 按钮。

4. 为 **even** 创建一个新的 CSS 类。为它分配 **#CFC** 的背景色。

5. 为 **rowhover** 创建一个新的 CSS 类。为它分配 #9C6 的背景色。

6. 为 **rowselect** 创建一个新的 CSS 类。在 "类型" 类别中的 "Color" 框中输入 "**#FFF**"。为它分配 **#990** 的背景色。

7. 保存所有文件。

将出现一个对话框，指示将把一些文件添加到 SpryAssets 文件夹中，以启用 Spry 功能。在测试 Spry 功能之前，让我们为 Date 列和 Cost 列重新应用样式效果。

8. 如果有必要，可单击 "确定" 按钮。

9. 在 Date 列的标题中插入光标。选择 <th> 标签选择器。从 "属性" 检查器中的 "类" 菜单中选择 "w100"，如图 13.10 所示。

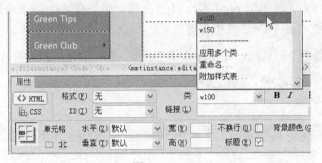

图13.10

10. 选取 Cost 列的两个行中的单元格。从 "类" 菜单中选择 "cost"。

在第 9 课中，你为两个表格添加了 ID 属性，创建超链接目标。你必须将那些属性添加到新的 Spry 表格中。

11. 选择 <table> 标签选择器。在 "属性检查器" 的 "ID" 框中输入 **calendar**，并按 Enter/Return 键。

最后一步是重新创建表格标题。在"代码"视图中工作时，标签选择器可以帮助你定位特定的标记。

12. 在表格中插入光标，并单击 <table#calendar> 标签选择器。然后切换到"代码"视图。 在表格开始标签后面插入光标。输入"**<caption>2012-2013 Event Calendar</caption>**"。

13. 切换到"设计"视图，并保存所有文件。

14. 在"实时"视图中预览页面，并测试表格行为。

单击标题字段时，表格将基于数据内容进行排序。当把光标移到行上时，它们将改变颜色。当单击任何单独的数据行时，行的颜色将完全改变，并以白色显示文本。

唯一的问题似乎来自于 Cost 列，它显示一个错误消息"NaN"，代表"不是一个数字"。原始表格不是为这种应用设计的，且数据包含非数字字符，如图 13.11 所示。你将不得不从数据表中删除这些字符以完成组件。

2012-2013 Events Calendar

Date	Event	Location	Cost
Mar 16, 2012	Nature Preserve Hike	Burkeline Nature Preserve	NaN
May 09, 2012	Mothers Day Walk	Meridien Park	NaN
Jun 05, 2012	Day Hike	East Side Park	NaN

图13.11

13.3.3 更新 HTML 数据

你可以手动校正表格数据，也可以使用 Dreamweaver 的"查找和替换"命令。

1. 从站点的根文件夹中打开 html-data.html 文件。然后在 Events 表格的第一行中选取美元符号（$），并按 Ctrl+F/Cmd+F 组合键。

出现"查找和替换"对话框，并且自动在"查找"窗口中输入美元符号（$）。

2. 保持"替换"窗口为空。确认选择了"当前文档"和"文本"选项，并单击"替换"按钮，如图 13.12 所示。

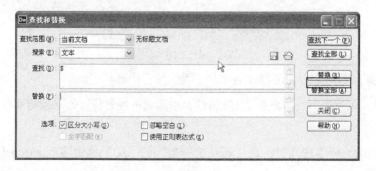

图13.12

将删除所选的美元符号，Dreamweaver 会自动选取文件中的下一个美元符号。

3. 继续单击"替换"按钮，一次一个地删除美元符号，或者单击"替换全部"按钮，同时删除所有的美元符号。

单击"替换全部"按钮将关闭"查找和替换"对话框。为了执行下一步操作，你将不得不按下 Ctrl+F/Cmd+F 组合键，重新打开"查找和替换"对话框。

4. 利用数字 **0**（零）替换文本 "Free"，用数字 **0** 替换单词 "Donation"。

5. 关闭"查找和替换"对话框，保存并关闭 **html-data.html** 文件。

6. 单击 **events.html** 的选项卡，把它调到前面。如果有必要，可以在"实时"视图中预览页面。

既然你已经删除了非数字字符，基于 HTML 的数据就会正确地显示。但是用户可能会被没有显示美元符号的价格弄糊涂。尽管美元符号在数据文件中不兼容，但是有一个简单的技巧允许在最终的显示中使用它。

7. 切换回"设计"视图，并在数据占位符"{cost}"前面插入光标，然后输入"**$**"。

占位符现在将显示为 "${cost}"，如图 13.13 所示。

8. 在"实时"视图中预览文档。

图13.13

通过在数据占位符前面添加美元符号，Dreamweaver 自动为每个数据行复制它。可以把这种方法用于各种介绍性的字符和文本。

9. 保存所有文件。

Spry 数据集也可以基于 XML 数据。

13.3.4 处理 XML 数据

XML 是一种与 HTML 密切相关的标记语言。它们都使用相同的基于标签方法来标记文本。之所以把 XML 称为可扩展的，是因为它与 HTML 不同的是，你将创建自己的标签名称。

发明该语言是对 HTML 在处理 Web 应用程序中的数据方面的局限性所做出的直接反应。解释它们的不同职责的最简单方式是，HTML 设计用于显示数据，而 XML 则设计用于定义数据。

在 XML 中，数据元素放在开始和封闭标签对之间，如下所示。

```
<company>Meridien GreenStart</company>
```

可以手工编写 XML，也可以从许多数据应用程序导出它，比如 MS Access、MS Excel、FileMaker Pro，以及像 Oracle 和 SQL Server 这样的大型数据库。非专有数据库（如 MySQL）在 Web 上非常流行，并且也与 XML 兼容。在本课程后面将学习一些其他类型的基于 Web 的数据库应用程序。

Spry 数据集可以互换地使用 XML 数据表格和 HTML 数据表格。

1. 如果有必要，可打开 **events.html** 文件。在"设计"视图中，在"Return to top"超链接后面插入一个新段落。

必须把基于 XML 的数据集放在包含 HTML 数据集的 <div> 元素外面。在 Dreamweaver 中不允许嵌套的 Spry 数据集。

2. 在"插入"面板中，单击"Spry 数据集"按钮，出现"Spry 数据集"对话框。

3. 从"选择数据类型"菜单中选择"XML"。在"数据集名称"框中输入"**ds_classes**"。浏览并从 lesson13 > resources 文件夹中选择 **classes.xml** 文件。

"指定数据源"出现，显示 XML 数据结构。该窗口显示一个文件中包含的 XML 标签或者元素的列表。第一个标签是 <dataroot>，它是根、主父元素，包含所有数据。下一个元素是 <classes>，你可以从标签的缩进情况中看出，它是其余元素的父元素。元素上的加号（+）表示该文件包含两个或者更多的类。

4. 选择 classes 标签，并且注意"数据预览"窗口，如图 13.14 所示。然后单击"下一个"按钮。

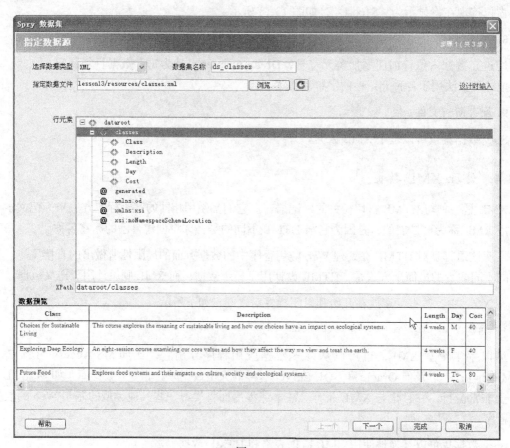

图13.14

出现"设置数据选项"屏幕。

5. 对于前 4 列的数据类型，选择"字符串"。对于 Cost 列，可选择"数字"。在"对列排序"菜单中选择"Class"。

这个文件不包含日期数据，可以把全部内容都视作文本或数字。

6. 单击"下一个"按钮。对于"插入表格"选项，单击"设置"按钮。

7. 确保选择了"单击标题时将对列排序"选项。

在"奇数行类"框中输入或选择"**odd**"，在"偶数行类"框中输入或选择"**even**"，在"悬停类"框中输入或选择"**rowhover**"，在"选择类"框中输入或选择"**rowselect**"，如图 13.15 所示，然后单击"确定"按钮。

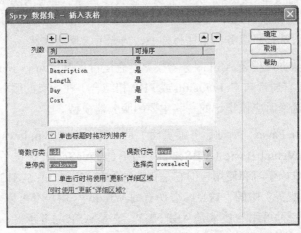

图13.15

从菜单中选择类名称可以防止不正确地输入名称。由于 CSS 类已经存在，新表格应该已经为正常工作做好了准备。

8. 单击"完成"按钮。

这个基于 XML 的 Spry 表格插入页面，并且加上了数据占位符。在预览之前，我们添加原始标题。

9. 在基于 XML 的 Spry 表格中插入光标。单击 <table> 标签选择器，切换到"代码"视图，在 <table> 开始标签后加入如下代码。

```
<caption>2012-2013 Class Schedule</caption>
```

10. 保存所有文件，并在"实时"视图中预览页面。

两个表格都会显示相应的数据，并且像你在本课程开头所预览的示例那样工作。

Spry 数据集为动态导入和显示 HTML、XML 源内容提供了一个功能强大的选项，但是它并不是一种完美的解决方案。尽管 Ajax 能够动态显示数据，但是数据文件绝不是这样的。例如，没有自然的方法用于更新快速变化的 HTML 和 XML 数据，比如体育比赛的分数和天气预报。

作为替代，开发人员把数据存储在传统的数据库中，然后使用自定义的脚本定期或者基于用户请求交互式地生成 HTML 和 XML 数据文件。这种类型的混合系统融合了这两种技术的优点，今天的许多站点都遵循这种模型。尽管许多站点完全转换到了 Ajax，但是仍然有相当多的站点在使用 ASP、ColdFusion 和 PHP。在下面的练习中，将探索其中一些强大的工具和功能的工作原理。

13.4　选择服务器模型

如果你决定构建动态 Web 应用程序，在编写单独一行代码之前，你必须做出的初始选择之一是你将用于站点的服务器模型。在这个决策中要考虑许多因素，包括站点的目的、你希望开发的应用程序的类型、服务器模型的成本，甚至还包括你希望使用的数据库的类型。在一些情况下，选择了数据库也就意味着选择了服务器；在另外一些情况下，反之亦然。

例如，MS Access 数据库偏爱 ASP 服务器模型，它运行在 Windows Server 操作系统上。另一方面，MySQL 数据库（它通常与 ColdFusion 或 PHP 相结合）在所有的服务器上都运行得一样好。下面简单概述你在做出选择时应该牢记的一些主要的服务器模型。

ASP（Active Server Pages，活动服务器页面）是一种天生在 Windows 中运行的 Microsoft 技术。Dreamweaver 利用 Visual Basic（VBScript）而不是 JavaScript 提供了用于 ASP 的服务器行为。虽然一些人认为它难以学习和使用，但它是免费包含在 Microsoft 的 IIS（Internet Information Services，Internet 信息服务）中的，这意味着所有的 Windows 用户都可以立即利用少量额外的设置来创建应用程序。另一种可用的技术是 ASP.NET，它是 ASP 的继承者，改正了 ASP 的一些限制，并加快 Web 应用程序的运行速度、增强其性能。Dreamweaver 不再提供针对 ASP JavaScript 和 ASP.NET 的服务器行为，但是你仍能在程序中手工编码并测试这些页面。

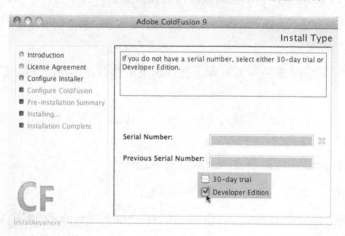

图13.16

ColdFusion 是一种 Adobe 服务器技术。它使用基于标签的语法，一些人感觉它比 ASP 或 PHP 更容易学习和使用。对于许多处理，ColdFusion 都只需要很少的几行代码，这在 Web 应用程序的开发和部署期间提供了一些优点。与这里描述的其他服务器技术不同，ColdFusion 不是免费的，但是有些人觉得在效率上获得的好处值得付出额外的费用。ColdFusion 可以运行在 Windows、Linux/UNIX 和 Macintosh 服务器上。开始时，可以下载和安装免费的 ColdFusion 的 Developer Edition（开发人员版本），它能在本地构建完全可以工作的动态站点，然后把它上传到 Internet 上，如图 13.16 所示。

PHP（PHP Hypertext Processor，PHP 超文本处理器）最初被称为个人主页（Personal Home Page），现在是 Web 上使用的最流行的语言之一。它是免费的，并且可以与多种数据库及其他服务协同工作。它提供了与 ASP 相似的难度级别，但是由于其普及性，有大量资源可用于获得代码示例以及支持，它们一般也是免费的。

13.5 配置本地 Web 服务器

有两种方式可用于测试动态页面。可以把它们上传到 Web 主机，并在 Internet 上实时测试它们；也可以在上传它们之前，在你自己的个人计算机上测试文件。虽然宿主站点的实际 Internet 服务器在真实性上无以匹敌，但是本地服务器提供了速度和安全性两方面的优点。它还允许你脱机工作，而无须实时连接到 Internet。

在可以测试你将在下一课中构建的任何动态 Web 页面之前，必须安装本地 Web 服务器所需的应用程序和组件。这个过程乏味且容易出错。它包含许多至关重要的步骤，用于加载和配置所选环境的各个方面。因此，它超出了本书的范围。幸运的是，有许多书面资源和在线资源，它们可以给你的这种尝试提供帮助。下面列出了几种资源。

图书资源：

- *Adobe Dreamweaver CS3 with ASP, ColdFusion, and PHP: Training from the Source,* Jeffrey Bardzell and Bob Flynn, Adobe Press (2007)

在线资源：

- ASP 和 IIS（tinyurl.com/setup-asp 或 tinyurl.com/IIS-setup）；
- ColdFusion（tinyurl.com/setup-ColdFusion）；
- PHP（tinyurl.com/setup-apachephp）。

下一个练习中展示的具体示例基于 Windows/Macintosh Apache MySQL PHP（WAMP/MAMP）Web 服务器，所以这可能是你显而易见的选择。WAMP 可从 tinyurl.com/WAMP-setup 上下载。也可以使用另一个基于 Windows 的 Web 服务器 XAMPP，在本课中提供的多个链接中都引用了这个服务器。你可以到 tinyurl.com/XAMPP-server 上下载和尝试这个服务器。

尽管这些练习是为 WAMP/MAMP 环境创建的，但是也可以安装和使用 ASP 或者 ColdFusion

服务器。遗憾的是，这些练习对于改编那些服务器的指南没有任何帮助，你只能自己动手去做。

13.6 建立测试服务器

要预览和测试动态页面，需要在 Dreamweaver 中连接到测试服务器。"本地 Web 服务器"和"测试服务器"听起来很类似，但是它们并不一样。测试服务器只是对 Web 宿主服务器的一个连接，这个服务器可能在本地，也可能在 Internet 上，是动态功能测试的场所。现在，你可以使用自己的本地 Web 服务器（现在你应该已经安装了它），也可以使用打算上传最终网站的实际 Web 服务器。

 注意：基于 Internet 的服务器通常要求使用用户名和密码进行身份验证，你应该提前从服务器管理员那里获得这些信息。

在选择测试特定的页面时，Dreamweaver 将把必要的文件复制到测试服务器，然后在浏览器或者"实时"视图中加载文档。在 Dreamweaver 的"站点设置"对话框中配置测试服务器。

1. 选择"站点">"管理站点"。

2. 从"管理站点"对话框中选择 DW-CS6，并且单击"编辑"按钮。

3. 选择"服务器"类别。

如果配置了现有的服务器，就可以单击服务器列表中的"测试"列下面的复选框，将其确定为测试服务器。出于下面的练习的目的，我们假定你已经选择并配置 PHP/MySQL 作为服务器模型，并且将使用 Apache 本地 Web 服务器在计算机上测试页面。

 注意：WAMP/MAMP 服务器是免费的，容易设置，并且与基于 Windows 和 Mac OS X 的计算机兼容。

Windows   Macintosh

图13.17

4. 单击服务器列表底部的"添加新服务器"按钮。

5. 把服务器命名为"**PHP-Test**"。从"连接方法"菜单中选择"本地 / 网络"。

6. 单击"服务器文件夹"框右边的"浏览"按钮。

- 在 Windows 中，导航到 C:\wamp\www。

- 在 OS X 中，导航到 **Applications/MAMP/htdocs**。

 注意：你的计算机将把本地 Web 服务器视作真正的 Web 服务器，并把位于其内的所有站点视作位于 Internet 上的站点。

7. 在 htdocs（或 www）中创建一个新文件夹，并把它命名为"**DWCS6-Test**"。如果有必要，可以双击新文件夹以打开它。单击"选择" / "Choose"按钮，如图 13.18 所示。

- 对于 Windows 用户，路径将为 **C:\wamp\www\DWCS6-Test**。

- 对于 Mac 用户，"服务器文件夹"框中将显示路径"**Applications/MAMP/htdocs/DWCS6-Test**"。

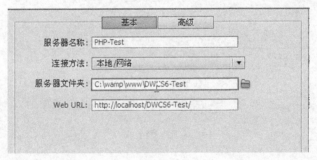

图13.18

 提示：Windows 服务器不区分大小写，因此文件和文件夹名称的大小写不是非常重要。Linux/UNIX 服务器区分大小写。记下文件和文件夹名称或者只使用小写字符以防止在加载测试页面和内容时发生服务器错误是一个好主意。

 提示：如果使用实际的 Web 服务器作为测试服务器，可以在这里输入网站的 URL，例如 http://www.green-start.org。

8. 在 Web URL 框中输入测试站点的路径。

- 对于 WAMP PHP，默认的 URL 可能是 **http://localhost/DWCS6-Test**。

- 对于 MAMP PHP，默认的 URL 可能是 **http://Localhost:8888/DWCS6-Test**。

对于其他类型的服务器模型，URL 可能不同。输入适合于你的服务器的 URL。如果没有输入正确的 URL，页面可能不会在本地服务器中正确地加载。

注意：在 PHP 和 ColdFusion 服务器中，可能必须在 URL 中包括端口号，以启用连接。

9. 单击"高级"按钮，对话框将显示"高级"配置选项。

10. 从"服务器模型"菜单中选择"PHP MySQL"，如图 13.19 所示。

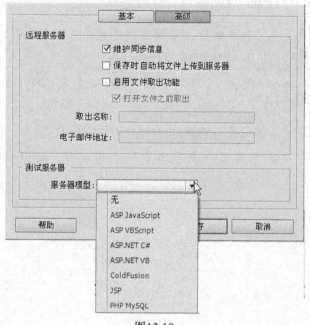

图13.19

11. 单击"保存"按钮。

 注意：虽然可以在 Dreamweaver CS6 的"站点设置"对话框中定义和配置多个服务器，但是一次只能有一个测试服务器和一个远程服务器是活动的。你不必为它们二者使用相同的服务器。

12. 在"服务器"类别中单击"测试"选项，启用测试服务器。

13. 单击"保存"按钮，关闭"站点设置"对话框。Dreamweaver 可能提示你重建缓存，单击"确定"按钮即可。

14. 单击"完成"按钮，关闭"管理站点"对话框。

用于 PHP 的测试服务器现在就配置好了。尽管该服务器打算用于一种特定的语言，但是可能仍然支持其他脚本语言，这取决于你的服务器设置。你可能从第 10 步的菜单中注意到，Dreamweaver 支持所有主要的服务器模型。选择服务器模型的重要性如何强调都不为过。一旦你开始构建页面，更改服务器模型可能需要你丢弃所有的工作并从头开始。

13.7 构建数据库应用程序

有一个因素将所有这些应用程序联系在一起——它们都需要某种类型的数据库。数据库应用程序具有两种基本的类别：独立的应用程序和基于服务器的应用程序。独立的应用程序（比如 MS Access 和 Apple FileMaker Pro）通常在桌面环境中一次可以被一个用户访问。在一些情况下，允许多个用户访问数据，但是总的并发用户数量通常比较少。基于服务器的数据库（比如 IBM DB2、Oracle 和 SQL Server）要健壮得多，并且能够很轻松地处理数千个并发信息请求，但是获得这种能力需要付出极大的代价。在这两层之间存在一种流行的替代选择：MySQL，它免费提供了基于服务器的能力。MySQL 也有更健壮的企业版，但它不是免费的，可以参见 http://www.mysql.com/products/enterprise。

出于在 Internet 上创建动态应用程序的目的，可以有效地使用上述两类数据库。你将使用哪种类型的数据库主要取决于数据的类型和你需要存储多少数据、在任何特定的时间有多少用户将访问数据，以及成本。如果你期望并发用户的数量在 1 ～ 1 000 之间，那么独立的数据库应用程序就可能适合你。如果你尝试构建另一个 Amazon.com，那么就需要集中关注基于服务器的应用程序。

幸运的是，对于本课程的目的，Dreamweaver 以几乎完全相同的方式与独立的数据库和基于服务器的数据库相连接。

13.7.1 数据库设计基础知识

数据库类似于电子数据表，如图 13.20 所示。数据存储在一系列的行和列中（称为表），和你使用 HTML 和 Spry 创建的表格很类似。电子数据表通常会为你提供行和列的名称：为列使用字母（A、B、C），为行使用数字（1、2、3）。数据库在这方面有所区别：它要求你提供列或字段（field）名称，行或记录（record）通常是利用唯一的数字或 ID 描述的。一些数据库把它们称为唯一键（Unique keys）、主键（Primary keys）或者简称为键。键使你或者数据应用程序能够检索特定的记录或记录集。

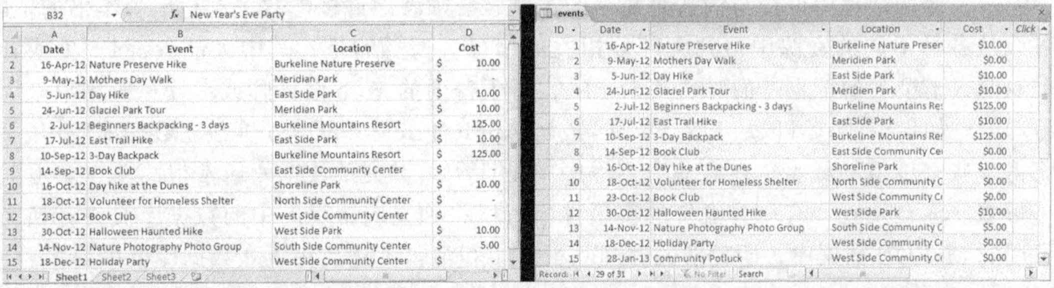

B32 New Year's Eve Party

	A	B	C	D
1	Date	Event	Location	Cost
2	16-Apr-12	Nature Preserve Hike	Burkeline Nature Preserve	$ 10.00
3	9-May-12	Mothers Day Walk	Meridian Park	$ -
4	5-Jun-12	Day Hike	East Side Park	$ 10.00
5	24-Jun-12	Glaciel Park Tour	Meridian Park	$ 10.00
6	2-Jul-12	Beginners Backpacking - 3 days	Burkeline Mountains Resort	$ 125.00
7	17-Jul-12	East Trail Hike	East Side Park	$ 10.00
8	10-Sep-12	3-Day Backpack	Burkeline Mountains Resort	$ 125.00
9	14-Sep-12	Book Club	East Side Community Center	$ -
10	16-Oct-12	Day hike at the Dunes	Shoreline Park	$ 10.00
11	18-Oct-12	Volunteer for Homeless Shelter	North Side Community Center	$ -
12	23-Oct-12	Book Club	West Side Community Center	$ -
13	30-Oct-12	Halloween Haunted Hike	West Side Park	$ 10.00
14	14-Nov-12	Nature Photography Photo Group	South Side Community Center	$ 5.00
15	18-Dec-12	Holiday Party	West Side Community Center	$ -

Sheet1 Sheet2 Sheet3

events

ID	Date	Event	Location	Cost	Click
1	16-Apr-12	Nature Preserve Hike	Burkeline Nature Preser	$10.00	
2	9-May-12	Mothers Day Walk	Meridien Park	$0.00	
3	5-Jun-12	Day Hike	East Side Park	$10.00	
4	24-Jun-12	Glaciel Park Tour	Meridien Park	$10.00	
5	2-Jul-12	Beginners Backpacking - 3 days	Burkeline Mountains Re:	$125.00	
6	17-Jul-12	East Trail Hike	East Side Park	$10.00	
7	10-Sep-12	3-Day Backpack	Burkeline Mountains Re:	$125.00	
8	14-Sep-12	Book Club	East Side Community Cei	$0.00	
9	16-Oct-12	Day hike at the Dunes	Shoreline Park	$10.00	
10	18-Oct-12	Volunteer for Homeless Shelter	North Side Community C	$0.00	
11	23-Oct-12	Book Club	West Side Community Ci	$0.00	
12	30-Oct-12	Halloween Haunted Hike	West Side Park	$10.00	
13	14-Nov-12	Nature Photography Photo Group	South Side Community C	$5.00	
14	18-Dec-12	Holiday Party	West Side Community Ci	$0.00	
15	28-Jan-13	Community Potluck	West Side Community Ci	$0.00	

Record: 29 of 31 No Filter Search

图13.20 电子数据表（左图）和数据库（右图）具有共同的根，可以执行类似的任务

简单的数据库存储在单个表中收集的所有信息，通常称为平面（flat）文件。当把某些类型的

信息输入多次时，为所有的信息使用单个表通常会导致数据的重复，比如在你获取重复顾客的新订单时。例如，为顾客下的每一份订单在同一个表中输入顾客的名字、地址和电话号码。这种类型的冗余数据毫无必要地使数据库变得过大，而且，随着时间的推移可能会引发错误。例如，如果把订单递送给上一份订单中列出的地址，就可能会出错。

　　阻止数据重复的方法之一是把某些类型的数据分隔为独立的表，然后把多个表链接在一起。这种链接多个表的过程创建了所谓的关系（relational）数据库，并且产生了一种高效得多的系统。

　　关系数据库通常把顾客和产品信息存储为单独的表，然后在订单表中把它们集中在一起，用于记录每一位顾客订购了什么产品，如图 13.21 所示。这样，如果需要对顾客或产品记录执行任何更改，只需在一个位置执行更改，就会立即更新所有其他实例。当今在用的所有流行的数据库都支持这些类型的关系。

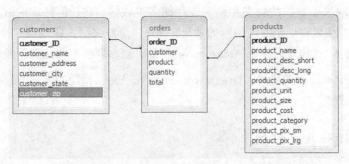

图13.21　关系数据库在单独的表中存储信息，并在逻辑关系中把它们
连接在一起。这阻止了数据重复，使数据库更高效地工作

　　在线数据库通常存储在目标网站的一个子文件夹内，站点上的任何页面都可以在其中访问它。数据库可以提供多种不同类型的信息，从产品说明和定价，到顾客名字和地址，再到完整的站点社论内容。虽然一些数据库被配置成只读的——只在一个方向上提供数据，但是大多数在线数据库都能够提供和捕获数据，从而提供了最大的能力和灵活性。

　　Web 兼容的数据库设计与构造是复杂的主题，必须考虑许多参数，这超出了本书的范围。你可以从各种不同的资源中得到大部分相关的信息。遗憾的是，其中大部分都是 IT 或者计算机专业人士撰写的，也是面对这些人士的，对于普通的 Web 设计师或者计算机用户来说不容易理解。如果可能，可以从 MS Access 或者 Apple FileMaker Pro 等独立数据库应用入手，先获得一些有价值的经验。在这些应用程序中设计和编辑关系数据库通常很简单，学习起来容易得多。你会发现，有一些廉价的实用程序可以将独立应用程序中的数据库文件转换为完全可用的 MySQL 数据库，所耗费的时间和精力（和沮丧）比从头建立数据库要少得多。

　　为了接下来的练习，我们在本书配套光盘的 **mysql > greendata** 文件夹中提供了一个完整的 MySQL 数据库，包含了多个数据表。你必须把 **greendata** 文件夹复制到本地 Web 服务器或者远程主机的合适位置，才能够访问它们。对于运行于 Windows 上的 WAMP 服务器，文件夹应该

在 **wamp > bin > mysql5.5.20 > data > mysql** 之类的文件夹中。在 Mac OS X 中，文件夹可能在 **MAMP > db > mysql** 中。检查你的服务器版本中的帮助或者支持文件，获得正确的位置。数据库文件夹必须正确拷贝，否则将无法正常工作。

 注意：在某些情况下，数据库将存储在你的站点内。其他情况下，数据库可能由该服务器托管，保存在你可能无法访问的位置。咨询你的 IS/IT 管理员或者托管主机提供商，获得配置的具体细节。

13.7.2　连接到 MySQL 数据库

一旦创建、正确地上传并配置了数据库，在可以访问数据之前，就需要把每个动态页面都连接到它。每种服务器模型都具有一些特定的方法用于连接到数据库。对于我们的练习，我们将如前所述，使用 WAMP/MAMP 环境，专注于 PHP/MySQL。

在 PHP/MySQL 环境中，数据库连接是由位于你的硬盘驱动器或者服务器上的自定义脚本或配置文件处理的。这些脚本和配置文件处理连接以及任何必需的用户身份验证。

可以用许多方式为这些项目编写代码，这取决于服务器模型和特定的数据库，因此最好咨询你的服务器管理员或者支持人员，以获得正确的语法。在很多时候，Dreamweaver 都可以帮助你创建所需的文件以及编写必要的代码。在这个练习中，你将连接到 PHP 服务器模型上的 MySQL 数据库。

1. 在尝试完成这个练习之前，首先需要安装和配置用于 PHP 服务器和 MySQL 数据库的必要文件和组件，如图 13.22 所示。本书附带的光盘上的主课程文件夹包含一个 MySQL 文件夹，其中保存了用于以下练习的 **greendata** 数据库。可以根据 PHP/MySQL 服务器安装的需要，把这个数据库复制到测试服务器上。一旦它们正常安装和配置，在进入下一步之前，确保两者都已经启动运行。

 提示：在 Windows 中，通常把光盘上的 greendata 数据库文件夹复制到 wamp > bin > mysql5.5.20 > data > mysql 文件夹中。在 OS X 中，把它复制到 MAMP> db > mysql 中；不过，你的安装可能有所不同。

2. 如果有必要，在 Dreamweaver 中为 PHP/MySQL 定义和配置测试服务器。

PHP/MySQL 配置应该指向硬盘驱动器上最终将保存测试服务器上的 Web 内容的文件夹。在 Windows 中，它通常被命名为“**www**”；在 Mac 上，它被命名为“**htdocs**”。不过，你的服务器上的名称可能有所不同。

3. 启动服务器，如图 13.23 所示。

这是 Mac OS X 中一个 MAMP 安装的启动页面示例。这个启动页面的 URL 显示 MAMP Apache 服务器端口为 8888，页面中显示 MySQL 数据库的端口为 8889。注意你的启动页面中的主机名、端口和其他配置。如果你使用 Mac OS X，就需要这些信息才能连接到服务器和数据库。

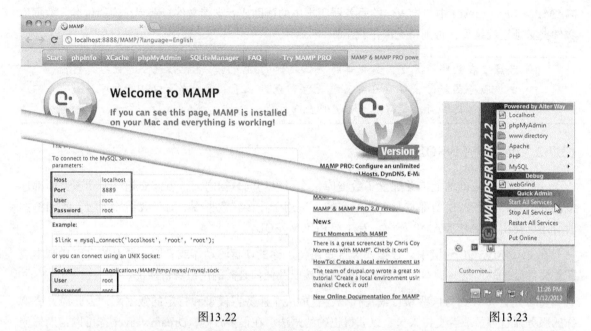

图13.22   图13.23

Dw | **注意**：你的计算机上有可能已经安装并运行了另一个本地 Web 服务器。在大部分情况下，WAMP 或者 MAMP 在你关闭或者卸载原有服务器之前无法正常运行（甚至完全不能运行）。

4. 基于站点模板创建一个新页面。

MySQL 数据库可以被所有主流的服务器模型使用。在这个练习中，将使用 PHP。

5. 在根文件夹中把页面另存为 "**products.php**"。

6. 如果有必要，选择"窗口"＞"数据库"，打开"数据库"面板。

在"数据库"面板中，检查加号图标（**+.**）是可以选择还是显示为灰色。如果图标为灰色，你就无法将该页面连接到数据库。仅仅为文件添加 .php 扩展名并不足以启用本地 Web 服务器的动态功能。参见本课的"自动添加合适的扩展名"补充材料。否则，转到第 7 步。

7. 单击加号图标（**+.**），并选择"MySQL 连接"，打开"MySQL 连接"对话框。

Dw | **注意**：在我们使用 Windows WAMP 的例子中，没有密码。你只需关闭任何有关密码的警告对话框。

8. 在"连接名称"中输入 "**Local_PHP**"。

输入服务器名称（通常为 **localhost**）、你的用户名和密码。

在 Windows 中，**greendata** 数据库有一个用户名 root，没有密码。在 Macintosh 的 MAMP 下，

用户名为 **root**，密码也为 **root**。

9. 如果连接信息正确，你应该可以单击对话框中的"选择"按钮，选择 **greendata** 数据库，如图 13.24 所示。

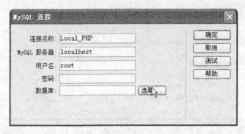

图13.24

 注意：在 Macintosh 上，你可能需要在"MySQL 服务器"框中包含端口号，如 localhost:8888，才能使连接工作正常。

自动添加合适的扩展名

在尝试保存新文档时，默认情况下，Dreamweaver通常将添加 ".html" 扩展名，如图13.25所示。html文件名对于标准网页没有问题，但是无法用于使用ASP、ColdFusion或者PHP功能的动态网页。如果你使用了错误的扩展名，将不能连接到数据源。尽管你总是可以手动添加合适的扩展名，但也有办法强制Dreamweaver自动为你的服务器模型添加正确的扩展名。

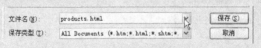

图13.25

1. 确保你有一个站点定义，并为所需的服务器模型创建了一个测试服务器。

2. 从站点模板创建一个新文档。

3. 在保存之前，打开"服务器行为"面板。

4. 单击面板中出现的"文档类型"链接。

5. 当"选择文档类型"对话框打开时，从弹出式菜单中选择 PHP 或其他适合的文档类型，然后单击"确定"按钮，如图 13.26 所示。

6. 选择"文件">"保存"。

当"另存为"对话框出现时，Dreamweaver 将提示你为新文档输入一个名称，并将自动添加合适的扩展名，如图 13.27 所示。

图13.26   图13.27

10. 单击"测试"按钮，Dreamweaver 报告成功连接到数据库，如图 13.28 所示。

> **提 示**：如果在执行这一步之后接收到一条错误消息，请检查 WAMP（MAMP）服务器是否正在运行。如果是，就要检查你是否具有用于数据库的正确的用户名和密码。

11. 单击"确定"按钮。然后检查"数据库"面板，"数据库"面板将显示数据库连接的名称。

12. 展开数据库列表，该列表显示了数据库内包含的预存过程、表格和视图，如图 13.29 所示。

图13.28

图13.29

13. 保存所有文件。

在这一课中，你学习了如何处理 HTML 和 XML 数据。然后，你选择了服务器模型，配置了测试服务器，并且创建了数据库连接。你使用 PHP 开发了动态网站的基础。在下一课中，你将使用这个环境构建动态页面。不管你信不信，如果你正确地安装、运行本地 Web 服务器和 MySQL 数据库，那么你就已经完成了建立动态网站工作流中最困难的部分。

复习

复习题

1. Ajax/Spry 相比传统的数据库应用程序有什么优点？

2. 判断正误：XML 是用于在纯文本文件中存储数据以便在 Web 应用程序中使用它们的方法。

3. 什么是服务器模型？

4. 什么是测试服务器？

5. 你具有一个与服务器模型（.asp、.cfm 或 .php）兼容的文件，但是你的数据库没有出现在"数据库"面板中。怎样才能使连接再次出现在面板中？

6. 判断正误：MySQL 数据库只能在 Linux/Unix 和 OS X 服务器平台上使用。

复习题答案

1. Ajax/Spry 应用程序不必重新加载整个页面；它们可以实时更新数据。

2. 正确。XML 类似于 HTML，用于标识数据。

3. 服务器模型是用于构建动态 Web 应用程序的基本环境。它还包含了特定的程序设计语言和脚本模型，比如 ASP、ColdFusion 和 PHP。

4. 测试服务器是使用兼容的服务器模型测试动态页面的服务器，在"站点设置"对话框中建立它。

5. 检查"数据库"面板以及所显示的用于连接到数据源的步骤。完成没有选中的任何步骤，然后应该会再次显示数据源。

6. 错误。可以在任何 Web 服务器上使用 MySQL。

第 **14** 课 利用数据构建动态页面

课程概述

在这一课中，将学习如何使用表格和数据库中存储的信息动态地创建 Web 页面内容，以执行以下任务：

- 通过在线数据创建记录集；
- 动态地在 Web 页面中插入数据；
- 创建主 / 详细页面集；
- 通过在线表单收集数据，并把它们插入到数据库中。

完成本课程大约需要 2 小时的时间。在开始前，请确定你已经如本书开头的"前言"中所描述的那样，把用于第 14 课的文件复制到了你的硬盘驱动器上。如果你是从零开始学习本课程，在开始之前，你必须首先完成第 13 课中安装本地 Web 服务器、安装 MySQL 数据库、连接到本书配套光盘中提供的 greendata 数据库等工作，然后使用"前言"中的"跳跃式学习"一节中描述的方法。

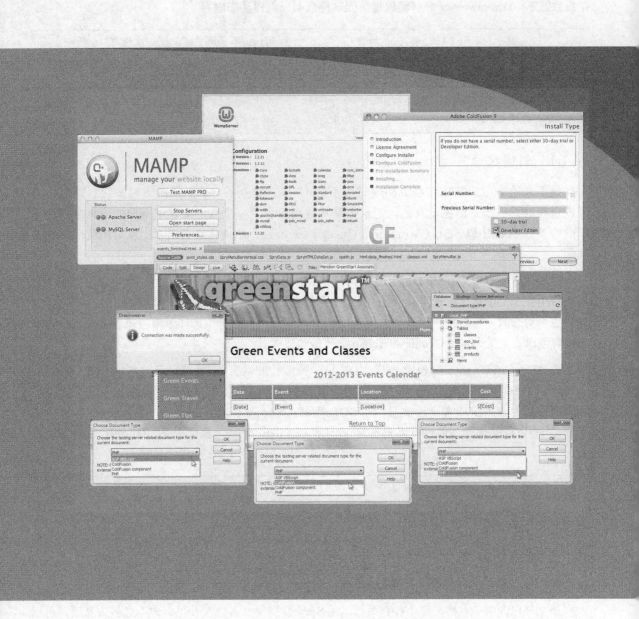

Dreamweaver 具有一些内置的特性，可以帮助你使用简单的指向 - 单击工具构建丰富、动态以及数据驱动的 Web 页面。

14.1 利用 ASP、ColdFusion 或 PHP 构建页面

在第 13 课"处理在线数据"中，你学习了怎样选择服务器模型、建立测试服务器以及连接到在线数据库。Dreamweaver 能够轻松地访问这种数据以创建动态内容。

 注意：lesson14 文件夹中的默认文件对于 Windows 用户来说应该没有问题。对于 Mac 用户，本书的 DVD 上有一个定制的 lesson14 文件夹。

 警告：开发动态应用程序是一项要求非常严格的工作，它可能由于一些最简单的原因而失败。一定要仔细阅读并遵循这一课中的每个步骤。

14.1.1 创建记录集

接下来的练习假定你已经成功地完成了第 13 课，建立了与数据库的实时连接。动态内容生成过程的下一步是创建记录集。记录集是从数据库中的一个或多个表中提取的信息数组，用于响应 Web 页面中以 SQL（Structured Query Language，结构化查询语言）编写的代码提出的问题。

这种问题或查询（query）可以简单到"显示 Events 表格中的所有事件"，也可以复杂到"显示表格中在 5 月 1 日之后发生且费用少于 10 美元的事件，并以字母顺序的降序列出它们"。查询往往也是动态的——由用户通过单击复选框或单选按钮、从菜单中选择菜单项或者在文本框中输入内容创建的（就像你在 Google 和 Yahoo 上所做的那样）。

像 ASP、ColdFusion 和 PHP 一样，SQL 是一种健壮的语言，它具有自己的名词、结构和语法。Dreamweaver 可以帮助你编写你所需要的大多数语句，但是要执行复杂的数据例行任务，你可能需要雇佣专业人员或者自己学习一些 SQL 知识。Adobe 在 tinyurl.com/sql-primer 上提供了良好的 SQL 初级教程，你也可以查看 tinyurl.com/sql-tutorial，获得由 W3Schools 提供的 SQL 教程。

 警告：仅当你如第 13 课中所指示的那样成功地配置了测试服务器并且连接到 greendata 数据库之后，才能完成这个练习。

在这个练习中，你将通过使用来自当前数据库连接的一个表格，动态创建 2012 年的事件日历。

1. 从站点的根文件夹中打开 **events.html** 文件。

该文件包含两个表格，每个各有两行，用 Spry 数据集和占位符补足。你不必从头开始，可以使用现有的组件完成基于 PHP 的工作流。

2. 检查"数据库"面板。如果有必要，选择"窗口"＞"数据库"打开该面板。

你在第 13 课中创建的 Local_PHP 数据库连接不可见。如果你在"绑定"面板中打开"连接"

菜单，只能看到"Spry 数据集"选项。此时，即使你想创建数据库连接，也不能这样做。这是因为 Events 页面使用".html"扩展名，这种文件只与动态服务器模型 Ajax（Spry）兼容。为了使页面能够支持所选的数据库连接，你必须选择合适的文档类型。

3. 单击出现在"数据库"面板项目 2 中的链接："选择文档类型"，出现"选择文档类型"对话框。

4. 从下拉菜单中选择"PHP"。

Dreamweaver 将文件扩展名改为 .php。第 13 课中定义的数据库连接 Local_PHP 现在应该出现在面板中。它应该在你使用基于 PHP 的页面时自动出现。

5. 文件被另存为 **events.php**。

每种服务器模型可能使用一种或者多种特定的扩展名。例如，ASP 使用扩展名 .asp 和 .aspx。ColdFusion 使用扩展名 .cfm、.cfml 和 .cfc。始终使用适合于你的服务器模型和应用程序的扩展名。

 提示： 如果数据库连接在文件以扩展名".php"保存后仍然没有出现，完成"数据库"面板中建议的所有步骤。有时候，关闭后再打开文件可能解决问题。

6. 显示"绑定"面板。单击"绑定"面板顶部的加号图标（ **+,** ）。从弹出式菜单中选择"记录集（查询）"，如图 14.1 所示。

出现"记录集"对话框。默认情况下，当前的数据库连接应该出现在"连接"菜单中。如果你有多个数据库连接，该对话框可能不会显示你想要的那个连接。

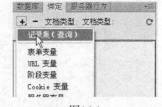

图14.1

7. 如果有必要，从"连接"菜单中选择 Local_PHP 连接，并单击"简单"按钮。

通过选择这个对话框内的选项，Dreamweaver 可让你在完全不了解 SQL 的情况下编写高级 SQL 语句。"记录集"对话框的"高级"版本可以创建更复杂的 SQL 语句。

8. 在"名称"框中，输入"**rs_events**"，这个框创建将在查询中引用的记录集的名称。

9. 从"表格"菜单中，选择"events"，这个选择用于确定将从中检索数据的表格。

 提示： 如果 greendata 数据库仍然没有出现在"数据库"面板中，可能需要单击"定义"按钮，并且再次输入登录信息。参见第 13 课的"连接到数据库"小节。

10. 如果有必要，可为"列"单选按钮单击"全部"选项，如图 14.2 所示。

这个选项指示你想从表格中的所有列（字段）中检索数据。

11. 单击"测试"按钮。

图14.2

如果一切顺利，将出现"测试 SQL 指令"对话框，显示你刚才构造的查询产生的结果，如图 14.3 所示。如果没有看到任何数据或者出现错误消息，可能意味着表格中没有满足你的搜索条件的记录，否则，你将不得不查找数据库、数据库连接或测试服务器配置的错误。

记录	event_ID	event_date	event_name	event_location	event_cost
1	1	2012-03-05	Mothers Day Walk	Meridian Park	0.00
2	2	2012-03-16	Nature Preser...	Burkeline Nat...	10.00
3	3	2012-06-05	Day Hike	East Side Park	10.00
4	4	2012-06-24	Glacial Park ...	Meridian Park	10.00
5	5	2012-07-02	Beginners Bac...	Burkeline Mou...	125.00
6	6	2012-07-17	East Trail Hike	East Side Park	10.00
7	7	2012-10-23	Book Club	West Side Com...	0.00
8	8	2012-09-10	3-Day Backpack	Burkeline Mou...	325.00
9	9	2012-09-14	Book Club	East Side Com...	0.00
10	10	2012-10-16	Day hike at t...	Shoreline Park	10.00
11	11	2012-10-18	Volunteer for...	North Side Co...	0.00
12	12	2012-10-30	Halloween Hau...	West Side Park	10.00
13	13	2012-11-14	Nature Photog...	South Side Co...	5.00
14	14	2012-12-18	Holiday Party	West Side Com...	0.00
15	15	2013-01-28	Community Pot...	West Side Com...	0.00
16	16	2013-01-29	Cross Country...	Burkeline Mou...	65.00
17	17	2013-01-31	Volunteer for...	Meridian Anim...	0.00
18	18	2013-02-19	Cross Country...	Burkeline Mou...	165.00
19	19	2013-02-16	Nature Photog...	South Side Co...	5.00
20	20	2013-02-27	Winter Hike	Burkeline Nat...	0.00
21	21	2013-02-27	Cross Country...	Meridian Park	10.00
22	22	2013-03-11	Book Club	West Side Com...	0.00
23	23	2013-03-14	Spaghetti Din...	South Side Co...	10.00
24	24	2013-03-14	Winter Hike	Burkeline Nat...	10.00

图14.3

在这个例子中，测试窗口将显示 Events 表的所有记录（即使这些事件已经过去）。但是谁会想查看已经过去的事件？没有问题，使用数据库和动态 PHP 工作流的好处之一，就是你可以过滤与用户或者查询无关的数据。例如，我们可以建立只显示未来日期的记录集。

12. 单击"确定"按钮关闭"测试 SQL 指令"对话框，返回"记录集"对话框。

13. 在"筛选"区域中，在左列中选择"event_date"。

从右列中选择">="，在下一行中选择"输入的值"，然后在后面的框中，以"**yyyy-m-d**"格式输入日期。日期两端一定要加上引号。

注意：在 MySQL 数据库中，首先输入年份。

"筛选"区域通过把特定的数据作为目标并且把其他的数据排除在外来细化搜索。你输入的选项将从表格中请求今天或将来发生的事件的列表。安排在今天的日期之前的事件将被忽略，并且不应该出现在结果中。

注意：表格中包含直到 2013 年 3 月 27 日的日期。如果你在对话框中输入的日期在这之后，记录集将为空。

14. 在"排序"区域中，选择"event_date"。在相关的菜单中，选择"升序"，如图 14.4 所示。

"排序"区域允许以字母升序或降序显示数据。

15. 单击"测试"按钮。

"测试 SQL 指令"对话框再次出现。根据你是在过滤器中输入的日期，有些事件可能不会出现在显示的记录集中。

16. 单击"确定"按钮关闭"测试 SQL 指令"对话框，返回"记录集"对话框，单击"高级"按钮。

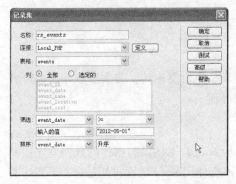

图14.4

图14.5

"记录集"对话框提供了用于创建 SQL 语句的高级选项。你应该注意到创建的 SQL 语句出现在对话框的 SQL 框中，如图 14.5 所示。如果你已经知道如何编写 SQL 语句，可以直接在这个框中输入它们。注意对话框中专门针对变量和数据库项的区域。这些内置的指向 - 单击式效率增强特性允许你快速访问数据资源和特定的 SQL 命令，加快手工编写语句的过程。

注意 SQL 窗口中显示的日期文本，这是你在第 13 步中输入的日期。如果日期不会改变，那么以这种方式输入日期就很好。这里的问题是，你希望表格只显示当前和将来的事件。到明天时，你创建的过滤器将过期。作为替代，你需要输入一个总是保持有效的特殊 SQL 函数。

注意：在很多时候，都可以从其他程序（比如 Microsoft Access）中复制 SQL 语句，并把它们粘贴到这个对话框中，它们也可以很好地工作。

17. 选择并删除日期及两端的引号。

18. 在框中输入"**now()**",代替删除的文本。

now() 函数从服务器获得当前时间和日期,以便用于数据过滤器。手动输入的日期将不再需要。

19. 单击"测试"按钮。

出现"测试 SQL 指令"对话框,显示查询结果。它应该与你在第 15 步中执行的测试看起来完全相同。

20. 单击"确定"按钮,完成记录集。

"记录集(rs_events)"出现在"绑定"面板中。

21. 展开"记录集(rs_events)",并检查显示的项目。

记录集包含用于 Events 表格中的全部 5 个数据列的项目,如图 14.6
所示。

22. 保存所有文件。

图14.6

你现在已经准备好创建动态 Web 页面。在下一个练习中,你将学习如何显示由记录集生成的数据。

14.1.2 显示数据库中的数据

既然你已经安装了所有的齿轮,剩下要做的唯一一件事是使机器运转。与大多数其他的步骤一样,在 Dreamweaver 中显示数据是一个简单的指向-单击过程。

1. 如果有必要,打开 **events.php**。

文件的扩展名现在应该与你的服务器模型兼容,而且应该具有你在以前创建的数据库连接和记录集。但是页面还会显示两个基于 Spry 的记录集。你将不会使用 Spry 数据,但是这并不意味着你必须完全从头开始。为了排除任何冲突,你将丢弃 Spry 数据集和支持代码,但是将重用表格占位符。

2. 在 Events 表格占位符中插入光标。选择用于 <table> 占位符的标签选择器,并按 Ctrl+X/
Cmd+X 组合键剪切表格。

Spry 表格包含在一个 <div> 元素中,它包含指向 Spry 数据集的引用,并且不再需要它。如果你没有移动光标,在标签选择器中仍将显示 <div> 元素。Spry 元素在标签选择器显示中为橙色。

3. 选择 <div> 标签选择器,并按下 Delete 键。

在我们重新插入表之前,也要删除 Spry 数据集。

4. 在"绑定"面板中,选择 **ds_events** 数据集。单击面板顶部的减号图标(-),如图 14.7 所示。关闭在删除数据集时可能出现的任何对话框。

5. 删除 ds_classes 数据集。关闭在删除数据集时可能出现的任何对话框。

图14.7

在第一个"Return to Top"链接中插入光标，单击 <p> 标签选择器，并按左箭头键一次，将光标移到 Events 表的正确位置。

6. 按下 Ctrl+V/Cmd+V 组合键粘贴表格占位符。

表格占位符出现在标题之下。但是，它仍然包含 Spry 代码残留，这也应该删除。

7. 在表格标题行插入光标。切换到"代码"视图并检查标题行元素，如图 14.8 所示。

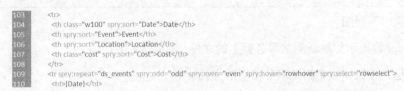

图14.8

每个 <th> 元素包含一个 spry:sort="..." 属性。

8. 从每个 <th> 元素中删除 spry:sort="…" 属性，以及表格中的其他 Spry 属性，如 spry:repeat,spry:odd, spry:even 等。小心不要删除任何 class="…" 属性。

Events 表格中的所有 Spry 引用都将消失。

9. 切换到"设计"视图，并保存所有文件。

为当前工作流程将 Spry 数据占位符转换为 PHP 占位符是一个简单的过程。

10. 在表格中，选取 {Date} 占位符。

11. 如果有必要，可打开"绑定"面板，展开 **rs_events** 记录集。

12. 在"绑定"面板中，选取 event_date 字段。单击"绑定"面板底部的"插入"按钮。

在表格单元格中将出现新的 {rs_events.event_date} 占位符，替换 Spry 占位符。

13. 用 **event_name** 字段替换 {Event} 占位符。

14. 用 **event_location** 字段替换 {Location} 占位符。

15. 用 **event_cost** 字段替换 {Cost} 占位符。

一定不要删除占位符之前的美元符号，如图 14.9 所示。

图14.9

16. 保存所有文件。

在处理动态页面时，经常测试页面是必不可少的。但是与 Spry 数据结构不同的是，在可以预览当前动态布局之前，必须把某些文件上传到测试服务器。

14.1.3 在测试服务器上展示文件

直到把将页面连接到数据库的特定文件上传到本地测试服务器之后，才能够在"实时"视图或浏览器中测试这个文件。那么，需要上传哪些文件呢？幸运的是，Dreamweaver 将为你处理这些任务。

 注意：直到你成功地为 PHP 和 MySQL 安装和配置了本地测试服务器之后，才能够测试这个页面。更多详细信息参见第 13 课。

1. 选择"实时"视图。

Dreamweaver 将提示你更新测试服务器上的文件，如图 14.10 所示。

2. 单击"是"按钮，更新测试服务器上的文件。

Dreamweaver 应该会提示你上传相关文件，如图 14.11 所示。如果这是你第一次测试这个文件，可单击"是"按钮。这将上传正确显示这个页面所需的任何文件。一旦上传了相关文件，可能就不需要再次上传相关文件，除非对这个页面做了重大修改。

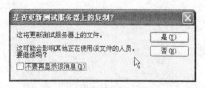

图14.10

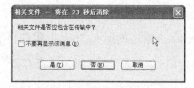

图14.11

 提示：如果 Dreamweaver 没有提示你上传相关文件，可能必须在 Dreamweaver 的"首选参数"对话框中修改设置。在"站点"类别下，选择"下载/取出时要提示"和"下载/存回时要提示"，如图 14.12 所示。

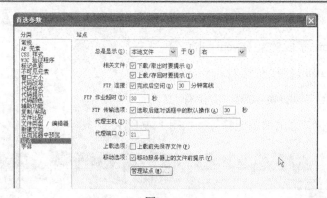

图14.12

3. 单击"是"按钮，上传相关文件。

表格将显示一行数据，如图 14.13 所示。要显示更多数据，必须添加"重复区域"行为。

Date	Event	Location	Cost
2012-06-05	Day Hike	East Side Park	$10.00

图14.13

14.1.4　添加重复区域

数据占位符一次只能显示一条记录。要查看多条记录，必须把占位符包装在称为重复区域的服务器行为中。

1. 切换到"设计"视图。把光标定位在表格数据行的开始处，并选取一整行。然后选择 <tr> 标签选择器，此时整个行都被选中。

2. 选择"窗口">"服务器行为"。在"服务器行为"面板中，单击加号图标（ **+** ），并从弹出式菜单中选择"重复区域"。

出现"重复区域"对话框，如图 14.14 所示。"记录集"菜单中将 rs_events 显示为当前记录集。默认情况下，该行为一次将显示 10 条记录。你可以指定一个不同的数量，或者同时显示所有的记录。

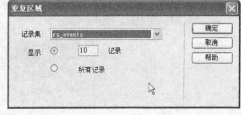

如果要显示的记录数少于所有记录，则还必须插入"记录分页"行为，以允许用户查看剩余的数据。对于这个表格，我们保持简单，显示所有的记录。

图14.14

3. 选中"所有记录"选项，并单击"确定"按钮。

显示文本"重复"的灰色选项卡出现在表格数据行的上方，如图 14.15 所示。

Date Repeat	Event	Location	Cost
{rs_events.event_date}	{rs_events.event_name}	{rs_events.event_location}	${rs_events.event_cost}

图14.15

4. 保存所有文件，并在"实时"视图中预览页面。

表格将显示从今天的日期起在将来即将发生的所有事件，如图 14.16 所示。更好的是，每天事件都自动从显示中删除，因为它们的日期不再符合查询过滤器的要求。

2012-2013 Events Schedule			
Date	Event	Location	Cost
2012-06-05	Day Hike	East Side Park	$10.00
2012-06-24	Glacial Park Tour	Meridian Park	$10.00
2012-07-02	Beginners Backpacking - 3 days	Burkeline Mountains Resort	$125.00
2012-07-17	East Trail Hike	East Side Park	$10.00
2012-10-23	Book Club	West Side Community Center	$0.00
2012-09-10	3-Day Backpack	Burkeline Mountains Resort	$125.00

图14.16

14.1.5 为课程和研讨会创建动态表格

在转向下一个练习之前，使用你迄今为止学到的技能以及对相关知识的理解，为课程和研讨会重新构建 Spry 表格。重新创建这个表格的步骤非常简单和直观。

 注意：除了日期筛选之外，利用 PHP 等价方法替换余下的 Spry Class 表格所需的步骤与这个练习中描述的完全相同。如果你有时间，可以利用新技能进行测试，并尝试自己替换余下的 Spry 构件。

1. 创建一个记录集，用于返回数据库中的 classes 表格的所有字段中的数据。与事件记录集不同，这里无须按日期筛选或排序课程数据，如图 14.17 所示。如果你想要以字母顺序列出事件，可以按照 class_name 排序。

图14.17

 注意：可能需要单击"简单"按钮，返回简单的"记录集"对话框。

2. 选取 Spry 表格，按 Ctrl+X/Cmd+X 组合键。然后删除 Spry <div> 元素，并在相同的位置把表格粘贴回布局中。

3. 清理表格中留下的任何残存 Spry 代码。

4. 从新记录集中把数据占位符插入到相应的数据行单元格中。

5. 对 rs_classes 数据行应用"重复区域"服务器行为。

6. 在"实时"视图中测试结果，如图 14.18 所示。

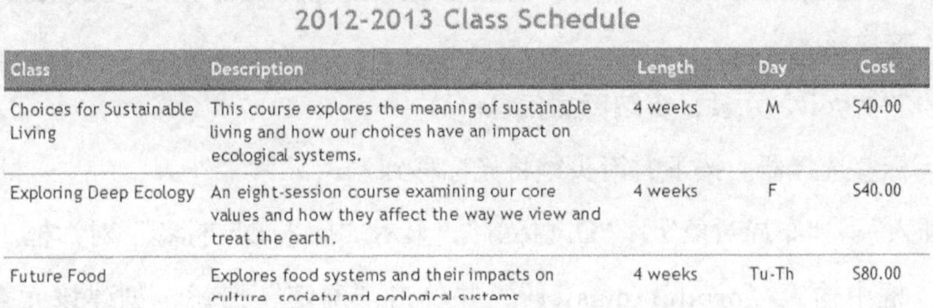

2012-2013 Class Schedule

Class	Description	Length	Day	Cost
Choices for Sustainable Living	This course explores the meaning of sustainable living and how our choices have an impact on ecological systems.	4 weeks	M	$40.00
Exploring Deep Ecology	An eight-session course examining our core values and how they affect the way we view and treat the earth.	4 weeks	F	$40.00
Future Food	Explores food systems and their impacts on culture, society and ecological systems	4 weeks	Tu-Th	$80.00

图14.18

7. 保存所有文件。

动态地显示数据是对静态列表和表格的巨大改进。允许用户与数据交互，使得他们可以更主动地参与到这个过程中来，这是利用其他方式所不能做到的。这些练习只是简单地介绍了用动态网页所能完成的工作。在下一个练习中，你将构建最常用的动态应用程序之一：主/详细页面集。

在许多网站上的一种常见的情况是，页面显示多个产品或事件的列表，并且你单击其中你最感兴趣的产品或事件；然后网站加载一个新页面，它带有你单击的项目的特定的详细信息。但是，你不会看到或者注意到的是，第一个或主（master）页面是怎样把你的请求传递给第二个或详细（detail）页面。在下一个练习中，你将学习如何创建主/详细页面集。

14.2 创建主 / 详细页面集

在数据驱动的网站上频繁使用主/详细页面集。通过构建指向所显示数据的超链接，可以允许访问者导航到显示所选项目相关信息的新页面。可以在任何服务器环境（包括 ASP、ColdFusion、PHP 和 Spry）中创建主/详细页面集。每种服务器模型的步骤和过程是相似的，但是有些环境的实现比其他环境更容易。

14.2.1 创建主页面

在这个练习中，将使用现有的数据库连接创建主/详细页面集。

1. 如果有必要，可启动 Dreamweaver，并打开在第 13 课中创建的 **products.php** 页面。

这个页面将被用作主页面。

> **Dw** **注意**：在开始这一练习之前，你必须按照第 13 课的描述创建 products.php 页面，并把它连接到数据库。

2. 选取文本"*Add main heading here*"，输入"**Green Products**"，替换该文本。

3. 选取文本"*Add subheading here*"，输入"**GreenStart offers only the best in green products**"，替换该文本。

4. 选取文本"*Add content here*"，输入"**Click on any product link you wish to learn more about**"，替换该文本。

让我们创建一个 <div> 元素，容纳产品信息。

5. 单击 <p> 标签选择器。按下右箭头键将光标移到 <p> 元素之外。

6. 选择"插入">"布局对象">"Div 标签"，显示"插入 Div 标签"对话框。

7. 在"类"框中输入"productmaster"，并单击"确定"按钮，创建该元素，如图 14.19 所示。

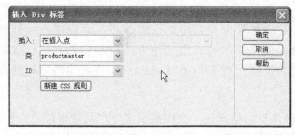

图14.19

<div> 元素出现，并带有样板占位符文本。接下来，你应该创建一个记录集，显示所有产品数据。

8. 打开"数据库"面板，确保 Local_PHP 连接仍然可用。

 提示：如果数据库连接丢失，按照"数据库"面板描述的任何步骤，创建一个有效连接。

9. 打开"绑定"面板。单击加号图标（**+**），并选择"记录集（查询）"。

10. 为新记录集输入如下规格，如图 14.20 所示。

图14.20

- 名称：**rs_products**。

- 连接：**Local_PHP**。

- 表格：**products**。

- 过滤器：无。

- 排序：**product_category** 和升序。

11. 单击"测试"按钮，看看你的查询是否生成有效的数据集。

"测试 SQL 指令"对话框显示了来自 **greendata** 数据库的产品数据。

12. 在所有对话框中都单击"确定"按钮，创建数据集并返回文档窗口。

rs_products 记录集出现在"绑定"面板中。

对于如何使用记录集中的数据字段并没有什么限制。可以把它们插入一次、插入多次，或者根本不插入。也可以在页面上以任何顺序显示它们。

13. 选择第 7 步中创建的 <div> 元素中的占位符文本。

14. 在"绑定"面板中，选取 product_name 字段。单击"插入"按钮。

文本"{rs_products.product_name}"将替换 <div.productmaster> 中的占位符文本。

15. 把 {rs_products.product_name} 格式化为"标题 3"。在占位符后面插入一个新段落。

16. 在下一行中，插入 **product_desc_short** 字段。

 注意：在预览数据之前，一定要将所有相关文件上传到服务器。

---

17. 保存所有文件，并在"实时"视图中预览页面。如果提示"上传相关文件"，可选择"是"。

图14.21

如果正确配置了测试服务器，Dreamweaver 将在文档窗口中显示数据库中的第一条记录中所选的 3 个字段，如图 14.21 所示。但是动态内容并不仅限于文本，也可以动态地显示图像。

14.2.2 动态地显示图像

产品页面如果没有产品的图像将会怎样？给产品说明添加图像并不比插入文本困难。在这个练习中，你将学习如何在布局中插入动态图像。

1. 如果有必要，打开 **products.php**，选择"设计"视图。

2. 在 <div.productmaster> 中的 {rs_products:product_name} 占位符前面插入光标。按 Enter/Return 键，在占位符之前插入一个新段落。

空段落被格式化为 <h3> 元素。

3. 在新段落中插入光标。在"属性"检查器的 HTML 模式下，从"格式"菜单中选择"段落"。

4. 选择"插入">"图像"。

出现"选择图像源文件"对话框。正常情况下，你将选择想要的图像并简单地单击"确定"按钮。但是，要插入动态图像，还要执行几个额外的步骤。

5. 单击对话框中的"数据源"选项。

对话框从文件浏览器变为显示 rs_products 记录集中的数据字段。

6. 选取 product_pix_sm 字段。

对话框中的"URL"框中将显示一段复杂的代码，它将根据数据库字段（在这里是 product_pix_sm）中存储的文件名插入图片。但是该字段只包含图片的文件名。

由于文件夹名称和位置可能随着时间的推移而改变，因此在数据库字段中插入路径信息是没有意义的。作为替代，可以在需要时简单地在动态代码中构建图像路径语句。这样，如果把图片从一个文件夹中移到站点上的另一个文件夹中，就只需在代码中执行一处很小的编辑，即可适应这种改变。

查看"文件"面板，你就会发现数据库中命名的图像位于 **products** 文件夹。

7. 在"URL"框的开始处插入光标。在该文本框中，输入"**products/**"，然后单击"确定"按钮，如图 14.22 所示。

图14.22

通过在"URL"框中插入文件夹名称，Dreamweaver 将把文本"products/"追加到图像名称中，以便从站点的子文件夹中提取想要的图像，例如 **products/1-lrg.jpg**。

8. 在"图像标签辅助功能属性"对话框中，从"替换文本"框的菜单中选择"<空>"。然后单击"确定"按钮。

9. 保存所有文件，并在"实时"视图中预览页面，如图 14.23 所示。

Click on any product you wish to learn more about

Organic canvas tote bag
Spacious tote for personal items. Made from organic, sustainable canvas.

图14.23

示例产品的小图像现在将出现在屏幕上。既然你已经成功地显示了一件产品，就可以轻而易举地显示多件产品，就像你以前对 Events 和 Class 表格所做的那样。

14.2.3　显示多个项目

要显示多条记录，需要像以前那样添加重复区域。尽管这里并不像前一个示例中那样有表格行，但也可以为 <div.productmaster> 元素指定这种行为。

1. 切换回"设计"视图，并选取 <div.productmaster> 标签选择器。

2. 单击"服务器行为"选项卡。

3. 在"服务器行为"面板中，单击加号图标（+.），并选择"重复区域"。

4. 在"重复区域"对话框中，输入如下规格。

* 记录集：**rs_products**。

* 显示：每次 6 个记录。

然后单击"确定"按钮，如图 14.24 所示。

图14.24

在 <div.productmaster> 上方将出现一个灰色选项卡，其中显示了文本"重复"。

5. 保存所有文件，并在"实时"视图中预览页面，如图 14.25 所示。单击"是"按钮，更新测试服务器上的页面。

Dreamweaver 现在将显示 products 表格中的 6 条记录。由于 <div.productmaster> 默认具有主要内容区域的 100% 的宽度，因此这些记录将相互堆叠起来。以后，你将编排 <div.productmaster> 的样式，更高效地利用屏幕。但是现在，我们将确保访问者能够查看数据库中的所有产品。前 6 条记录默认显示，要显示下一组中的 6 条记录，必须添加分页行为。

Organic canvas tote bag
Spacious tote for personal items. Made from organic, sustainable canvas.

Organic canvas backpack
Convenient carrier for all your items. Made from organic, sustainable canvas.

图14.25

14.2.4　创建记录分页行为

分页控件通常插入在重复区域外面，使得它们在每个页面上只出现一次。在这个练习中，将为 rs_products 记录集创建记录分页行为。

1. 单击"重复"选项卡，选取重复区域。按下右箭头键，把光标移到用于 <div> 元素和重复区域的代码之后。

可以在页面上以文本或图形元素的形式插入分页控件。往往使用表格控制它们的表示。

2. 插入一个表格，规格如下，如图 14.26 所示。

- 行数：2。
- 列数：4。
- 宽度：600 像素。
- 边框厚度：0。
- 单元格填充：0。
- 单元格间距：0。

图14.26

宽度设置为 600 像素，但是表格将自动遵循第 7 课创建的现有 CSS 规则设置的尺寸。你将在本课稍后覆盖这些样式。为了启用这种精确的控制，你必须为这个表格应用唯一的一个 ID。

3. 在"表格 ID"框中，输入"**master_paging**"。

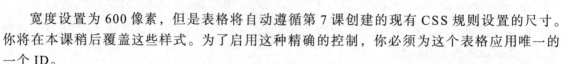

4. 选择第一行的所有单元格。在"属性"检查器的"W"框中，输入"25%"。

5. 在表格的第一行中输入以下文本。

- 单元格 1："**<< First**"。

- 单元格 2："**< Previous**"。

- 单元格 3："**Next >**"。

- 单元格 4："**Last >>**"。

如图 14.27 所示。

图14.27

尖括号对于分页行为的结果给用户提供了形象的暗示。

6. 选取文本"**<< First**"。选择"插入" > "数据对象" > "记录集分页" > "移至第一页"。

出现"移至第一页"对话框。"链接"框中显示项目"所选范围:"<< First""，并且"记录集"框的菜单中显示"rs_products"，如图 14.28 所示。

7. 单击"确定"按钮。

为文本应用动态超链接行为，将加载 Products 表格中的前 6 条记录。

图14.28

8. 对其他文本分别应用以下分页行为。

- < Previous："移至前一页"。

- Next >："移至下一页"。

- Last >>："移至最后一页"。

9. 保存所有文件，并在"实时"视图中预览页面。

将显示前 6 条记录。如果单击分页控件，什么也不会发生。要调用分页控件，必须使用转义键（modifier key）。

10. 按住 Ctrl/Cmd 键，并单击 Next 分页链接。"实时"视图将加载随后的 6 条记录。

11. 按住 Ctrl/Cmd 键，并单击 Last 分页链接。"实时"视图将加载最后一组记录。

12. 测试 Previous 和 First 分页链接。

你已经创建了一组记录分页链接，访问者可以用它们按照重复行为指定的批次显示记录集，但是有一个小问题。当显示第一组记录时，没有"前一组"记录。同样，显示最后一组"记录"时，没有"下一组"记录。在页面上保留这些链接可能会使用户混淆。你可能已经猜到，Dreamweaver提供了一种为这种情况量身定做的服务器行为。

14.2.5　隐藏不需要的分页控件

可见性（visibility）是可以通过 HTML 和 CSS 控制的一种常见的属性。设置元素的可见性，然后为特定的目的调用行为或者脚本式动作以更改它，这是相对容易的。在这个练习中，将应用一种动态服务器行为，它将根据记录集的结果修改分页链接的可见性。实际上，它将在某些控件无效时隐藏它们。

1. 返回"设计"视图。在 First 链接中插入光标，并选取 <a> 标签选择器。

要隐藏链接的所有痕迹，必须选取记录分页元素的所有标记。可以从"插入"菜单或者从"服务器行为"面板访问"显示"行为。

> **Dw** **注意**：一定不要选取 <td> 元素。隐藏整个单元格将导致余下的单元格扩展到整个内容区域。

2. 在"服务器行为"面板中，单击加号图标（**+.**），并选择"显示区域">"如果不是第一页则显示"，如图 14.29 所示。

出现"如果不是第一页则显示"对话框，并且在"记录集"菜单中显示"rs_products"。

3. 单击"确定"按钮。

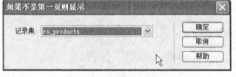

图14.29

在 First 链接上方将出现一个灰色选项卡，其中显示了文本"如果符合此条件则显示"。

4. 像第 1 步中那样，选取 Previous 链接。应用"如果不是第一页则显示"服务器行为。

5. 依次选取 Next 链接和 Last 链接，然后分别为它们应用"如果不是最后一页则显示"服务器行为。

6. 保存所有文件，并在"实时"视图中预览页面。

将显示前 6 条记录。检查分页链接，Last 和 First 链接没有出现。

7. 按住 Ctrl/Cmd 键，并单击 Last 链接。

将显示最后一组记录。注意，Next 和 Last 链接将不再显示。"显示区域"服务器行为将基于页面是显示第一组或最后一组记录，还是显示它们之间的某一组记录，从而自动隐藏和显示分页链接。Dreamweaver 提供了 20 多种预置的服务器行为，它们允许自定义记录显示的各个方面。

14.2.6　显示记录计数

如果有许多记录要查看，很容易失去对你正在查看哪一条记录的跟踪。给用户提供一份状态报告是一个好主意。在这个练习中，将插入一种行为，它将显示集合中的记录和页面的总数。

1. 切换到"设计"视图，选取 <table#master_paging> 第二行中的全部 4 个单元格。右键单击所选的内容，并从上下文菜单中选择"表格">"合并单元格"。

2. 单击合并后的单元格，然后选择"插入">"数据对象">"显示记录计数">"记录集导航状态"。

出现"记录集导航状态"对话框，如图 14.30 所示。

3. 如果有必要，选择 rs_products 记录集，然后单击"确定"按钮。

在第二行中将插入一个完整的代码块和占位符文本。

4. 保存所有文件，并在"实时"视图中预览页面。

状态报告将显示文本"记录 1 到 6 (总共 28)"，如图 14.31 所示。

图14.30   图14.31

5. 按住 Ctrl/Cmd 键，并单击 Next 链接，检查状态报告。

状态报告将显示文本"记录 7 到 12 (总共 28)"。

6. 切换回"设计"视图。

这个页面差不多完成了，但是在创建详细页面以及用于把两个页面连接在一起所需的行为之前，让我们给产品显示添加一点样式。

14.2.7 编排动态数据的样式

给动态数据添加样式和独特的风格与编排静态页面的样式并无二致。在这个练习中，将创建 CSS 规则，用于格式化动态数据的文本和结构。让我们首先更改产品在页面上的排列方式。如下样式使产品在整齐的各行中逐个显示。

1. 如果有必要，打开 **products.php**，并切换到"设计"视图。

2. 打开"CSS 样式"面板。选择 **mygreen_styles.css** 样式表中的最后一个规则。

3. 创建一条新的名为"**.content section .productmaster**"的 CSS 规则，并将"选择器类型"设置为"复合内容"，然后应用以下样式，如图 14.32 所示。

4. 创建一条名为"**.content section .productmaster h3**"的规则，并应用以下样式，如图 14.33 所示。

5. 创建一条名为"**.content section .productmaster h3 a, .content section .productmaster h3**

a:visited"的规则，并应用以下样式，如图 14.34 所示。

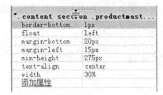

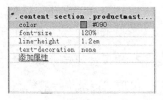

| 图14.32 | 图14.33 | 图14.34 |

6. 创建一条名为 ".content section .productmaster h3 a:hover" 的规则，并应用以下样式，如图 14.35 所示。

7. 创建一条名为 ".content section .productmaster p" 的规则，并应用以下样式，如图 14.36 所示。

8. 创建一条名为 ".content section #master-paging" 的规则，并应用以下样式，如图 14.37 所示。

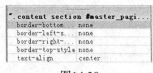

| 图14.35 | 图14.36 | 图14.37 |

9. 创建一条名为 ".content section #master_paging td" 的规则，并应用以下样式，如图 14.38 所示。

10. 创建一条名为 ".content section #master_paging a, .content section #master_paging a:visited" 的规则，并应用以下样式，如图 14.39 所示。

| 图14.38 | 图14.39 |

11. 创建一条名为 ".content section #master_paging a:hover" 的规则，并应用以下样式，如图 14.40 所示。

12. 保存所有文件，并在"实时"视图中预览页面，如图 14.41 所示。

新的样式将在两个方便的行中并排显示产品——占用较少的空间，并且使用户无须滚动即可查看更多的产品。分页控件允许用户只需通过单击即可翻阅完整的产品编目。在下一个练习中，你将学习如何给主元素添加特殊的超链接，用于加载特定产品的详细视图。

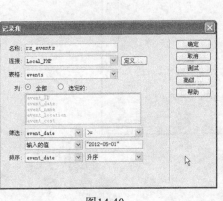

图14.40

图14.41

14.2.8 插入转到详细页面的行为

通过使产品图片和说明在主页面上保持较小，可以使顾客快速浏览整个产品编目。在一个位置可以充裕地显示的产品越多，顾客就越有可能找到他们感兴趣的产品。然后，他们通常希望了解关于一件产品的更多信息。此时，详细页面就派上用场了。在这个练习中，将在动态占位符中插入一种特殊的行为，它将为在主页面上单击的任何项目加载一个详细页面。

1. 如果有必要，打开 **products.php** 文件，并切换到"设计"视图。

可以给文本或图片添加动态链接，以便把用户带到详细页面。ASP 为此提供了自定义的行为，但是在 ColdFusion 和 PHP 中，你还是必须自己创建这种链接。

2. 选取 <div.pro ductmaster> 中的图像占位符。

动态链接是使用"链接"对话框添加的。

3. 在"属性"检查器中，单击"链接"框旁边的"浏览文件"图标。

4. 当"选择文件"对话框打开时，单击选中"数据源"单选按钮。

5. 选择 product_ID 字段。

当选择 product_ID 时，在 URL 框中将插入以下代码。

```php
<?php echo $row_rs_products['product_ID']; ?>
```

6. 在 URL 框中的文本开始处插入光标。

7. 输入"**product_detail.php?product_ID=**"，并单击"确定"按钮，如图 14.42 所示。

你输入的代码将把所选元素的 product_ID 传递给详细页面，然后应该在那里显示它。

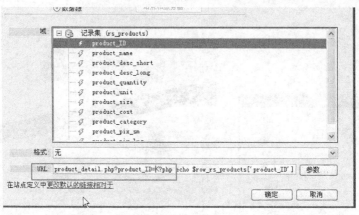

图14.42

8. 保存所有文件。

在可以测试功能之前，首先需要创建详细页面。

14.3 创建详细页面

详细页面与主页面在构造方面几乎完全相同。它们都创建一个记录集，并且显示特定字段的占位符。二者之间的主要区别在于，主页面可以显示所有的记录，而详细页面将只显示一条记录。在这个练习中，你将创建一个详细页面，使得它将只显示关于用户所选产品的信息。

1. 基于站点模板创建一个新页面。把该页面另存为"**product_detail.php**"。

> **Dw** | **提示**：如果你使用的不是 PHP，则要选择适合于你的服务器模型的扩展名。

2. 如果"数据库"面板没有显示当前的数据连接，可以单击"文档类型"链接，并且选择 PHP 或者适合于你的工作流程的服务器模型。

3. 在"绑定"面板中，创建一个名为"**rs_product_detail**"的新记录集。

将显示"记录集"对话框。你以前创建的记录集在表格中显示了所有记录。对于详细页面，必须添加过滤器，以便只显示用户在主页面上选择的记录。

4. 在"记录集"对话框中输入以下规格，如图 14.43 所示。

5. 单击"测试"按钮。

出现一个对话框，请求提供一个测试值。必须输入一个与特定字段相关的值，比如产品的 SKU 或 ISBN 编号。当前 products 表格中的值是简单的 1 ~ 28 之间的数字。

6. 输入"1"，并单击"确定"按钮，如图 14.44 所示。

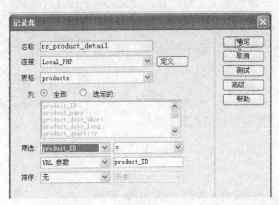
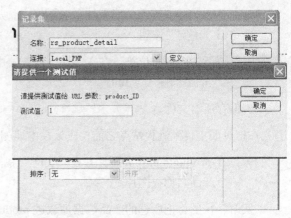

图14.43   图14.44

出现"测试 SQL 指令"对话框，其中显示了一条记录。

7. 在各个对话框中都单击"确定"按钮，返回"设计"视图。

现在你准备好构建详细页面数据显示。

8. 选取文本 *"Add main heading here"*，输入 **"Green Product Detail"**，代替占位符文本。

9. 选取文本 *"Add subheading here"*，在"绑定"面板中，选取 product_name 字段，单击"插入"按钮。

10. 选取文本 *"Add content here"*，插入 **product_desc_long** 字段。

11. 创建一个新段落，在新段落中输入 **"Dimensions:"**。按空格键，然后插入 **product_size** 字段。

12. 创建一个新段落，在新段落中输入 **"Quantity:"**。

按空格键，然后插入 **product_quantity** 字段。按下 Ctrl+Shift+ 空格 /Cmd+Shift+ 空格组合键，插入一个非间断空格。然后插入 product_unit 字段。

13. 创建一个新段落，在新段落中输入 **"Cost: $"**。

按空格键，然后插入 **product_cost** 字段。

14. 在占位符 {rs_product_detail.product_name} 的开始处插入光标，然后选择"插入">"图像"。

15. 单击"数据源"单选按钮，选取 **product_pix_lrg** 字段。

在"代码"框开始处插入光标，输入 **"products/"** 并单击"确定"按钮，如图 14.45 所示。

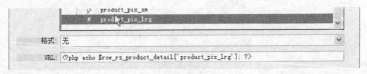

图14.45

16. 在"图像标签辅助功能属性"对话框中，从"替换文本"框的菜单中选择"<空>"，然后单击"确定"按钮。

17. 选取新的图像占位符。在"属性"检查器中，从"类"菜单中选择"flt_rgt"，在"宽"和"高"框中都输入"300"。

18. 保存所有文件。

在把页面上传到远程站点之前，应该在本地测试转到详细页面的行为。

19. 打开 products.php 页面，并在"实时"视图中预览页面。按住 Ctrl/Cmd 键，并单击其中一个产品名称或图片。

"实时"视图将把所选的产品数据加载进 product_detail.php 中，如图 14.46 所示。

图14.46

你已经完成了用于构建成熟的在线商店的基本步骤。在线商店、购物车和付款通道的设计和构造很复杂，并且超出了本书的范围。

预先构建的购物车和商店解决方案可供受 Dreamweaver 支持的所有服务器模型使用。它们的成本和复杂性有所不同，以便适合于任何需求和预算。一些最经济的解决方案是由 Google、Yahoo 和 PayPal 等提供的，它们甚至简化了通过信用卡和银行转账接收电子付款的方法。

在这一课中，你使用实时数据创建了动态页面。你通过在线数据库生成了页面内容，并且构建了完整的主/详细页面集。但是，你对 Dreamweaver 可以利用动态数据做什么仍然只有肤浅的了解。

复习

复习题

1. 什么是记录集？

2. 为什么需要使用重复区域？

3. 什么是主 / 详细页面集？

4. 你将出于什么目的使用记录分页行为？

5. 当没有更多的记录要显示时，怎样隐藏分页控件？

复习题答案

1. 记录集是通过在 Dreamweaver 中创建的查询从数据库中的一个或多个表格中提取的信息数组。

2. 重复区域允许数据应用程序一次显示多条记录。

3. 主 / 详细页面集是数据驱动的网站的一种公共特性。主页面显示多条记录，并且在每条记录内提供动态链接，可以用它在详细页面上加载关于所选项目的特定信息。

4. 记录分页行为用于加载记录集的结果，此时一次只会显示有限数量的记录。

5. 选取分页控件链接，并应用与记录集相关的"显示"行为。

第15课 发布到Web上

课程概述

在这一课中，将把网站发布到 Internet 上，并且执行以下任务：

- 定义远程站点；
- 把文件放到 Web 上；
- 遮盖文件和文件夹；
- 在整个站点内更新过时的链接；
- 从 Web 上获取页面。

完成本课程大约需要 70 分钟的时间。在开始前，请确定你已经如本书"前言"中所描述的那样，把用于第 15 课的文件复制到了你的硬盘中。如果你是从零开始学习本课程，可以使用"前言"中的"跳跃式学习"一节中描述的方法。

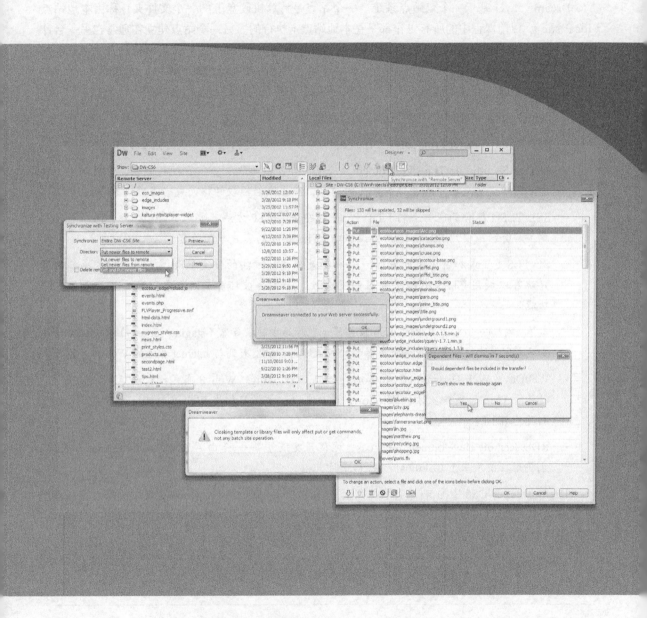

前面的所有课程的目标是为远程 Web 站点设计、开发和构建页面。但是 Dreamweaver 并没有就此止步，它还提供了一些功能强大的工具，用于随着时间的推移上传和维护任意规模的 Web 站点。

15.1 定义远程站点

Dreamweaver 基于一个双站点系统。一个站点是计算机硬盘上的一个文件夹，称为本地站点（local site）。以前课程中的所有工作都是在本地站点上执行的。另一个站点建立在通常在另一台计算机上运行的 Web 服务器上的一个文件夹中，称为远程站点（remote site）。远程站点一般连接到Internet，可供公众使用。在大型公司中，远程站点通常只能由雇员通过基于网络的内联网（intranet）使用。这样的站点提供了一些信息和应用程序，用于支持公司的计划和产品。

Dreamweaver 支持使用多种方法连接到远程站点。

- FTP（File Transfer Protocol，文件传输协议）——连接到托管网站的标准方法。

- SFTP（Secure File Transfer Protocol，安全文件传输协议）——一种新协议，它提供了一种方法，以更安全的方式连接到托管的网站，阻止未经授权的访问或者在线内容截获。

- SSL/TLS（隐含加密）上的 FTP——一种安全的 FTP 方法，要求 FTPS 服务器的所有客户端了解会话中使用 SSL。这种协议与非 FTPS 感知的客户端不兼容。

- SL/TLS（显式加密）上的 FTP——一种兼容传统方法的安全 FTP 方法，FTPS 感知的客户端可以调用 FTPS 感知服务器的安全性，而不会破坏非 FTPS 感知客户端的总体 FTP功能。

- 本地 / 网络——当使用中间 Web 服务器（也称为中转服务器（staging server））时，经常使用本地或网络连接。来自中转服务器的文件最终将会被发布到与 Internet 相连的 Web 服务器上。

- WebDav（Web Distributed Authoring and Versioning，Web 分布式授权和版本化）——一种基于 Web 的系统。对于 Windows 用户来说，也将其称为 Web 文件夹；对于 Mac 用户，则称为 iDisk。

- RDS（Remote Development Services，远程开发服务）——是由 Adobe 为 ColdFusion 开发的，主要用在使用基于 ColdFusion 的站点时。

Dreamweaver CS6 中的 FTP 引擎是完全重新构建的。Dreamweaver 现在可以更快、更高效地上传大文件，你可以更快地返回工作中。在下面的练习中，将使用两种最常用的方法建立远程站点：FTP 和"本地 / 网络"。

 注意：如果你是从零开始学习本课程，可以使用本书开头的"前言"中的"跳跃式学习"一节中的指导。

15.1.1 定义远程 FTP 站点

绝大多数 Web 开发人员都依靠 FTP 来发布和维护他们的站点。FTP 是一个定义良好的协议，在 Web 上使用了该协议的许多变体，其中大多数都受到 Dreamweaver 的支持。

警告：要完成下面的练习，必须已经建立了远程服务器。远程服务器可以由你自己的公司托管，或者通过与第三方 Web 托管服务提供商签约而获得。

1. 启动 Adobe Dreamweaver CS6。

2. 选择"站点" > "管理站点"。

3. 当"管理站点"对话框出现时，将会看到你已经定义的所有站点的列表。如果显示了多个站点，确保选择了当前站点"DW-CS6"。然后单击"编辑"按钮。

4. 在"站点设置对象 DW-CS6"对话框中，单击"服务器"类别。

"站点设置"对话框允许建立多个服务器，你可以根据需要测试多种类型的安装。

5. 单击"添加新服务器"图标。在"服务器名称"框中，输入"GreenStart Server"。

6. 从"连接方法"弹出式菜单中，选择"FTP"选项，如图 15.1 所示。

7. 在"FTP 地址"框中，输入 FTP 服务器的 URL 或 IP（Internet Protocol，网际协议）地址。

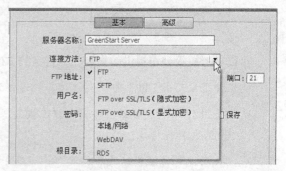

如果签约第三方服务作为 Web 主机，将为你分配 FTP 地址。这个地址可能是以 IP 地址的形式提供的，比如 192.168.1.000。把这个数字完全按照发送给你的原样输入到这个框中。FTP 地址往往是站点的名称，比如"ftp.green-start.org"。Dreamweaver 不要求在框中输入"ftp"。

图15.1

8. 在"用户名"框中，输入 FTP 用户名。在"密码"框中，输入 FTP 密码。

"密码"框通常是区分大小写的，"用户"名也可能是这样；因此一定要正确地输入。

9. 在"根目录"框中，输入文件夹的名称，其中包含可供 Web 公共访问的文档（如果有的话）。

有些 Web 主机允许对可能包含非公共文件夹（比如 cgi-bin，用于存储 CGI（Common Gateway Interface，公共网关接口）或二进制脚本）的根目录级别的文件夹以及公共文件夹进行 FTP 访问。在这些情况下，可以在"根目录"框中输入公共文件夹名称，比如"public"、"public_html"、"www"或"wwwroot"。在许多 Web 主机配置中，FTP 地址与公共文件夹相同，并且"根目录"框应该保持为空。

 提示：可以与你的 Web 托管服务提供商或者 IS/IT 经理协商，以获得根目录名称（如果有的话）。

10. 如果不希望在 Dreamweaver 每次连接到站点时重新输入用户名和密码，可以选中"保存"

复选框。

11. 单击"测试"按钮，验证 FTP 连接工作是否正确。

Dreamweaver 将会显示一个告警，通知你连接是否成功，如图 15.2 所示。

12. 单击"确定"按钮，消除告警。

如果接收到一条错误消息，Web 服务器可能需要额外的配置选项。

13. 单击"更多选项"图标，展示额外的服务器选项，如图 15.3 所示。

图15.2

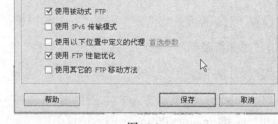

图15.3

可以参考托管公司提供的指导，为特定的 FTP 服务器选择合适的选项。具体选项如下所示。

- "使用被动式 FTP"——允许计算机连接到主机，并且绕过防火墙限制。

- "使用 IPv6 传输模式"——允许连接到基于 IPv6 的服务器，这种服务器利用了最新版本的 Internet 传输协议。

- "使用以下位置中定义的代理"——确定在 Dreamweaver 的"首选参数"对话框中定义的次级代理主机连接。

- "使用 FTP 性能优化"——优化 FTP 连接，如果 Dreamweaver 不能连接到服务器，则取消选中该复选框。

- "使用其他的 FTP 移动方法"——提供一种额外的方法用于解决 FTP 冲突，尤其是在启用回滚或者移动文件时。

查找FTP连接错误

在第一次尝试连接到远程站点时可能会受挫。你可能会遇到众多的陷阱，其中许多陷阱不受你的控制。下面列出了在你遇到问题时可以采取的几个措施：

- 如果不能连接到 FTP 服务器，首先要检查用户名和密码，并且仔细地重新输入它们（这是最常见的错误）；
- 选中"使用被动式 FTP"复选框，并再次测试连接；
- 如果仍然不能连接到 FTP 服务器，可以取消选择"使用 FTP 性能优化"选项，并再次单击"测试"按钮；

- 如果上面这些措施都不能让你连接到远程站点，可以与你的 IS/IT 经理或者远程站点管理员协商。

一旦建立了可以工作的连接，就可能需要配置一些高级选项。

14. 单击"高级"按钮。选择以下选项，以使用远程站点，如图 15.4 所示。

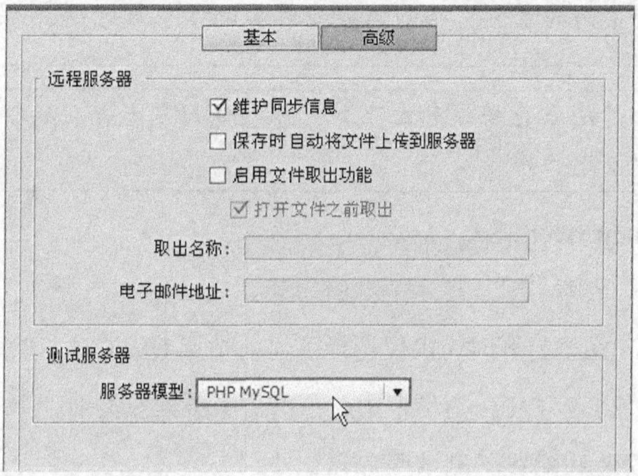

图15.4

- "维护同步信息"——自动注明本地和远程站点上已经改变的文件，以便可以轻松地同步它们。这种特性有助于跟踪所做的改变，如果在上传前更改了多个页面，它可能就是有用的。你可能想利用这种特性来使用遮盖功能，在下一个练习中将了解遮盖功能。默认情况下，通常会选择这种特性。

- "保存时自动将文件上传到服务器"——当保存文件时，将它们从本地站点传输到远程站点。如果你经常保存但是还没有准备好公开页面，这个选项就可能变得令人讨厌。

- "启用文件取出功能"——在工作组环境中构建协作式网站时，可以启动"存回/取出"系统。如果选择这个选项，就需要为取出目的输入一个用户名，并且可以选择输入一个电子邮件地址。如果是你自己一个人在工作，就不需要选择文件取出选项。

保持所有这些选项都不选择是可以接受的，但是出于本课程的目的，要启用"维护同步信息"选项。

15. 在所有打开的对话框中单击以保存设置。

将显示一个对话框，指示将重建缓存，因为你改变了站点设置，如图 15.5 所示。

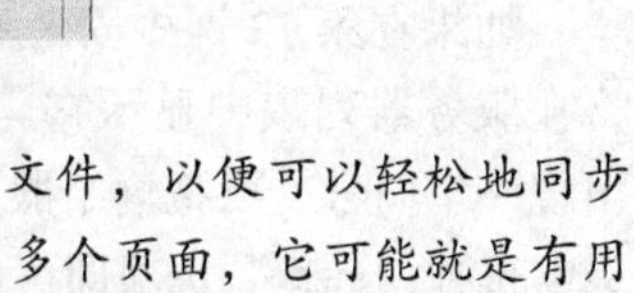

16. 单击"确定"按钮构建缓存。当 Dreamweaver 更新完缓存后，单击"完成"按钮，关闭"管理站点"对话框。

图15.5

你已经建立了对远程服务器的连接。如果你目前没有远程服务器，则可以使用本地测试服务器作为远程服务器。

15.1.2 在本地或网络服务器上建立远程站点

如果你的公司或组织使用中转服务器作为 Web 设计师与活动网站之间的"中间人",那么很可能需要通过本地或网络 Web 服务器连接到远程站点。也可以使用这种类型的连接来连接到你为第 13 课安装和配置的测试服务器。

> **Dw** **警告**:要完成下面的练习,必须已经安装和配置了本地 Web 服务器。

> **Dw** **注意**:如果你是从零开始学习本课程,可以使用本书开头的"前言"中的"跳跃式学习"一节中的指导。

1. 启动 Adobe Dreamweaver CS6。

2. 选择"站点">"管理站点"。

3. 当"管理站点"对话框打开时,确保选择了当前站点 DW-CS6。然后单击"编辑"按钮。

4. 在"站点设置对象 DW-CIB"对话框中,单击"服务器"类别。

如果在第 13 课中安装和配置了测试服务器,将在服务器列表中显示它。在"测试"列下面将出现一个勾号。要把这个服务器用作远程服务器,只需选择"远程"选项即可。

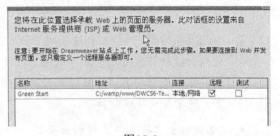

图15.6

5. 如果已经在对话框中建立了测试服务器,可选择"远程"选项,如图 15.6 所示。

如果还没有建立测试服务器,就需要先安装和配置本地 Web 服务器。安装和配置本地 Web 服务器的详细信息,参见第 13 课或者查看以下链接:

- Apache/ColdFusion(http://tinyurl.com/setup-coldfusion);
- Apache/PHP(http://tinyurl.com/setup-apachephp);
- IIS/ASP(http://tinyurl.com/setup-asp)。

一旦建立了本地 Web 服务器,就可以使用它上传完成的文件和测试远程站点。在大多数情况下,不能从 Internet 访问本地 Web 服务器,也不能托管实际的网站。

6. 单击"添加新服务器"图标(+)。在"服务器名称"框中输入"GreenStart Local"。

7. 从"连接方法"弹出式菜单中,选择"本地 / 网络"。

8. 在"服务器文件夹"框中,单击旁边的"浏览"图标(📁)。然后选择本地 Web 服务器的 HTML 文件夹,比如 C:\wamp\www\DW-CS6。

9. 在"Web URL"框中，为你的本地 Web 服务器输入合适的 URL，例如"http://localhost: 8888/DW-CS6"或者" http://localhost/DW-CS6"，如图 15.7 所示。

> **Dw** 注意：你在这里输入的路径由你安装本地 Web 服务器的方式决定，可能与显示的不同。

10. 单击"高级"按钮，与实际的 Web 服务器一样，为使用远程站点选择合适的选项："维护同步信息"、"保存时自动将文件上传到服务器"和"启用文件取出功能"。

尽管保持所有这些选项都不选择是可以接受的，但是出于本课程的目的，应选择"维护同步信息"选项。

11. 如果你也喜欢把本地 Web 服务器用作测试服务器，可以在对话框的"高级"区域中选择服务器模型，如图 15.8 所示。

图15.7

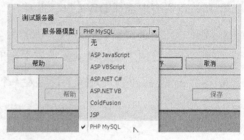

图15.8

12. 单击"保存"按钮，完成远程服务器设置。

13. 在"站点设置对象 DW-CS6"对话框中，选择"远程"选项。如果你也想把本地服务器用作测试服务器，可选择"测试"选项，如图 15.9 所示，然后单击"保存"按钮。

14. 在"管理站点"对话框中，单击"完成"按钮。如果有必要，可单击"确定"按钮重建缓存。

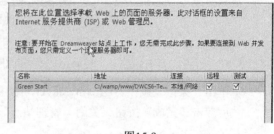

图15.9

在同一时间只能有一个远程服务器和一个测试服务器是活动的。如果有需要，可以把一个服务器同时用于这两种角色。在为远程站点上传文件之前，可能需要遮盖本地站点中的某些文件夹和文件。

15.2 遮盖文件夹和文件

可能不需要把站点根目录中的所有文件都传输到远程服务器上。例如，用不会被访问或者不允许网站用户访问的文件填充远程站点是没有意义的。如果为使用 FTP 或网络服务器的远程站点选择了"维护同步信息"选项，你可能应该遮盖（cloak）一些本地材料，阻止它们上传。遮盖是 Dreamweaver 的一种特性，可以指定某些文件夹和文件不被上传，或者不会与远程站点进行同步。

你不希望上传的文件夹包括 Template 和 Library 文件夹。用于创建站点的一些 Photoshop 文件（.psd）、Flash 文件（.fla）或 MS Word（.doc）等非 Web 兼容文件类型也不需要传输到远程服务器上。尽管遮盖的文件将不会自动上传或同步，但仍然可以根据需要手动上传它们。

 注意：如果你是从零开始学习本课程，可以使用本书"前言"中的"跳跃式学习"中的指导。

在"站点设置"对话框中开始遮盖过程。

1. 选择"站点">"管理站点"。

2. 在站点列表中选择 DW-CS6，并单击"编辑"按钮。

3. 展开"高级设置"类别。在"遮盖"类别中，选中"启用遮盖"和"遮盖具有以下扩展名的文件"这两个复选框。复选框下面的框中应该会显示扩展名".fla"和".psd"。

4. 在".psd"后面插入光标，并插入一个空格，输入".doc .txt .rtf"，如图 15.10 所示。

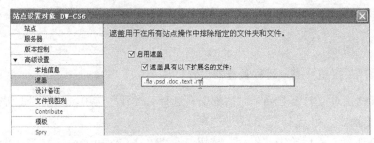

图15.10

一定要在每个扩展名之间插入一个空格。由于这些文件类型不包含任何想要的 Web 内容，在这里添加它们的扩展名将阻止 Dreamweaver 自动上传和同步这些文件类型。

5. 单击"保存"按钮。Dreamweaver 可能提示你更新缓存，单击"确定"按钮更新缓存。然后单击"完成"按钮，关闭"管理站点"对话框。

也可以手动遮盖特定的文件或文件夹。

6. 打开"文件"面板，并单击"展开"按钮以填充工作区。如果你使用"跳跃式学习"方法，可以跳过第 7 步和第 8 步。工作流程中应该没有任何课程文件夹。

注意所有的课程文件夹。这些文件夹包含大量重复的内容，远程站点上不需要它们。

7. 右键单击 lesson01 文件夹，从上下文菜单中选择"遮盖">"遮盖"。

8. 为其余的每个课程文件夹重复执行第 7 步的操作。

在远程站点上不需要 Template 和 Library 文件夹，因为你的网页将不会以任何方式引用这些资源。但是，如果在团队环境中工作，上传和同步这些文件夹可能是有用的，它使得每个团队成员都在他们自己的计算机上具有每个文件夹的最新版本。对于这个练习，让我们假定你是单独一个人工作。

9. 对 Template 文件夹应用遮盖，如图 15.11 所示。

此时将会出现一个对话框，警告"如果遮盖模板或库文件，将只影响 put 或 get 命令，而不会影响任何批处理站点命令"，如图 15.12 所示。

图15.11

图15.12

Dw | **注意**：服务器端包含（SSI）必须上传到服务器，才能正常工作。

---

10. 单击"确定"按钮。

11. 重复执行第 9 步和第 10 步的操作，遮盖 Library 文件夹。

使用"站点设置"对话框和"遮盖"上下文菜单，可以遮盖文件类型、文件夹和文件。同步过程将会忽略这些遮盖的项目。

15.3　完善网站

在前 14 课中，你从头开始构建了整个网站，包括动态应用程序和交互式内容，但是有几处还需要完善一下。在发布站点之前，需要创建一个重要的文件，以及对站点导航执行一些至关重要的更新。

15.3.1　创建首页

你需要创建的文件是每个站点都必不可少的文件，即首页。首页是大多数用户将在你的站点上查看的第一个页面。当用户输入你的站点的域名时，将自动把该页面加载进浏览器窗口中。由于页面是自动加载的，对于你可以使用的文件名称和扩展名只有很少的限制。

实质上，文件名称和扩展名依赖于托管服务器和首页上运行的应用程序的类型（如果有的话）。

在大部分情况下，首页将简单地命名为"index"，但是也使用"default"、"start"和"iisstart"。

你以前学过，扩展名确定页面内使用的程序设计语言的特定类型。正常的 HTML 首页将使用扩展名".htm"或".html"。如果首页包含特定于某种服务器模型的任何动态应用程序,则需要像".asp"、".cfm"和".php"这样的扩展名。即使页面不包含任何动态应用程序或内容,你也仍有可能使用其中一种扩展名——如果它们与你的服务器模型兼容。在使用扩展名时一定要小心——在一些情况下，使用错误的扩展名可能会阻止页面完全加载。如果你觉得可疑，可以使用 .html,因为它在所有环境中都得到支持。

通常由服务器管理员配置特定的首页名称或者服务器支持的名称，并且可以根据需要更改它们。大多数服务器被配置成支持多个名称和多种扩展名。可以与你的 IS/IT 经理或 Web 服务器支持团队协商，以确定首页的建议名称和扩展名。

1. 通过站点模板创建一个新文件，并把该文件另存为 index.html。或者，使用与你的服务器模型兼容的文件名和扩展名。

2. 打开 lesson15 > resources > home.html 文件。

3. 在内容的任何位置插入光标。选择 <article> 标签选择器。

复制所有的内容，并替换第 1 步中创建的首页 MainContent 区域中的 <article> 元素。对新的 <article> 元素应用 .content 类。

4. 在侧栏中，利用 bike2work.jpg 替换图像占位符。

5. 用 "GreenStart has launched a new program to encourage Meridien residents to leave their cars at home and bike to work . Sign up and tell a friend." 替换标题占位符。

6. 把页面标题编辑为 "GreenStart Association - Welcome to Meridien GreenStart"。

注意 MainContent 区域中的超链接占位符，如图 15.13 所示。

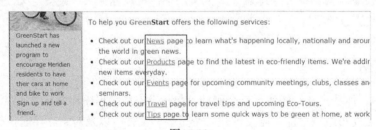

图15.13

7. 在 "News" 链接中插入光标。在 "属性" 检查器中，浏览并把链接连接到 news.html。

8. 对每个链接都重复执行第 7 步的操作。把这些链接都连接到站点根文件夹中的合适页面。

9. 保存并关闭所有文件。

这样就完成了首页。让我们假定你想以其当前的完成状态上传站点（即使一些页面尚未创建）。在任何站点开发的过程中都会发生这种情况。随着时间的推移将添加和删除页面，并在以后某个时间完成和上传遗漏的页面。

在这种方案中，除了当前导航系统中的两个链接（"Green Club"和"Member Login"）之外，你为所有其他的链接都创建了页面。对会员和登录页面的开发将推迟一段较短的时间，并且必须删除相应的链接。此外，垂直菜单中的少数几个现有链接的目标页面已被重命名，特别是 Products 和 Events 页面。在可以把站点上传到实时服务器之前，应该更新过时的链接，并删除无效的链接。

 警告：课程文件夹中的这个项目有多个版本，一定要为你的工作流程打开正确的版本。

15.3.2 更新链接

所有过时的链接都包含在垂直菜单中，它们目前是站点模板的一部分。可以通过编辑模板并保存更改来更新整个站点。

1. 打开站点模板。

这个模板应该控制所有当前站点页面。

 注意：垂直菜单仍然是一个基于 Spry 的组件，所以你可以使用内置菜单界面进行任何需要的修改。为了访问该界面，单击 <ul.MenuBar1.MenuBarVertical> 标签选择器。

2. 在"Green Products"链接中插入光标。该页面链接到不存在的 products.html。在"属性"检查器的"链接"框中，浏览到站点的根文件夹，并选择你在第 14 课中创建的 Products.php 文件。

3. 在"Green Events"链接中插入光标。链接到你在第 14 课中创建的新的动态 Events 页面。用 Spry 菜单栏的属性检查器更新"2012-2013 Events Calendar"和"2012-2013 Class Schedule"链接。将 .html 扩展名改为 .php。

 提示：无须为日历和课程安排重建整个链接，只需更改文件名"events.html"的扩展名，以匹配你的当前版本。

4. 在"Green Club"链接中插入光标。单击 <li> 标签选择器，并按 Delete 键，如图 15.14 所示。

图15.14

通过删除父元素，将同时删除"Green Club"和"Member Login"链接。可以在以后开发这些页面时重建这些链接。

5. 保存模板。Dreamweaver 将提示你更新站点，单击"更新"按钮。

出现"更新页面"对话框，报告更新了哪些页面以及没有更新哪些页面。如果没有看到报告，则可以单击"显示记录"选项。

6. 单击"关闭"按钮，然后关闭模板。

在整个站点中更新了垂直导航菜单，现在加载页面的准备工作几乎已经完成。

侧栏的界线

　　在为站点构建页面时，你主要关注的是主要内容和应用程序，会忽略一些页面上的侧栏内容。这些页面永远都不会完成。由于这些练习只打算用于培训目的，因此无须完成这些页面。不过，如果你的设计鉴赏力不允许你保留这些未完成的页面，现在就要花几分钟时间完成它们。下面提供了一些建议，但是可以自由地采取任何创造性行为来完成侧栏内容。在站点的 images 文件夹中提供了图 15.15 中绘制的图像。

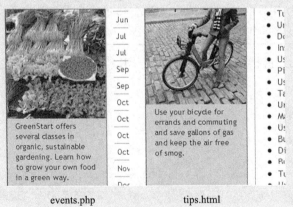

events.php　　　　　　　　tips.html

图 15.15

15.4 在线上传站点

在大部分情况下，本地站点和远程站点是互为镜像，它们在完全相同的文件夹结构中包含相同的 HTML 文件、图像和资源。把网页从本地站点传输到远程站点上，就是在发布或上传（put）那个页面。如果上传在本地站点的文件夹中存储的一个文件，Dreamweaver 就会把该文件上传到远程站点上对应的文件夹中。如果有需要，它甚至会自动创建远程文件夹。

使用 Dreamweaver，用一个操作即可发布从单个文件到整个站点的任何内容。在发布网页时，默认情况下，Dreamweaver 会询问你是否还想上传相关文件。相关文件可以是图像、CSS、Flash 影片、JavaScript 文件、服务器端包含以及完成页面所需的所有其他文件。Dreamweaver 还会自动把所有相关文件都上传到正确的远程文件夹中，以与它们在本地站点上的位置匹配。如果某个文件夹在远程服务器上不存在，Dreamweaver 将会创建它。

 警告：Dreamweaver 在确定特定工作流的相关文件上做得很好。在某些情况下，它可能遗漏动态或者扩展处理的关键文件。对于这些文件，花一点功夫标识、确保它们被上传是很有必要的。

可以一次上传一个文件，或者同时上传整个站点。

1. 如果有必要，可以打开"文件"面板，并单击"展开"图标（ ⊡ ）。

2. 单击"连接到远端主机"图标（ 🔌 ），连接到远程站点，如图 15.16 所示。

图15.16

如果正确地配置了远程站点，"文件"面板将连接到站点并在"文件"面板的左半部分显示其内容。在你第一次上传文件时，远程站点可能是空的或者大部分是空的。如果为远程站点使用测试服务器，可能会看到 Connections 文件夹，也许还包括在第 14 课中测试过的一个或多个文件。如果连接到 Internet 主机，可能会显示由托管公司创建的特定文件和文件夹。不要删除这些项目，除非你检查过它们对于服务器或站点的运行是否必要。

3. 在本地文件列表中，选择 index.html。在"文档"工具栏上，单击"上传"图标（ ⬆ ）。

默认情况下，Dreamweaver 将提示你上传相关文件。如果文件在服务器上已经存在且你的修改对它没有影响，可以单击"否"按钮。否则，对于新文件或者做了大量修改的文件，应该单击"是"按钮。Dreamweaver 将上传正确呈现所选 HTML 文件所需的图像、CSS、JavaScript、服务器端包含（SSI）以及其他的相关文件。

也可以上传多个文件或整个站点。

4. 右键单击本地站点的站点根文件夹，从上下文菜单中选择"上传"命令。

出现一个对话框，要求你确认你想上传整个站点，如图 15.17 所示。

图15.17

5. 单击"确定"按钮。

Dreamweaver 将在远程服务器上重建本地站点结构。注意，遮盖的课程文件夹将不会上传。在上传文件夹或整个站点时，Dreamweaver 将会自动忽略所有遮盖的项目。如果有需要，可以单独手动选取并上传遮盖的项目。

6. 右键单击 Templates 文件夹，并选择"上传"命令。

Dreamweaver 将提示你上传用于 Templates 文件夹的相关文件，如图 15.18 所示。

7. 单击"是"按钮，上传相关文件。

将把 Templates 文件夹上传到远程服务器。注意，远程 Templates 文件夹显示了一根红色斜杠，指示它也被遮盖。有时，你将希望遮盖本地和远程文件夹，以阻止这些文件被替换或者意外地重写。被遮盖的文件将不会自动上传或下载。你将不得不手动选取任何特定的文件并执行动作。

图15.18

注意：前面创建的动态页面在数据库连接正确配置之前，在远程站点上可能无法正常显示。一定要在配置完成后才测试这些页面。

与"上传"命令相对的是"获取"命令。"获取"命令用于把任何所选的文件或文件夹下载到本地站点。可以在"远程"或"本地"窗格中选择任何文件并单击"获取"图标（⇩），从远程站点获取任何文件。此外，也可以把文件从"远程"窗格中拖到"本地"窗格中。

注意：在访问"上传"和"获取"命令时，你是使用"文件"面板的"本地"窗格还是"远程"窗格是无关紧要的。上传的目标总是远端主机；获取总是下载到本地站点。

8. 使用浏览器连接到 Internet 或者你的网络服务器上的远程站点。在"URL"框中输入合适的地址，这取决于你是连接到本地 Web 服务器还是实际的 Internet 站点，比如"http://localhost/DW-CS6"或"http://www.green-start.org"。

GreenStart 站点应该出现在浏览器中。单击以测试超链接，查看站点的每个完成的页面。一旦上传到站点，就可以轻松地使之保持最新状态。在文件改变时，可以一次一个地上传它们，或者把整个站点与远程服务器进行同步。在工作组环境中，文件会被多个人单独更改和上传，此时同步就特别重要。

15.5　同步本地站点与远程站点

Dreamweaver 中的同步用于使服务器和本地计算机上的文件保持最新状态。当你在多个位置工作或者与一位或多位同事协作时，它就是一种必不可少的工具。正确地使用它，可以阻止意外地上传或处理过时的文件。

此时，本地站点和远程站点是完全相同的。为了更好地说明同步的能力，让我们更改其中一个站点页面。

1. 打开 about_us.html。

2. 在主标题中，选取名称"GreenStart"中的文本"Green"。对该文本应用 CSS 类".green"。

3. 对在页面上的任意位置出现的每个单词"Green"都应用 CSS 类".green"。

4. 保存并关闭页面。

5. 打开并展开"文件"面板，然后单击"文档"工具栏中的"同步"图标（⟳），出现"同步文件"对话框。

6. 从"同步"菜单中，选择"整个'DW-CS6'站点"选项。从"方向"菜单中，选择"获得和放置较新的文件"选项，如图 15.19 所示。

在该对话框中选择满足你的需要和工作流程的特定选项。

图15.19

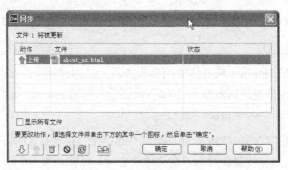

注意：采用"跳跃式学习"方法的用户将在框菜单中看到当前站点文件夹的名称。

7. 单击"预览"按钮。

将出现"同步"对话框，如图 15.20 所示，报告更改了什么文件，以及你是需要获取还是上传它们。由于你刚才上传了整个站点，应该只有 about_us.html 文件出现在列表中，在这里指示 Dreamweaver 想把它上传到远程站点。

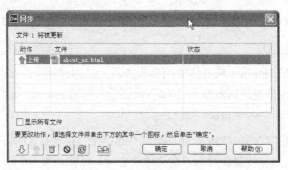

图15.20

同步选项

在同步期间，可以选择接受建议的动作，或者通过在对话框中选择其他选项之一来覆盖它。一次可以对一个或多个文件应用选项。

- "获取"（⇩）——从远程站点下载所选的文件。
- "上传"（⇧）——把所选的文件上传到远程站点。
- "删除"（🗑）——删除所选的文件。
- "忽略"（⊘）——在同步期间忽略所选的文件。
- "同步"（⟳）——把所选的文件标识为已经同步。
- "比较"（📄）——使用第三方实用程序比较所选文件的本地版本与远程版本。

8. 单击"确定"按钮上传文件。

如果其他人在你的站点上访问和更新了文件，那么在你处理任何文件之前要记住运行同步，以确保你处理的只是站点中每个文件的最新版本。

在这一课中，你设置了站点以连接到远程服务器，并且把文件上传到该远程站点，还遮盖了文件和文件夹，然后同步本地站点与远程站点。

祝贺你！你设计、开发并构建了整个网站，并且把它上传到远程服务器。通过完成本书中的所有练习，你在网站设计和开发的所有方面都获得了经验。现在，你已经为构建和发布自己的站点做好了准备。祝你好运！

复习

复习题

1. 什么是远程站点？

2. 指出 Dreamweaver 中支持的两种文件传输协议。

3. 如何配置 Dreamweaver，使得它不会把站点根文件夹中的某些文件与服务器进行同步？

4. 判断正误：你必须手动发布每个文件以及关联的图像、JavaScript 文件和服务器端包含。

5. 同步会执行什么服务？

复习题答案

1. 远程站点是本地站点的镜像，远程站点存储在连接到 Internet 的 Web 服务器上。

2. FTP（File Transfer Protocol，文件传输协议）和"本地/网络"是两种最常用的文件传输方法。Dreamweaver 中支持的其他文件传输方法包括 WebDav、Visual SourceSafe 和 RDS。

3. 对于你不想维持同步的文件或文件夹，可以遮盖它们。

4. 错误。Dreamweaver 将根据需要自动传输相关文件，包括嵌入或引用的图像、CSS 样式表及其他附加的内容。

5. 同步将自动扫描本地站点与远程站点，比较两个站点上的文件以确定每个文件的最新版本。它会创建一个报告窗口，建议获取或上传哪些文件以使两个站点保持最新状态，然后它将执行更新。

附录 TinyURL

Tiny URL	完整 URL
	第 4 课
http://tinyurl.com/html-differences	http://www.w3.org/TR/html5-diff/
http://tinyurl.com/html-differences-1	http://www.htmlgoodies.com/html5/tutorials/Web-Developer-Basics-Differences-Between-HTML4-And-HTML5-3921271.htm#fbid=ZkdgDbQj8IJ
http://tinyurl.com/html-differences-2	http://en.wikipedia.org/wiki/HTML5
	第 10 课
http://tinyurl.com/widgets-browser	http://labs.adobe.com/technologies/widgetbrowser/
	第 11 课
http://tinyurl.com/video-1-HTML5	http://www.w3schools.com/html5/html5_video.asp
http://tinyurl.com/video-2-HTML5	http://www.808.dk/?code-html-5-video
http://tinyurl.com/video-3-HTML5	http://www.htmlgoodies.com/html5/client/how-to-embed-video-using-html5.html#fbid=ZkdgDbQj8IJ
	第 12 课
http://tinyurl.com/HTML5-input	http://w3schools.com/html5/html5_form_input_types.asp
http://tinyurl.com/asp-formmailer	http://www.devarticles.com/c/a/ASP/Sending-Email-From-a-Form-in-ASP/
http://tinyurl.com/cf-formmailer	http://www.quackit.com/coldfusion/tutorial/coldfusion_mail.cfm
http://tinyurl.com/php-formmailer	http://www.html-form-guide.com/email-form/php-form-to-email.html
	第 13 课
http://tinyurl.com/setup-asp	http://www.adobe.com/devnet/dreamweaver/articles/setup_asp.edu.html?PID=4166869
http://tinyurl.com/IIS-setup	http://learn.iis.net/page.aspx/28/installing-iis-on-windows-vista-and-windows-7
http://tinyurl.com/setup-ColdFusion	http://www.adobe.com/devnet/dreamweaver/articles/setup_cf.edu.html?PID=4166869
http://tinyurl.com/setup-apachephp	http://www.adobe.com/devnet/dreamweaver/articles/setup_php.edu.html?PID=4166869
http://tinyurl.com/WAMP-setup	http://www.wampserver.com/en/
http://tinyurl.com/MAMP-setup	http://www.mamp.info/en/index.html
http://tinyurl.com/XAMPP-server	http://www.apachefriends.org/en/xampp.html
	第 14 课
http://tinyurl.com/sql-primer	http://www.adobe.com/devnet/dreamweaver/articles/sql_primer.edu.html?PID=4166869
http://tinyurl.com/sql-tutorial	http://www.w3schools.com/sql/default.asp
	第 15 课
http://tinyurl.com/setup-asp	http://www.adobe.com/devnet/dreamweaver/articles/setup_asp.edu.html?PID=4166869